Moulins à papier de Bretagne du XVIe au XIXe siècle

Les papetiers et leurs filigranes en Pays de Fougères

site : www.librairieharmattan.com
diffusion.harmattan@wanadoo.fr
e.mail : harmattan1@wanadoo.fr

ISBN : 2-296-00246-3
EAN : 9782296002463

Jacques Duval

Moulins à papier de Bretagne du XVIe au XIXe siècle

Les papetiers et leurs filigranes en Pays de Fougères

L'Harmattan
5-7, rue de l'École-Polytechnique ; 75005 Paris
FRANCE

L'Harmattan Hongrie
Könyvesbolt
Kossuth L. u. 14-16
1053 Budapest

Espace L'Harmattan Kinshasa
Fac..des Sc. Sociales, Pol. et
Adm. ; BP243, KIN XI
Université de Kinshasa – RDC

L'Harmattan Italia
Via Degli Artisti, 15
10124 Torino
ITALIE

L'Harmattan Burkina Faso
1200 logements villa 96
12B2260
Ouagadougou 12

Logiques historiques

Collection dirigée par Dominique Poulot

La collection s'attache à la conscience historique des cultures contemporaines. Elle accueille des travaux consacrés au poids de la durée, au legs d'événements-clés, au façonnement de modèles ou de sources historiques, à l'invention de la tradition ou à la construction de généalogies. Les analyses de la mémoire et de la commémoration, de l'historiographie et de la patrimonialisation sont privilégiées, qui montrent comment des représentations du passé peuvent faire figures de logiques historiques.

Déjà parus

Charles MERCIER, *La Société de Saint-Vincent-de-Paul. Une mémoire des origines en mouvement (1833-1914*, 2006.
Abdelhakim CHARIF, Frédéric DUHART , *Anthropologie historique du corps*, 2005.
Bernard LUTUN, *1814-1817 ou L'épuration dans la marine*, 2005.
Simone GOUGEAUD-ARNAUDEAU, *La vie du chevalier de Bonnard. 1744 – 1784*, 2005.
Raymonde MONNIER, *Républicanisme, patriotisme et Révolution française*, 2005.
Jacques CUVILLIER, *Famille et patrimoine de la haute noblesse française XVIIIe siècle. Le cas des Phélyteaux, Gouffier, Choiseul*, 2005.
Frédéric MAGNIN, *Mottin de la Balme*, 2005.
André URBAN, *Les Etats-Unis face au Tiers Monde à l'ONU de 1953 à 1960* (2 tomes), 2005.
C. L. VALLADARES DE OLIVEIRA, *Histoire de la psychanalyse au Brésil: São Paulo (1920-1969)*, 2004.
Pierre GIOLITTO, *HENRI FRENAY, premier résistant de France et rival du Général de Gaulle*, 2004.
Jean-Yves BOURSIER, *Un camp d'internement vichyste. Le sanatorium surveillé de La Guiche*, 2004.
Gilles BERTRAND (Sous la direction de), *La culture du voyage. Pratiques et discours de la Renaissance à l'aube du XXe siècle*, 2004.
Marie-Catherine VIGNAL SOULEYREAU, *Richelieu et la Lorraine*, 2004.
Rachid L'AOUFIR, *La Prusse de 1815 à 1848*, 2004.

« Qui croirait que des chiffons, de puants et pourris haillons cueillis dans la boue, et parmi les fumiers, ayant été un peu pilés, moulus, foulés aux papeteries et passés par l'eau claire, y pelle-mellant un peu de colle et lui donnant deux secousses sur un crible, ou un moule de fil d'archal, le tout essuyé parmi des feutres, lissé et séché au soleil, peut faire tant de miracle ? »

Etienne Binet, *Essay des Merveilles de Nature et des Plus Nobles Artifices*, 1621.

REMERCIEMENTS

Cet ouvrage n'aurait pu être réalisé sans les encouragements et le soutien de Michel Mauger, Attaché de conservation du patrimoine aux Archives Départementales d'Ille-et-Vilaine ; conscient de l'intérêt de l'étude des filigranes pour la connaissance du développement de l'activité papetière, il m'a favorisé leur relevé dans de bonnes conditions et m'a communiqué quelques pièces fragmentaires non référencées ; qu'il en soit ici remercié. Mes remerciements s'adressent également au personnel des Archives Départementales de l'Ille-et-Vilaine et de la Mayenne dont la compétence et l'attention ont favorisé mes recherches de documents. J'exprime toute ma gratitude à André Lestarquit pour son aide à déchiffrer certains textes, et dont l'important travail sur les familles de l'Antrainais et du Bazougeais m'a fourni des renseignements précieux ; à Jean-Luc Tigier qui m'a fort aimablement communiqué son fichier informatique d'extraits d'actes de mariage de papetier(e)s de 1793 à 1875 en Ille-et-Vilaine, me faisant gagner un temps considérable dans mes recherches ; à monsieur F.-X. Perrin qui m'a fourni un ensemble de références concernant ses ancêtres papetiers (Blin). Jean-Louis Pressensé m'a procuré à partir de son fonds de librairie ancienne de très nombreux opuscules, livres, papiers à partir desquels j'ai pu relever nombre de filigranes et développer mon argumentation sur les origines et le devenir de certains moulins ; il a eu, de plus, l'amitié de relire et corriger mon premier texte, ce dont je lui suis extrêmement reconnaissant. Il m'est enfin très agréable de remercier chaleureusement Marion Gorgiard pour sa compétence, sa rigueur et son infinie patience dans la correction finale et la mise en pages de ce livre.

Introduction

L'implantation des premiers moulins à papier en Bretagne remonte au XVe siècle, environ un siècle après l'introduction en France de la technologie correspondante. Cette observation n'est pas surprenante et Paul Cordonnier-Détrie écrivait déjà dans son article sur les anciennes papeteries du Maine : « *Les régions de l'Ouest, éloignées de l'Espagne et de l'Italie, n'ont pas bénéficié très tôt de l'invention du papier. Cette invention ne devait logiquement leur parvenir qu'après être passée par les autres provinces* [1]. » Peu d'ouvrages ont été consacrés à la papeterie en Bretagne dans sa globalité. Les quelques auteurs de la fin du XXe siècle se réfèrent tous directement ou indirectement à la même source, c'est-à-dire à un article de Henri Bourde de la Rogerie [2] paru en 1911 ; il en résulte que nos connaissances en ce domaine n'ont que peu progressé depuis près d'un siècle. Ce manque apparent d'intérêt tient sans doute au fait que les papiers produits en Bretagne étaient de qualité très ordinaire, et que les fabricants n'ont jamais eu la réputation de ceux d'Auvergne ou d'Angoumois. Dans son étude récapitulative sur la Bretagne, Yann-Ber Kemener se révèle le plus complet des auteurs sur le plan historique [3] : il mentionne les moulins établis dès le XVe siècle à Vannes (Buzo) et environs (Bréhan), ainsi que ceux de Vieux-Vy-sur-Couesnon (Orange) et de Morlaix (moulin du Val), mais les documents originaux manquent pour décrire le devenir de ces moulins, et surtout pour établir un registre précis de ceux qui sont créés ou en fonctionnement au cours du XVIe siècle. C'est la

1. Cordonnier-Détrie P., *Les anciennes papeteries du Maine*, in Contribution à l'Histoire de la Papeterie en France, Grenoble, Tome I, 1933, p. 75-82.

2. Bourde de la Rogerie H., *Bull. Hist. Phil.*, 1911, p. 1-55.

3. Kemener Y.-B., *Moulins à papier de Bretagne*, Morlaix, Skol Vreizh, 1987.

raison pour laquelle Kemener passe directement aux XVIIe et surtout XVIIIe siècles. Son étude est relativement documentée pour les moulins de Basse-Bretagne, particulièrement ceux du Finistère, mais se limite pour la Haute-Bretagne à une reprise des données de Bourde de la Rogerie qui s'était appuyé essentiellement sur une enquête de 1776. Or, cet archiviste était très conscient des limites de sa propre étude, et il écrivait : « *Les papeteries des environs de Fougères étaient très nombreuses et mériteraient de faire l'objet d'une étude particulière.* » [4] Ajoutons que la situation est analogue pour les moulins de la région nantaise, bien que ceux-ci aient été en nombre plus restreint que ceux de Fougères. Une étude a été publiée dans la seconde moitié du XXe siècle par Georges Renault qui, citant quelques historiens fougerais – essentiellement Maupillé et Pautrel –, écrit : « *Les produits de la fabrication fougeraise étaient de bonne qualité [...]. En 1748, le gouvernement français [...] établit des droits considérables sur les papiers. Le nombre des moulins de l'arrondissement tomba à 17 [...]. Peu à peu, la belle qualité des papiers fougerais avait cédé la place à une production plus grossière.* » [5] Cet auteur s'est cependant beaucoup plus intéressé à l'imprimerie qu'à la papeterie, et ne fournit aucun renseignement original sur les moulins. Il nous paraît d'ailleurs assez curieux que les auteurs d'ouvrages de référence sur l'imprimerie en Bretagne ne traitent que de l'utilisation du papier comme support, mais jamais de l'origine de celui-ci, comme si cette activité d'amont n'avait eu que peu d'importance dans la réalisation et dans la diffusion de l'imprimé. Ce serait une erreur de le penser, car notre étude de documents imprimés (livres, affiches, édits, etc.) révèle une grande diversité d'approvisionnement à partir de moulins à papier régionaux, impliquant parfois une activité concertée entre imprimeur et fournisseur.

Le présent travail se propose d'apporter de nouvelles informations sur les moulins à papier de la région de Fougères, ainsi que sur les papetiers qui s'y sont succédé. Pour les établir, nous avons examiné plusieurs dizaines de milliers de documents originaux relevés principalement aux Archives Départementales d'Ille-et-Vilaine (ADIV) et de la Mayenne (ADM). Ceux-ci correspondent en majorité aux dossiers de l'Intendance, aux registres paroissiaux, aux minutes des notaires royaux et des notaires de juridiction, aux registres d'enregistrement et d'insinuation des divers actes – ces derniers fort utiles lorsque les minutes étaient absentes –, aux actes des juridictions seigneuriales, etc. Les moulins à papier qui ont été regroupés sous l'appellation du " Pays de Fougères " relèvent de quatre zones géographiques que l'on peut définir à partir de la carte jointe. Au plus proche de la limite entre Bretagne, Maine et Normandie, un ensemble compris entre les deux rivières Dairon (mainte-

4. Bourde de la Rogerie H., *Les papeteries de la région de Morlaix depuis le XVIe siècle jusqu'au commencement du XIXe siècle*, op. cit., Tome VIII, 1943, p. 7-63.

5. Renault G., *La papeterie et l'imprimerie à Fougères*, Bull. Soc. Arch. Fougères, Tome XII, 1968-1969, p. 85-108.

nant Futaie) et son affluent la Bignette (maintenant Glaine), chevauchant les deux communes de La Bazouge-du-Désert et de Louvigné-du-Désert : il s'agit des moulins du Petit-Maine. Les actes qui les concernent, établis par des notaires résidant dans la province du Maine, sont donc conservés à Laval. Un peu plus au sud, sur le Nançon affluent du Couesnon, les moulins de Lécousse et de Fougères. Plus en aval sur le Couesnon, quatre paroisses se partagent un très gros complexe de moulins, Vieux-Vy-sur-Couesnon, Saint-Christophe-de-Valains, Chauvigné et Sens, regroupés sur le Couesnon et deux de ses affluents, la Minette et le ruisseau des Vallées d'Hervé. En quatrième lieu plusieurs moulins, tous situés sur la Loisance et sur l'un de ses petits affluents, le ruisseau venant des bas-fonds de la ferme des Echelles, s'étendent entre Tremblay et Saint-Brice-en-Cogles.

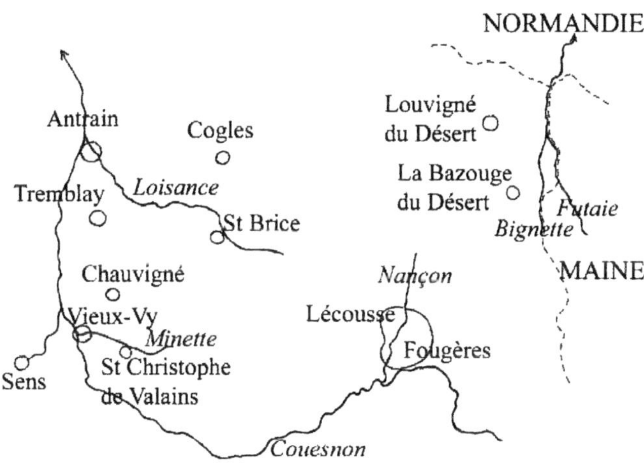

PAYS DE FOUGERES

Les implantations des moulins et les numéros des parcelles correspondantes ont été déterminés à partir du cadastre napoléonien établi pour chaque commune au début du XIXe siècle. Nous avons ainsi élargi le secteur d'étude par rapport à celui de Amédée Bertin et Léon Maupillé, auteurs qui s'étaient intéressés uniquement à l'arrondissement de Fougères [6]. Ce dernier, défini par la loi du 28 pluviôse an VIII modifiée par l'arrêté du 27 brumaire an X, comprenait les deux cantons de Fougères Sud et Nord, le canton d'Antrain, ceux de Louvigné-du-Désert et de Saint-Aubin-du-Cormier, et enfin celui de Saint-Brice-en-Cogles. Vieux-Vy et Sens n'étaient donc

6. Bertin A. et Maupillé L., *Histoire de la baronnie de Fougères et de ses environs*, Paris, 1990, réédition.

pas inclus dans l'étude des auteurs précédents ; or, sous l'ancien régime, Antrain était une subdélégation de l'Intendance dont l'étendue était beaucoup plus considérable que celle de sa juridiction, puisqu'elle comprenait également les paroisses de Sens et Vieux-Vy-sur-Couesnon, bien que ces dernières aient fait aussi partie de la subdélégation de Bazouges.

En ce qui concerne les filigranes des papiers, ils ont été relevés manuellement, comme le conseillent Ariane de La Chapelle et André Le Prot[7], à partir des documents d'archives et d'ouvrages imprimés depuis le XVIIe siècle, provenant de collections privées, et qui ont été fort aimablement mis à notre disposition. Enfin, il ne s'agit pas ici d'un nouvel ouvrage général sur la fabrication du papier. Si l'on souhaite se documenter de façon plus détaillée sur le fonctionnement d'un moulin à papier, il faudra se reporter aux ouvrages spécialisés en ce domaine ; nous en donnons les références principales dans la bibliographie. Cependant, au fil des divers développements, nous serons conduit à parler des différentes étapes de l'élaboration de la feuille de papier et à citer les éléments caractéristiques d'un moulin adapté à cette fabrication. Un lexique est présenté à la fin de cette étude, qui permettra au lecteur de comprendre les principaux termes utilisés.

Cet ouvrage est divisé en quatre parties. Nous traitons d'abord des réglementations et enquêtes qui ont été établies pour le royaume de France, et donc pour la province et généralité de Bretagne. Nous y analysons les réactions et comportements des papetiers ainsi que ceux des autres corporations impliquées (chiffonniers, marchands, voituriers) illustrés par quelques exemples significatifs. La seconde partie est entièrement dévolue à l'étude historique des moulins du Pays de Fougères au sens large défini ci-dessus. Nous nous sommes surtout focalisé sur la création et/ou sur la recréation (par transformation) de ceux-ci, et nous avons tenté d'identifier les propriétaires ou fermiers qui les ont exploités ; nous souhaitions en effet comparer les modalités de fonctionnement et le devenir de moulins seigneuriaux affermés à des maîtres-papetiers professionnels à ceux exploités par de petits propriétaires fonciers. C'est un ensemble de 34 moulins qui est maintenant caractérisé dans ce secteur, compte tenu de ceux qui avaient déjà disparu à la fin du XVIIe siècle, alors que les études récapitulatives précédentes ne faisaient état que de 26 papeteries. Nous avons regroupé dans un même chapitre ceux du Petit-Maine, Lécousse et Fougères puisque relevant du même subdélégué de l'Intendance de Fougères ; tous les autres moulins relevant des subdélégués d'Antrain ou de Bazouges sont examinés dans le chapitre suivant. La troisième partie est intégralement consacrée aux hommes et femmes qui ont exercé l'activité papetière ; nous nous sommes particulièrement attaché aux familles les plus importantes, tant numériquement que par leur produc-

7. La Chapelle A. de et Le Prot A., *Les relevés de filigranes*, Paris, la Documentation française, 1996.

tion, leur origine géographique, les participants au sein de chaque génération, les croisements entre familles, etc. Cette analyse devrait nous permettre d'appréhender certains facteurs humains du développement ou au contraire du déclin des moulins. Le dernier chapitre est consacré au marquage du papier, c'est-à-dire aux filigranes et à la production du papier timbré. Il a notamment pour but de compléter et d'enrichir l'importante étude réalisée sur le plan national par Raymond Gaudriault[8] en fournissant de nouveaux renseignements concernant la Bretagne. Ce travail, qui est notamment basé sur le relevé d'environ 500 filigranes originaux, nous a permis d'identifier plus de 50 fabricants impliqués, les lieux de fabrication, et de proposer quelques hypothèses pour des papetiers actifs au XVIIe siècle en Pays de Fougères. Une première annexe contient les tableaux synoptiques des différents moulins ; ils renferment les principaux éléments datés relatifs à la vie de chacun d'eux, incluant les noms des propriétaires et des fermiers exploitants, ainsi que ceux des ouvriers dont nous avons pu déterminer le lieu d'activité mais qui ne sont pas mentionnés dans le chapitre des familles. Une seconde annexe constitue une nomenclature de tous les papetiers, marchands, chiffonniers dont les noms, qualités et lieux d'activité ont pu être déduits des documents consultés. La troisième annexe comprend les planches de filigranes caractéristiques des maîtres-papetiers actifs dans la région étudiée, ainsi que la reproduction de la signature de certains fabricants et marchands ; celle-ci témoigne parfois de leur niveau d'instruction et permet également, en cas d'ambiguïté dans un acte, de faire la distinction entre membres d'une même famille (père, fils, cousin etc.) porteurs du même prénom.

8. Gaudriault R., *Filigranes et autres caractéristiques des papiers fabriqués en France aux XVIIe et XVIIIe siècles*, Paris, CNRS éditions / J.Telford, 1995.

Chapitre I

Enquêtes et règlements

Les premières réglementations concernant les différentes sortes de papiers qui se fabriquent dans le royaume datent du XVIIe siècle, et particulièrement de l'arrêt du Conseil d'Etat du Roi du 21 juillet 1671. Les textes précédents, essentiellement relatifs à des régions telles que la Normandie ou l'Auvergne, n'ont pas de portée générale. En Bretagne, à part les papiers timbrés qui servent aux enregistrements des différents actes, dont la fabrication est réalisée par des maîtres-papetiers adjudicataires des Fermes dans des moulins parfaitement identifiés, ceux d'usage courant – destinés à l'écriture, l'impression ou tout simplement l'emballage de marchandises – sont fabriqués dans des moulins qui semblent surtout connus des marchands qui en assurent la diffusion. La manufacture du papier, tant en terme de dimensions que de qualités, paraît s'écarter assez librement des normes établies par le pouvoir royal. De plus, nombre de moulins étant inconnus des autorités, le Trésor n'est pas assuré de faire rentrer l'intégralité des taxes qui grèvent le transport et la commercialisation du papier. Cet état de fait justifie le lancement d'une enquête auprès des Intendants des provinces pour déterminer le nombre des moulins à papier et les conditions dans lesquelles ils fonctionnent. C'est ainsi que Paul-Esprit Feydeau de Brou, Intendant de Bretagne, reçoit de Versailles une lettre écrite le 6 mars 1728 lui enjoignant de faire savoir *« s'il y a des fabriques de papier dans le département de Bretagne, et en ce cas d'examiner si elles travaillent suivant quelque règlement, l'usage et le débit qui s'en fait, le nom, la qualité, la grandeur et le poids des papiers qui s'y fabriquent »*. Il n'a manifestement pas le temps de lancer l'enquête, car son successeur, Jean-Baptiste Des Gallois de la Tour, est sollicité pour faire rechercher dans son secrétariat la lettre écrite à son prédécesseur afin d'y donner suite[1]. Ce dernier ne traîne pas, et par un courrier de janvier 1729, il demande à tous ses subdélégués de lui fournir les éclaircissements nécessaires, ainsi que des échantillons des papiers. Ce sont les résultats de cette enquête que nous allons d'abord présenter.

I.1. Enquête de 1728/1729

Sur le terrain, manifestement, cela va moins vite qu'à l'Intendance. D'abord à la suite des réticences, voire des résistances, des papetiers qui perçoivent probablement avec méfiance ce contrôle du pouvoir, mais aussi parce que certains subdélégués ne paraissent pas trop zélés. Soixante-seize réponses sont consignées dans le dossier des Archives d'Ille-et-Vilaine ; elles ont été envoyées dans les deux mois qui ont suivi la demande de Des Gallois de la Tour. Certaines méritent d'être rapportées en partie, car elles traduisent l'état d'esprit des divers acteurs concernés par l'enquête. Du Procureur du Roi de Bazouges le 3 mars : « *Comme les demandes de ce subdélégué n'ont pas été satisfaites, il a envoyé un ordre conforme au vôtre au recteur de la paroisse de Vieux Vy sur Coénon dans laquelle les moulins sont situés, pour le lire et publier à l'issue de la grande messe, sans avoir eu de réponse, personne n'a obéi [...] je vous prie de me mander comme je dois agir présentement, et s'il faut y envoyer un officier à leurs frais ou m'y transporter moy même.* » ; du subdélégué de Saint-Nazaire le 8 mars qui se montre surpris que la réponse qu'il a envoyée ne soit pas parvenue : « *De fait ne peut venir que par le peu de fidélités qu'ont les personnes qui se chargent de nos lettres à les mettre à la poste.* » ; de celui du Croisic le 5 mars : « *Il n'y avait point de moulins à papier, il n'y a seulement que des moulins à vent pour moudre du grain et point de moulins à eau n'estant pas possible d'en avoir sur une mer qui environne ce territoire de tous costés.* » ; du subdélégué de Rochefort le 9 mars, qui prétend ne pas avoir reçu la lettre de l'Intendant : « *Il est à croire qu'elle aura esté envoyée à Rochefort La Rochelle ce qui est très ordinaire à moins que l'adresse ne soit Rochefort près Redon.* » ; de Breart de Boisanger, d'Hennebont le 4 mars : « *Je vous avoüe que j'avais oublié de vous envoyer le mémoire que vous m'avez demandé.* » ; de Chateauneuf-du-Faou le 10 mars : « *Aucune fabriques ou moulins à papier [...] en effet ie n'en connais pas ; ie vous fais cependant mes excuses de ce que vous vous este donnez la peine de m'escrire une seconde lettre, que ie reconnois une faute, dans laquelle ie ne retomberay davantage dont ie vous supplye d'estre persuadez.* » ; de Carhaix le 6 mars : « *Je ne cognois point auchun moulin à papier non seulement dans mon département que je ne cognoiteray qu apres que votre Grandeur me l'aura fait scavoir n'ayant jamais eu un arondissement fixe [...] je n'en cognois point qu'un pres du faouet à 1 lieu d'icy ce qui ne me reguarde point.* » ;

1. ADIV C 1503, lettre du 31 décembre 1728.

de Quintin le 7 mars : « *J'ay cru avoir l'honneur de répondre à votre lettre du 12 janvier dernier en vous mandant qu'il n'y a dans ce département aucune fabrique ny moulin à papiers ; si je ne l'ay pas fait, c'est par oubly dont je suis très mortifié.* » ; de Hardouin subdélégué de Josselin le 7 mars : « *Comme il n'y a dans mon département que le moulins à papiers de la Villejégu ou on n'y fabrique que ceux destinez pour le timbre, j'ay crû Monseigneur qu'ils n'étoient pas sous le cas des ordres que vous m'avez fait l'honneur de m'adresser.* » ; de Ploermel le 8 février : « *Nonobstant tous les soings que je me suis donné pour avoir les esclaircissements touchant les moulins à papier qui sont dans mon Département, suivant vos ordres du 12 de janvier dernier [...] vu après bien des avertissements donnez sans aucune réussite, j'avois fait menacer le meunier du moulin à papier de la paroisse de Montertelot distant de deux lieues de cette ville, et qui est le seul qui se trouve dans mon Département de le faire venir par un archer de la marechaussée, m'a enfin apporté les deux différentes espèces de papier qui se fabriquent à son moullin, et que l'ai l'honneur de vous envoyer.* » ; et pour terminer sur ce registre, de Lefilleul subdélégué de Dol le 8 mars : « *Je ne me souviens pas d'avoir reçu aucune lettre de votre part au sujet des moulins à papier que celle du premier de ce mois ; mais comme je suis malade et au lit depuis plus d'un mois, la première lettre que vous m'avez fait l'honneur de m'écrire a pu être égarée.* »

Fort heureusement pour l'Intendant, la plupart des subdélégués des circonscriptions où se trouvent les moulins à papier répondent de façon substantielle. Ainsi, pour les communes qui font l'objet de ce travail, celui de Fougères indique : « *Neuf moulins, 4 proches de la ville et 5 à trois lieues dans la paroisse de Bazouge du Desert ou l'on travaille sans maîtrise et sans règlement. Marques : à l'écu, de Gennes, le pot, le bastard et le grand capucin. Le tout se débitte dans le pays et ailleurs d'un côté ou d'autre comme à Rennes et Saint Malo.* » Celui d'Antrain précise un peu plus :

« *- Le moulin d'Ardanne en Tremblay*
- Le moulin de Roche qui brut en Tremblay
- Le moulin de la Galenays en Saint Brice
- Le moulin de brinblin en Chauvigné
- Le moulin de brais en Vieux Vy
- Le moulin du pont de Vieux Vy
- Le moulin du pont brard en Vieux Vy
- Le moulin de la sourde en St Christophle de Valains
- Le moulin de sous la sourde aussi en St χphle
- Le moulin du Rocq aussi en St χphle
- on en fait encore un aux grands moulins proche Vieux Vy mais il n'est pas encore en état. Je vous envoye des echantillons de toutes les espèces de papiers qui s'y fabricquent sur lesquels j'ay marqué les prix et le poids de la rame de chasque espèce, vous connoistrés aussy par ces echantillons le nom, la qualité et la grandeur de ces papiers ; au reste dans tous ces moulins on ne travaille point suivant aucun règlement [...], on n'y fait par an

en chascun de toutes les espèces de papier que ie vous envoye, scavoir à ardanne, roche qui brut, et la galenays entre quatre à cincq cent rames de papier, à brinblin deux cent rames, à brais environ deux cent rames, au pont de vieux vy cent rames, au pont brard cent quarente rames, à la sourde soixante rames, sous la sourde quarente rames et au moulin du rocq trente rames, les raisons pour lesquelles on fait si peu de papier dans ces moulins c'est que les rivières qui les font rouler sont petites et qu'ils manquent souvent d'eau, à joindre que quand les eaux sont aussy trop grandes, ils ne peuvent travailler ; au surplus, ces papiers se vendent à Rennes, à St Malo, à Dinan, à Foulgères, Antrain et autres lieux circonvoisins, et communement aux marchands et autres qui vont les prendre dans les moulins, et aux marchands qui y apportent des chiffes. »

Des renseignements du même ordre sont fournis par les subdélégués des paroisses aux environs desquelles a lieu une importante production, telles que celles de Morlaix, Nantes, etc. L'ensemble des données permet d'obtenir un premier état récapitulatif envoyé dès le 29 mars 1729 par Des Gallois de la Tour, accompagné des échantillons. Cet état présente cependant quelques lacunes, et un second est envoyé le 31 mars 1734 à M. Orry contrôleur général des Finances. Pour autant, il doit y avoir cafouillage à la réception, car en 1738, ce dernier réclame à Pontcarré de Viarme, le nouvel Intendant de Bretagne, de nouveaux échantillons des papiers, car on n'a pas pu retrouver ceux qui avaient été précédemment envoyés ! Un nouvel envoi est donc réalisé. Cette enquête ne précise malheureusement pas les noms de tous les moulins, ni ceux des fabricants impliqués, mais d'autres documents nous permettront d'identifier la majorité d'entre eux.

I.2. Règlement de 1739

C'est vers cette même époque (mai 1734) qu'apparaît un projet de règlement pour les manufactures des papiers et cartons qui se fabriquent dans le royaume. Des Gallois de la Tour en envoie des copies pour examen aux subdélégués de Fougères, Nantes et Morlaix. Les remarques sont nombreuses, probablement comme dans les autres généralités où se fabrique le papier. Parallèlement, en août 1734, M. Barron est chargé par M. Orry, sur ordre du roi, de se rendre en Bretagne pour y « *faire différents examens concernant le commerce et notamment pour y examiner les fabriques de papiers [...] et conférer avec les fabriquans de papier sur les dispositions d'un projet de règlement général concernant ces fabriques* ». Comment s'acquitte-t-il de sa mission ? Difficile d'en juger, mais une nouvelle lettre de M. Orry à l'Intendant de Bretagne, datée du 8 octobre 1734, nous informe que « *le maire du Croisic l'a insulté et l'a envoyé chercher par six fusilliers [...] il est important [...] que vous fassiez une sévère réprimande au maire sur la conduite qu'il a tenue avec un homme qui est chargé des ordres du Roy* ». Après enquête sur place, M. Morvan subdélégué répond le

17 octobre : « *Voiez ce que j'en ai appris et ce qui l'a occasionné. Le sindic informé par la voix publique qu'il y avoit en ville un étranger qui se disoit chargé par le Conseil de différentes parties qui regardent le commerce, au lieu de consulter les principaux negocians, ne s'occupoit depuis trois semaines qu'il y estoit qu'à faire des parties de cadrille, se promener sur la coste [...] sur les élévations, en rochers, le crayon à la main, de plus que dans quelques maisons ou il s'était trouvé en partie, il avoit mal parlé de la Relligion [...] il parloit de la Relligion comme un homme qui n'en a guerre et de la Cour en mauvais termes [...] la pluspart des officiers de la ville et de la milice bourgeoise ont pressé le sindic* [de le voir et de lui parler] *la circonstance présente des affaires leur faict regarder la guerre avec l'anglois comme prochaine, ils ont trouvé la conduite du sieur Baron digne d'examen.* » Voilà donc le chargé de mission du roi considéré comme un étranger à la conduite suspecte. L'affaire semble en rester là, et les études concernant la papeterie en Bretagne se poursuivent. Il faut cependant attendre cinq ans pour que le projet de règlement aboutisse, et les modalités d'application sont énoncées dans l'Arrêt du Conseil d'Etat du Roy du 27 janvier 1739. Dans son préambule, l'arrêt précise les objectifs : « *Les précautions prises par les règlements et arrêts* [depuis l'arrêt du 21 juillet 1671] *ne sont pas suffisantes pour assurer la bonne qualité des papiers, et qu'il est nécessaire d'y ajouter de nouvelles dispositions pour porter cette Manufacture à un plus haut degré de perfection.* » Le souci est louable, mais les dispositions parfois contraignantes expliquent certaines réticences des papetiers. L'arrêt de 1739 comprend 61 articles ; on peut approximativement le subdiviser en quatre rubriques : matière première et traitements ; dimensions, qualités et marquage des papiers ; conditionnement et commercialisation ; enfin le métier de papetier. En annexe, ce document établit le nouveau Tarif, c'est-à-dire la liste des dimensions des feuilles et poids des rames selon les qualités. Nous allons reprendre chacune de ces rubriques et analyser comment certains des articles ont pu, en Bretagne et particulièrement dans le Pays de Fougères, être appliqués ou contournés.

I.2.1. Matière première et traitements

La matière première est constituée des chiffons de récupération (encore dénommés "drapeaux", "pillots"). Déjà plusieurs ordonnances royales de la décennie précédente ont tenté de régler le commerce des chiffons, notamment les modalités de leurs transport et entrepôt. Elles avaient pour objectifs d'une part d'alimenter le Trésor par la perception d'une taxe spécifique, d'autre part de tenter d'empêcher la fuite des meilleurs chiffons vers l'étranger. La qualité du chiffon est, en effet, partiellement responsable de la qualité du papier. Or il semble qu'une exportation frauduleuse ait lieu, car d'un meilleur rapport pour les négociants. Une lettre du contrôleur général Orry à Pontcarré de Viarme est explicite : « *L'examen qui vient d'être fait dans quelques moulins servant à la fabrique du papier en Bretagne a donné lieu de remarquer que les drapeaux que l'on employe dans ces moulins sont les plus inférieurs de tous ceux qui se travaillent dans aucunes des papeteries du royaume [...] on soupçonne avec assez de vraisemblance que la cause de cette infidélité vient de ce que la plus saine partie de cette denrée s'envoye par les fabricants mêmes en hollande par le port de Roscoff et autres petits ports de la Province, d'intelligence avec les commis des fermes qui négligent ou éludent, moyennant bénéfice, l'exécution des dispositions de l'arrest du Conseil qui impose 30 livres de droits de sortie par quintal sur cette marchandise*[2]. » Cet arrêt du 8 mars 1733 implique notamment l'interdiction d'entreposer et de transporter des chiffons près des ports dans une bande de 3 lieues de large, ce qui n'est pas sans poser quelques problèmes, à la fois aux fabricants de papier dont les moulins se situent dans cette zone, et aux marchands de chiffes. Les contrôles se multiplient, et conduisent parfois à des saisies. C'est ce qui arrive le 22 janvier 1737 pour le bateau le *Saint-Yves* de Saint-Servan, trouvé « *à la voile et prêt à partir avec un chargement de 115 ballots de vieux linges appartenant à Jean Girard et à Jean Le Gallois, faute pour eux d'avoir pris un congé du bureau, un acquit de payement ou un acquit à caution*[3] ». Les fermiers généraux demandent la confiscation et le paiement d'une amende. Informé, M. Orry réclame des éclaircissements à Pontcarré de Viarme ; fort heureusement, ce dernier répond « *que l'expédient proposé par les fermiers généraux d'établir un bureau à St Briac ne paraît pas convenir, parce que St Briac est une anse dans la mer distante de deux lieues de St Malo formant un petit port qui de l'aveu même des fermiers généraux est censé faire partie du port de St Malo [...] que tous les bateaux qui vont journellement de St Malo à St Briac et de St Briac à St Malo n'ont jamais été assujettis à prendre de congés ni d'acquits à caution au bureau du fermier* ». L'affaire est donc classée, mais elle traduit bien l'état d'esprit de ces fermiers généraux dont nous aurons l'occasion de voir plus loin que tout prétexte leur est bon pour assurer le maximum de rentrées d'argent.

Le ramassage des chiffons en Bretagne et leur commercialisation ont été bien décrits par Kemener[4] ; nous n'y reviendrons pas en détail. Nous mentionnerons dans le chapitre relatif aux moulins divers marchands dont le rôle consistait à approvisionner les fabricants de papier, et à emporter le papier fini destiné à la vente. Une clause intéressante, insérée dans divers contrats, révèle que le fabricant peut parfois régler la fourniture de chiffes en rames de papier. L'approvisionnement d'un moulin en chiffes est primordial pour son fonctionnement, et déjà au XVIIIe siècle la matière première se raréfie ; l'exclusivité peut alors apparaître comme une clause importante. Il en est ainsi dans un acte passé devant notaire en 1742 : Alexandre Boulmer,

2. ADIV C 1502, lettre du 31 janvier 1735.

3. ADIV C 1502, saisie du 22 janvier 1737.

4. Kemener Y.-B., Pilhaouer et Pillotou, *Chiffonniers de Bretagne*, Morlaix, Skol Vreizh, 1987.

fermier du moulin à papier d'Ardenne, a prêté une somme de 60 livres à Boscher père et fils marchands, et ces derniers doivent lui fournir, outre le remboursement du prêt, tout ce qu'ils auront pu amasser de chiffes et vieux linges pendant un an *« sans qu'ils en puissent vendre pendant le temps à d'autres personnes* [5]». Il est vrai que près de son moulin, en Tremblay et environs, d'autres moulins à papier d'importance nécessitent également un gros apport de chiffes et que la concurrence doit être rude.

Certes, un arrêt du 10 septembre 1746 permet de tirer indifféremment des provinces du royaume les matières propres à la fabrication du papier. Cela ne suffit pas à réguler le marché des chiffes, et un nouvel arrêt du Conseil d'Etat du Roi de 1752, relayé par l'Intendant de Bretagne le 22 mai de la même année précise : *« Nous avons été informé que différens particuliers font des amas de vieux linges, vieux drapeaux [...] et autres matières servant à la fabrication du papier qu'ils embarquent nuitament dans les ports de cette province, et qu'ils font passer en fraude des droits de trente livres du cent pesant imposés sur ces différentes matières [...] faisons très expresses inhibitions et défenses à toutes personnes, de quelque qualité et condition qu'elles soient, d'établir et tenir des magasins ni faire des amas de vieux linges, vieux drapeaux [...] dans aucuns lieux de cette province situés à une distance moindre de quatre lieues des côtes de la dite province, sous peine de confiscation des marchandises, chevaux, charriots, charettes, bateaux et autres voitures, et de mille livres d'amende contre chacun des contrevenans* [6]. » Nous sommes donc passés de trois à quatre lieues, ce qui n'arrange pas les affaires des différents acteurs de la papeterie !

Plus grave encore : un nouvel arrêt en 1771 prévoit que les moulins à papier ne devront pas être situés à moins de 4 lieues des côtes, et *« que lesdits chiffonniers et autres qui font métier de ramasser lesdits chifs et pillots matière propre à la fabrication du papier seront tenus lorsqu'ils auront amassé la quantité de cinquante livres pesant de les transporter hors de ladite étendue des côtes maritimes »*. Cet arrêt conduit à une absurdité ; en effet, les papetiers font valoir auprès de l'abbé Terray, ministre d'Etat, que sur les cinquante manufactures établies en Basse-Bretagne, il n'y en a que cinq qui sont à plus de 4 lieues des côtes ; de plus, il faut bien que les marchands de chiffes assurent leurs livraisons aux moulins en activité. Un exemple de cette absurdité se manifeste dans l'affaire Faudet [7]: ce dernier est fabricant et son moulin est situé à Tonquédec dans cette fameuse zone de 4 lieues ; deux de ses employés (Guillaume l'Olivier et Louis Banabas) vont s'approvisionner en chiffes au port de La Roche Derrien ; sur le chemin du retour, contrôle . ils n'ont pas d'acquit à caution et les quatre chevaux avec leur charge (833 livres) sont saisis. Les chevaux sont mis en garde chez Marie Yvonne Alanet aubergiste (à raison de 20 sols par jour

5. ADIV 4 E 6437, minute Julien Thullier, 6 mars 1742.
6. ADIV C 1502, affiche du 22 mai 1752.
7. ADIV C 1507, procès-verbal du 8 février 1773 et documents suivants.

par cheval) et les deux voituriers écroués à la prison de Tréguier. Sur intervention immédiate de Faudet, l'Intendant de Bretagne M. de la Bove fait savoir que la saisie est irrégulière, de même que l'arrestation des voituriers ; en effet l'arrêt ne doit s'appliquer qu'aux chiffonniers, et seulement lorsqu'ils transportent les chiffes de la zone des quatre lieues des côtes vers l'intérieur des terres ; il ordonne donc la mainlevée des marchandises et des employés. Hélas, les frais de magasinage n'ont pas été payés, et pour éviter le dépérissement des chiffes, le receveur des Traites de Tréguier les a fait vendre sans en avertir Faudet. Ce dernier l'apprend quand il vient retirer sa marchandise, et fort de son bon droit, il fait à son tour *« capturer et mettre en prison le receveur de Tréguier qui a été élargi 4 jours après »*. La conclusion de l'Intendant est très claire quant aux responsabilités : *« Il résulte de tout ce que dessus que Faudet est beaucoup moins répréhensible que les employés des Fermes [...] ainsi la Ferme générale ne peut prendre de meilleur parti que d'assoupir cette affaire en payant à ce particulier la valeur de sa marchandise. »*

Le même arrêt de 1771 interdit le transport des chiffes et pillots par mer, toujours pour éviter leur passage à l'étranger. Or des demandes de dérogation pour création d'entrepôt ont lieu, qui créent parfois des jalousies. C'est ainsi que dans une supplique de janvier 1773, les fabricants du pays de Lannion font savoir qu'ils ne veulent pas que Morlaix soit port privilégié pour embarquer ces matières, avec un argument des plus spécieux : *« Sa Majesté est instruite de la propension des negotians de Morlaix pour l'exportation frauduleuse des chiffons. »* On ne peut être plus clair ! Autre affaire qui traduit bien les difficultés d'approvisionnement en matière première, celle de Louis Hovius, imprimeur-libraire de St-Malo [8]. Ce dernier se fournit en papier dans les moulins du Pays de Fougères et même jusqu'en Normandie. Il se propose de jouer l'intermédiaire entre chiffonniers et fabricants de papier car le sieur Le Moal, négociant à Tréguier, lui a écrit qu'il pourrait lui fournir de son pays et de ses environs près de deux cent milliers de chiffes par an, *« et la prohibition par mer les font périr dans le canton »*. Il demande donc à l'Intendant de Bretagne *« permission de faire venir à St Malo deux cents milliers de chiffes sous acquit à caution ; le suppliant les fera passer dans les manufactures de Normandie et de Fougères »*. L'autorisation lui est accordée pour une durée de trois mois. Calomnies de jaloux ou réalité, dès l'expiration de cette période l'Intendant s'informe auprès de son subdélégué de St-Malo en ces termes : *« J'ai appris que le sieur Hovius abuse de l'ordonnance que je lui ai délivrée le 1er mars dernier [...] on m'a représenté que sous prétexte de cette permission, il a enlevé presque toutes les chiffes et pillots de la Basse Bretagne et que même il en a fait passer aux isles de Gersey et Guernesay ; je vous prie d'approfondir ces faits. »* M. Lorin lui répond aussitôt : *« Je me suis informé au directeur des Fermes s'il avait quelque connaissance que le sieur Hovius ait abusé de cette*

8. Ibidem, lettre du 18 février 1777 et documents suivants.

ordonnance ; il m'a dit n'en avoir aucune, mais il a ajouté que la chose était très possible.» La suspicion s'installe et grandit, car le secrétaire de l'Intendant rédige une note qui stipule : *« Ce que Monsieur l'Intendant a permis au sieur Hovius est autorisé par les reglemens qui permettent de transporter les chiffes et pillots d'un port à l'autre en prenant les acquits à caution, mais il n'y a point de loi dont on n'abuse, et le sieur Hovius est un intriguant très capable de frauder. »* Sans commentaires ! Finalement, l'article qui prévoyait l'implantation des manufactures de papier à plus de quatre lieues des côtes n'a pas été appliqué, et les papetiers ont pu poursuivre leur activité dans leurs moulins.

La seconde matière importante pour faire du papier est l'eau. Elle doit être claire, peu chargée en sels minéraux tels que le fer qui risquerait de colorer la pâte, exempte de calcaire afin que le papier soit souple, ce qui explique pourquoi les moulins sont plutôt situés sur des cours d'eau ayant traversé des terrains granitiques. Même si elle a la pureté chimique requise, l'eau d'une rivière peut avoir de nombreuses matières en suspension, impuretés qui risqueraient de polluer la pâte. Le règlement a prévu cette éventualité, et ses articles III et IV précisent : *« Seront tenus les maîtres fabriquans de faire purifier l'eau [...] en faisant passer ladite eau dans quatre différens vaisseaux ou réservoirs, dont le dernier, au moins, sera sablé »* et *« l'eau sera introduite dans les pilles [...] à travers un linge apellé couloir »*. À notre connaissance, la première partie de ces articles n'était pas respectée ; l'eau arrivait de la rivière, et tandis qu'une fraction actionnait la roue du moulin, une fraction dérivée était envoyée dans les piles par l'intermédiaire de la grande gouttière disposée le long de l'arbre de la roue (voir *schéma d'une batterie de piles* page suivante), et filtrée uniquement au niveau du dispositif d'accès (augets). Un procès-verbal de l'état du moulin de la Basse-Gobtière précise ainsi *« que les quatre augets qui se sont vus sont en bois et sont bons auxquels il n'y a pas de coulloir*[9]*»*. À peu près à la même date, la succession de Pierre Roussin (cf. *moulin d'Ardenne*, chapitre III) recense dix "couleux". Ce coulloir servant à arrêter les impuretés devait probablement être renouvelé assez fréquemment. Quant aux vaisseaux avec sable, il n'en est jamais fait mention ; il est vrai qu'en cas de non-respect de la réglementation, l'amende infligée était relativement faible (cinquante livres) par rapport au coût des installations à réaliser.

Avant d'être introduits dans les piles où ils vont être dilacérés, les chiffons subissent une étape de pourrissage au cours de laquelle les fibres de cellulose vont commencer à se désolidariser les unes des autres, les matières organiques indésirables (les vieux drapeaux ne sont pas nécessairement très propres !) subissant un début de décomposition plus ou moins contrôlée. Il semble que certains papetiers aient été tentés d'accélérer cette étape de pourrissement par adjonction de diverses substances.

9. ADM 3 E 54 173, minute Joseph Hossard, 19 février 1790.

VUE D'ENSEMBLE D'UNE BATTERIE DE PILES
(figure tirée de l'Encyclopédie Diderot et d'Alembert)

Le règlement dans son article V est formel à cet égard : « *Défend Sa Majesté de mesler avec les drapeaux ou chiffons [...] aucune sorte de chaux ou autres ingrédients corrosifs ; à peine, en cas de contravention, de confiscation desdits drapeaux [...] et de trois cens livres d'amende.* » Les papetiers bretons ont-ils respecté cet article ? Il est très difficile de l'affirmer ; en effet, certains inventaires après décès indiquent clairement la présence de chaux au moulin ; c'est le cas au moulin de la Gobtière lors du décès de Renée Le Pennetier épouse d'Olivier Fouillard [10], mais également après le décès de ce dernier en 1720 puisque l'acte précise « *ce qu'il y a de chiffe battue en chaux pour faire du papier* » (cf. *famille Fouillard*, chapitre IV) ; c'est encore le cas au moulin de Gérard sous la Sourde en l'an XII avec « *la chaux et mouillées en chiffes* », et au moulin de Forges appartenant à Jean Morel lors de l'inventaire suivant le décès de son épouse en 1807, puis au moulin d'Ardenne en 1833 mentionnant « *l'auge à chaux* ». Ces exemples sont cependant soit antérieurs au règlement de 1739 soit très largement postérieurs, et nous ne disposons pas d'informations pour la seconde moitié du XVIIIe siècle nous permettant d'apprécier si ce règlement a été respecté au moins pendant quelques années.

10. ADM 3 E 54 127, minute Charles Hossard, 11 juillet 1703.

I.2.2. Dimensions, qualités et marquage des papiers

Apparemment, les dimensions des papiers fabriqués dans les divers moulins et manufactures étaient assez variables, malgré les règlements et tarifs précédemment édictés. Aussi plusieurs articles du texte de 1739 vont tenter d'imposer des normes relativement strictes. Un Tarif annexé à l'arrêt du Conseil définit non les prix, mais les dimensions des feuilles et le poids des rames. Comme il y en a 56 sortes, il n'est pas question de les énumérer, et l'on se reportera aux ouvrages sur les papiers qui reprennent généralement une partie de la liste, en ayant converti les dimensions de l'époque en dimensions métriques. En outre, certains papiers particuliers (le serpente, l'étresse, les papiers de couleur) pourront être fabriqués selon les dimensions et poids demandés par les utilisateurs. Certes, tous ces papiers n'étaient pas fabriqués partout, et chaque moulin s'en tenait généralement à quelques types, rarement plus de cinq, car les formes, mais surtout les feutres de séchage, coûtaient fort cher. Nous verrons lors de divers inventaires après décès, et dans le chapitre relatif aux filigranes, les papiers fabriqués en Bretagne, particulièrement dans les moulins des environs de Fougères.

Mais comment imposer de nouvelles normes sans toucher l'outil de production, c'est-à-dire les formes ? Les articles VIII à X sont très directifs à cet égard, et surtout très contraignants : « *Ordonne Sa Majesté que dans le délai de six mois [...] toutes les formes destinées à la fabrication des papiers seront réformées et faites sur les largeurs et hauteurs mentionnées audit Tarif ; à peine de confiscation, tant des formes, qui, après ledit délai de six mois expiré, seroient trouvées trop grandes ou trop petites, que des papiers qui se fabriqueroient dans lesdites formes, ou d'un poids différent de ceux fixez par ledit Tarif, et de cent livres d'amende contre les Maîtres fabriquans.* » Et plus loin : « *Et afin que les Maîtres Fabriquans ne puissent se servir à l'avenir, d'aucunes formes défectueuses, ordonne Sa Majesté que dans le délai de six mois ci-dessus prescrit, elles seront toutes représentées avec leurs cadres volans apellez Couvertes, par devant les Juges des manufactures et [...] seront marquées à feu, et le poinçon qui aura servi à appliquer ladite empreinte, sera déposé dans le Greffe de ladite Juridiction.* » Heureusement, les conseillers du roi ou de ses ministres ont conscience que le papier, du fait de son élaboration, est chose vivante et susceptible d'évoluer en fonction des conditions climatiques (sécheresse, degré hygrométrique) ; ainsi une tolérance est accordée sur les dimensions des feuilles et sur le poids des rames, qui ne doit pas cependant excéder 2,5 % du poids fixé au Tarif.

Nous ne disposons que de renseignements très fragmentaires en ce qui concerne la fabrication des formes en Bretagne, le métier de formaire n'étant pas mentionné dans les divers registres paroissiaux ni dans les actes des notaires, pas plus que dans les divers registres d'imposition. Nous n'avons relevé ce terme de formaire que dans un seul acte datant de 1819, terme qui qualifie Guillaume-François Grivet, mari de Marie-Anne Hus (cf. cette famille, chapitre IV), demeurant rue de la caserne à Fougères. Les formes étaient probablement tissées par des ouvriers résidant au moulin ou travaillant pour un petit nombre de moulins de la même région. Deux éléments nous permettent d'avancer cette hypothèse : le premier correspond à l'inventaire après décès de Jean Fouillard (cf. cette famille, chapitre IV) domicilié au moulin de la Gobtière, son matériel est destiné à la fabrication (ou au moins à la réparation) des formes ; le second élément est relatif aux filigranes, certains d'entre eux étant tellement semblables entre moulins voisins que l'on peut supposer qu'ils ont été réalisés par le même ouvrier (cf. chapitre V).

Cette remarque nous amène aux articles XI à XIII du Règlement de 1739. Ils définissent les modalités du marquage des papiers produits. En tout premier lieu, les maîtres-fabricants doivent indiquer à la fois le type de papier (déterminé selon le Tarif), sa qualité (fin, moyen...), leur nom de fabricant avec initiale du prénom, le nom de la province où le papier est élaboré. Comment le réaliser d'une façon non gênante pour l'utilisateur, donc non visible à première vue, mais de façon qui puisse être vérifiée aisément par les contrôleurs des manufactures ? Par l'intermédiaire du filigrane, qui à l'époque à laquelle est élaboré ce règlement, s'appelle parfois filigramme ou philagramme. Concernant le papier, le filigrane correspond à une écriture ou à un dessin réalisé généralement en fil de laiton fixé sur le fond de la forme à l'aide d'un fil métallique fin. Lorsque la pâte se dépose sur la forme pour constituer la feuille de papier, l'épaisseur de la couche qui repose sur le filigrane est plus faible que sur le reste de la forme, et lorsque la feuille est regardée par transparence, le motif du filigrane apparaît plus clair que le reste. Le filigrane a été inventé très tôt, semble-t-il au XIVe siècle. Lorsque les moulins ont commencé à rouler en Bretagne, au XVe siècle, les papetiers ont apposé certains motifs caractéristiques (symboles, monogrammes, etc.) de la même façon que leurs collègues des autres régions. Quelques-uns sont décrits par Charles-Moïse Briquet [11]. La disposition sur la feuille n'était cependant pas codifiée ; de plus, l'interprétation de certains monogrammes relève du domaine de l'hypothèse, ce qui induit une identification du papetier ou du moulin relativement hasardeuse. Nous reviendrons sur cet aspect des filigranes dans le chapitre V et présenterons nos hypothèses concernant certains des monogrammes ou motifs des XVIIe et XVIIIe siècles.

La feuille de papier, dans son étendue, constitue un plano ; pliée en deux par le milieu, nous obtenons deux folios. L'article XI précise que la marque pour désigner le type de papier doit être placée au milieu d'un des côtés de la feuille, donc au milieu d'un folio ; le nom du fabricant, la qualité du papier ainsi que le nom de la

11. Briquet C.-M., *Les filigranes. Dictionnaire historique des marques du papier*, New York, Hacker Art Books, édition 1985 (édition originale 1907).

Province doivent être inscrits au milieu du second folio *« le tout, à peine, en cas de contravention, de confiscation des papiers, et de trois cens livres d'amende contre les Maîtres Fabriquans »*. Autre élément intéressant (article XIII) : *« Les veuves des Maîtres Fabriquans, qui, après le decès de leur mari, voudront continuer à faire fabriquer des papiers, seront tenües de mettre le mot, veuve, en entier, avant la première lettre du nom et le surnom en entier de leur mari ; et les fils des Maîtres Fabriquans, qui auront le même nom de baptême, que leur père actuellement vivant [...] adjouteront le mot, fils, en entier [...] le tout à peine de contravention, de confiscation des papiers et de cent livres d'amende. »* Manifestement, ce nouveau règlement est soit peu clair, soit insuffisant, car un nouvel Arrêt du Conseil est rendu le 18 septembre 1741 en interprétation de celui de 1739. Outre les marques définies précédemment, les papetiers sont *« tenus, à commencer au premier janvier prochain, d'y ajouter en chiffres mil sept cens quarante deux, à peine de confiscation, tant des formes [...] que des papiers [...] et de trois cents livres d'amende contre lesdits maîtres fabriquans »*.

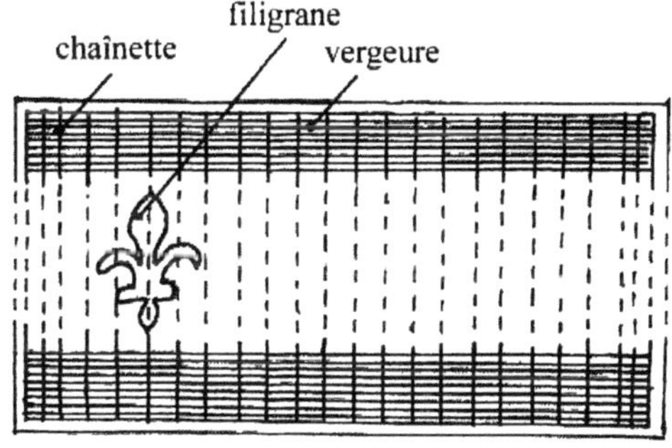

FORME (vue de dessus)

Nous reviendrons de façon très détaillée sur le marquage des papiers dans le chapitre V, mais en ce qui concerne les dimensions des feuilles, nous pouvons dire que la réglementation fut globalement respectée. Certes, depuis les siècles écoulés, et en fonction des modalités de conservation, ces dimensions ont pu évoluer quelque peu. Néanmoins, d'après les mesures que nous avons effectuées sur les papiers bretons, les planos d'une espèce donnée (pot, raisin...) correspondent aux longueur et hauteur requises, à quelques pour cents près, que ces planos soient antérieurs ou postérieurs à l'arrêt de 1739. C'est probablement plus sur le marquage que les difficultés ont été nombreuses, ainsi que sur l'enregistrement des formes. Les papetiers ont dû être très réfractaires, car Pontcarré de Viarme est amené à diffuser une ordonnance, datée du 10 août 1740, qui précise : *« Quoique le délay de six mois [...] soit expiré il y a près d'un an [...] aucun d'eux* [les Fabricants] *ne se sont encore mis en devoir de faire réformer leurs Formes et de s'en pourvoir de nouvelles, [...]. Nous usant encore d'indulgence pour une dernière fois sans espérance d'aucune nouvelle grace, accordons aux Fabriquans de papier de cette Province un dernier delay de six mois à compter du jour de la présente Ordonnance, pendant lequel ils seront tenus de faire réformer leurs formes et de s'en pourvoir de nouvelles, et de les faire marquer [...] passé lequel tems toutes celles qui n'auront pas les dimensions prescrites par le Tarif, et qui ne se trouveront pas avoir la marque ordonnée seront saisies et brisées, et ceux à qui elles appartiendront condamnés en 100 livres d'amende.* »

Certains papetiers semblent avoir des difficultés à se conformer à ce règlement, et tentent de faire valoir leur bon droit. Sans succès apparemment, si l'on en juge par un procès-verbal établi par l'inspecteur des manufactures de la Haute-Bretagne à la suite de sa visite des cinq papeteries établies aux environs de la ville de Clisson, paroisse de Cugand, dans les marches franches de Bretagne : « *Ces fabriquans nous ont dit être prêts d'exécuter ledit règlement dans son contenu, et qu'ils y auraient déjà satisfait s'ils avaient eu des ouvriers propres à faire réformer leurs formes, et à s'en pourvoir de nouvelles ; que celuy qu'ils avaient cy devant est allé travailler à Montargis* [la manufacture royale], *et qu'ils ne savent quand ils pourront en avoir. Nous n'avons reçu aucunes de leurs raisons* [12]. » Ils devront donc respecter le dernier délai de six mois accordé dans l'ordonnance mentionnée ci-dessus.

I.2.3. Conditionnement et commercialisation

Traditionnellement le papier est conditionné en rames, constituées de vingt mains de vingt-cinq feuilles chacune. On pourrait trouver inutile de revenir sur cette définition. Or, de nombreuses irrégularités paraissent se produire ; probablement dans tout le royaume, mais de façon manifestement organisée en Bretagne. C'est ce que laisse entendre Gérard Mellier, le subdélégué de Nantes, dans sa réponse à l'enquête de 1729 adressée à M. de la Tour ; nous en donnons un très large extrait en note [13], car elle justifie au moins en partie la réglementation introduite en 1739 et

12. ADIV C 1504, procès-verbal du 29 septembre 1740.

13. ADIV C 1503, lettre du 20 janvier 1729 : « *Il y a un grand abus parmi tous les fabriquans ; ils mettent par chaque rame deux mains qui ne valent rien, qu'ils nomment main de corde ; ils trompent encore ceux à qui ils vendent en gros. Ils mettent au-dessus deux mains qu'ils nomment mains de triage, lesquelles sont écornées, coupées dans le milieu, ou tachées de rouille et percées ; en sorte que l'on croit achetter une rame de papier de vingt ou dix huit bonnes mains, il ne s'en trouve que seize, et qui ne sont pas de même compte ; la cause de ces abus provient de ce qu'il y a des particuliers qui vont arrher les papiers dans les fabriques, puis le vendent en balle aux négociants qui l'envoyent en Angleterre, Irlande et Espagne, qui ne défont pas les balles, encore moins les rames, et qui ne voient pas les abus qui se glissent, comme font les imprimeurs et les libraires ; et lorsque ces derniers se plaignent de la mauvaise qualité de leurs papiers, ils leur disent que les marchands de la Fosse ne sont pas si difficiles ; qu'on le prenne si l'on veut, en sorte que l'on est obligé de le prendre ou de cesser de travailler à l'Imprimerie. De plus ces particuliers qui font amas de ces papiers et qui l'arrhent dans les moulins le font à dessein d'obliger les Imprimeurs et Libraires de l'acheter d'eux mêmes à quel prix ils veulent.* »

suggérée par l'auteur de la lettre. Pas moins de quatre articles sont nécessaires (XIV à XVII) pour expliquer ce que doit contenir – et surtout ne pas contenir – une main : uniquement des feuilles de même qualité (le fin avec le fin, le moyen avec le moyen, etc.), pas de feuilles cassées, trouées, ridées ou autrement défectueuses ; mais le Pouvoir ne suit pas toutes les recommandations de cet excellent subdélégué qui suggérait pour chaque infraction *« une amende de dix livres par chaque balle, au profit des hôpitaux les plus voisins des moulins »* ; pour chaque infraction, le règlement prévoit la confiscation des papiers et trois cents livres d'amende, sans aucun doute au bénéfice de la Ferme ! Les feuilles cassées, trouées, etc., pourront néanmoins être commercialisées, par demi-feuilles, en paquets et au poids, sans pouvoir en constituer des mains, ni les envoyer dans les pays étrangers.

Afin de pouvoir contrôler plus efficacement les papiers commercialisés, il est prévu que chaque rame soit emballée de deux feuilles d'enveloppe (une dessous et une dessus), et recouverte de deux feuilles de gros papier appelé maculature sur l'une desquelles doit être marqué, en caractères lisibles, l'ensemble des caractéristiques de ce papier : poids, qualité, noms du fabriquant et de la Province. Et comme il faut exporter, des dérogations sont nécessaires. Ainsi, il sera possible de fabriquer des papiers en fonction des caractéristiques demandées par les étrangers, mais bien évidemment avec *« la permission par écrit du Sieur Intendant et Commissaire départi dans la Province ou Généralité »*. En outre, le contrôle de sortie est sérieux : *« Les Maîtres Fabriquans seront tenus de déclarer au Bureau des Fermes le nombre de balles, la quantité des rames, et les sortes et qualités des papiers ; d'y faire plomber lesdites balles, de déclarer le port par lequel ils entendent les faire sortir ; »* en échange ils reçoivent un acquit à caution *« après néanmoins que les plombs apposés sur lesdites balles auront été reconnus sains et entiers »*. Ces papiers manufacturés pour l'étranger ne devront sous aucun prétexte être commercialisés dans le royaume.

La Bretagne aurait-elle été un grand exportateur de papier, et les fabricants pouvaient-ils se sentir très concernés par ces règlements ? Il est certain que la Hollande et l'Angleterre étaient de grands importateurs de papier pour les ouvrages imprimés au XVIIe et même au début du XVIIIe siècle, jusqu'à ce que ces deux pays se soient mis à fabriquer eux-mêmes leur papier. Quoique Churchill indique que *« la Hollande importait le papier français à partir de Bordeaux, La Rochelle, St-Malo et Morlaix*[14]», la part dévolue à l'Angoumois et à l'Aquitaine devait être plus importante, vu la qualité du papier, que celle attribuée à la Bretagne. D'ailleurs, l'enquête de 1729 indique, en ce qui concerne les moulins de la région de Fougères, que les papiers se débitent dans le pays, à Rennes, Saint-Malo, etc. ; les papeteries nantaises exportent en Angleterre, Irlande et Espagne.

14. Churchill W.A., *Watermarks in paper*, Nieuwkoop, De Graaf Publishers, édition 1990 (édition originale 1935).

Les subdélégués de Basse-Bretagne sont un peu plus explicites, car l'un (St-Pol-de-Léon) indique que *« le débit se fait en partie dans cette province, mais le plus considérable est pour la Hollande et pour les manufactures des cartes tant pour la province que pour l'Espagne et l'Amérique »*, tandis que celui de Landerneau précise que *« le plus grand débit s'en fait à Morlaix ou il y a des négociants qui le font transporter en Espagne, aux Isles, Portugal, Bayonne, la Hollande »*. Encore, le récapitulatif de l'enquête de 1729 sur les moulins attire-t'il l'attention sur le fait que les envois des papiers à l'étranger ont extrêmement diminué *« suite aux friponeries des fabriquans »* et que sans règlement, la papeterie dépérira dans ce pays-ci.

Qu'il s'agisse d'exporter ou simplement de transporter le papier, il y a des droits à payer dès que l'on entre dans une ville. À Fougères, le papier est traité comme n'importe quelle autre marchandise, et à ce titre sa vente est taxée (une main par charge de papier) au bénéfice du seigneur de Fougères, déjà au XVIe siècle [15] ; pour une simple traversée de la baronnie de Fougères, la taxe est seulement de moitié. Sur le plan national, l'édit du Roy de février 1748 présente un préambule intéressant qui justifie ces droits : *« Les dépenses extraordinaires que la Guerre occasionne, nous mettant dans la nécessité de chercher des secours pour la soutenir et parvenir à une paix solide et durable, Nous aurions fait examiner en Notre Conseil les moyens les plus propres pour nous en procurer : Nous n'en avons pas trouvé de moins onéreux que d'établir des Droits sur la Poudre à poudrer et sur la Cire ; de rétablir les Droits anciennement imposés sur les suifs et sur les papiers, en changeant néanmoins la forme de perception des Deniers pour la rendre plus avantageuse au commerce. »* Plus avantageux ? Ces droits se déclinent en trois parties : les droits qui se perçoivent actuellement en exécution de l'Edit de décembre 1743 ; les droits supprimés en 1720 – ils se percevaient suivant l'Ordonnance de 1680 – rétablis par cet édit de 1748 ; plus ceux qui se percevaient en 1720 et qui ont été rétablis par l'Edit de septembre 1747 ! Tout cela nous amène à une perception de 18 sols par rame de papier à écrire (pot, petit raisin, etc.) et de 10 sols par rame de papier servant aux impressions des livres (écu, cornet, etc.) qui entrent dans la ville, faubourg et banlieue de Paris. Heureusement, la province est un peu favorisée puisqu'il sera seulement perçu les trois quarts des droits dans les villes de Rennes, Nantes, Brest, Saint-Malo, Lorient (et autres villes hors Bretagne), et la moitié des dits droits dans les autres villes et lieux du royaume. Quelques ports obtiennent en 1771 la possibilité d'avoir des entrepôts (Nantes, Lorient, Saint-Malo) avec exonération des droits afin de favoriser l'exportation du papier, mais là encore la jalousie se manifeste et les négociants de Morlaix sont très actifs pour

15. Pancarte des *devoirs que les Manans et Habitans de la Ville et Fort-Bourgs de Fougères et Bourgeoisie de Saint Sauveur des Landes ont accoustumé de payer pour les Marchandises cy-après denomées*, Janvier 1559, réédition à Rennes chez Nicolas-Paul Vatar en 1783.

obtenir les mêmes prérogatives. Morlaix obtient enfin ce droit d'entrepôt, au moins pour six mois. Cependant, 1785 est une année difficile pour les moulins et le commerce ; le 21 juillet 1785, le contrôleur général des Finances M. de Calonne écrit à Bertrand de Molleville, Intendant : « *J'ai été informé, Monsieur, que le défaut d'eau et plusieurs autres causes retardent souvent la fabrication dans les moulins qui fournissent au commerce de Morlaix les papiers de qualité inférieure qu'il débite en Portugal et Hollande pour envelopper des oranges et d'autres marchandises [...] Je donne en conséquence ordre à la Régie générale de suspendre pour le moment la perception des droits sur les papiers existans à Morlaix, et dont le terme de l'Entrepôt est expiré.* » En revanche, il n'accepte pas de proroger de 6 à 12 mois les délais pour l'entrepôt des papiers destinés à l'étranger, et il ajoute : « *J'ai d'ailleurs remarqué, messieurs, qu'il s'était introduit dans les magasins d'entrepôt de papiers à Morlaix des abus très préjudiciables aux droits du Roy.* » Ce refus n'est pas du goût des négociants qui répliquent aussitôt par l'intermédiaire de M. Dubernard, président du comité du commerce, le 28 septembre 1785 : « *Vous y verrez, Monseigneur, que sur 7000 balles annuelles que produisent nos papeteries à peine 80 de ce nombre restent dans le Royaume, et que cet objet si mince, quoiqu'assujetti souvent à un droit de 60 pour cent de sa valeur dans le cas d'une consommation ou transport dans le Royaume, ne produit que 1300 Livres annuellement, et qu'enfin, c'est pour la conservation apparente de cette misère que la régie tient à la rigueur des entrepôts, et à cette foule de formalités qui pèsent sur 6900 balles qu'on exporte pour l'étranger, et sur lesquelles il n'y a aucun droit à prétendre.* » L'argumentation semble pertinente car elle reçoit le soutien de l'Intendant auprès du contrôleur général. En outre, la Régie semble effectivement bien tatillonne et exigeante : en témoigne cette affaire du sieur de La Blanchetais [16] négociant à Lorient. Il fait venir du papier de Bordeaux à l'entrepôt de Lorient pour l'exporter à l'Isle de France. Son papier arrive le 31 octobre 1782 sur le navire *La Comtesse de Charlu*, et il l'expédie le 19 décembre de la même année par le navire *Le Changeur*. Bien qu'il n'y ait théoriquement pas de droits à acquitter, le dénommé Fougé, directeur de la Régie à Pontivy, lui impose le paiement avec amende. Malgré les protestations du sieur de La Blanchetais, il faut attendre une correspondance de l'Intendance du 7 mai 1787 pour contraindre le directeur de Pontivy à rembourser le négociant.

Certes les marchands de chiffons et de papiers sont très affectés par ces diverses réglementations, mais qu'en est-il des papetiers ? C'est sur leur marchandise que doivent être payés les droits, et nombre d'entre eux font appel à des voituriers pour livrer leur papier dans la région, lorsqu'ils ne vont pas livrer eux mêmes. Il faut bien avouer qu'ils sont tentés de frauder pour ne pas payer les taxes, et que les régisseurs

16. ADIV C 1507, divers documents de 1787.

des droits, connaissant cette propension des fabricants, ont une forte tendance à la suspicion et aux amendes. Nous rapportons ci-après quelques affaires caractéristiques à cet égard. Le 9 mars 1776, à minuit et demi, René Morin, porteur, est arrêté dans Rennes transportant un gros ballot de papier qui contenait *« quatorze rames de petit jesus [...] ayant dans l'intérieur des feuilles Bretagne Gilles Mardelet 1773 et 1760 et de l'autre côté une marque du nom de Jesus »*. Cette phrase nous indique déjà que les contrôleurs regardaient bien les filigranes pour identifier le fabricant. Il y a incontestablement fraude, mais à qui en incombe la responsabilité ? René Morin est condamné à une amende de cinq cents livres et aux dépens. Il se débat comme un beau diable, et dans une supplique du 10 septembre de la même année, il donne sa version des faits et accuse [17]. Nous ne connaissons pas la réponse à cette supplique. Les affaires de fraude de ce genre sont extrêmement nombreuses, et les procès-verbaux de saisies édifiants quant à la roublardise des papetiers et des voituriers : rames de papier blanc cachées dans un ballot au milieu de vieux livres et de feuilles de papier imprimées de rebut (affaire Louis Prud'homme, imprimeur-libraire à St-Brieuc et Jacques Requintel, voiturier de Rennes, 2 mai 1780) ; saisie de papiers que Pierre Mouillé, jeune marchand, faisait entrer à Nantes par François Aguaisse, voiturier par eau : *« Ces papiers étaient dans un bateau, on les avait couverts de foin pour qu'on ne les aperçut pas et c'est à deux heures après minuit qu'on les faisait entrer clandestinement »* (P.-V. du 12 juillet 1786) ; pour sa défense, Mouillé explique : *« Les papiers ont été saisis à trois cents quarante cinq toises au-delà du pont de Brise-bois, lieu ou cessent les limites de la ville de Nantes* [ils n'étaient pas encore entrés dans la ville de Nantes] *[...] le foin servait à garantir les papiers de la pluie [...] les journaux météorologiques attesteraient, s'il en était besoin, que, dans ce temps, il pleuvoit continuellement, ce qui rendoit dangereux le transport des papiers, le retardoit et a obligé de les couvrir avec du foin ; dans cette conduite si simple, les employés n'y voient que de la fraude. »* Il s'agissait de papiers fabriqués par Ouvrard, et apparemment le sieur Ouvrard fils aurait oublié de préciser, dans la lettre de voiture, le lieu de destination. Mouillé a été débouté de sa requête.

---

17. ADIV C 1507, 10 septembre 1776 : *« Disant que le neuf mars dernier en revenant de la Barre Saint Just de cette ville de Rennes il rencontra le nommé Mathurin Olivro portefaix qui portait un gros ballot de papier, qu'ayant accompagné ledit Olivro celui-cy dit qu'il commençait à être fatigué, et le pria de vouloir bien porter ledit Ballot pendant qu'il reprendrait un peu haleine ; qu'en effet le suppliant se chargea de ce ballot continua de marcher avec ledit Olivro par le chemin que ce dernier indiqua ; que parvenu dans une petite ruelle qui aboutit au carrefour du fauxbourg de la Barre Saint Just et au haut de la rue Reverdiaire, le suppliant et ledit Olivro furent arrêtés par les sieurs J... et Menard commis et préposés à la conservation des Droits [...] qui leur firent différentes interpellations. Le suppliant leur rendit un compte exact de ce qui s'était passé à son sujet et leur dit comment il s'était chargé dudit Ballot, Olivro eut alors la mauvaise foi de contester les faits et se retira [...]. Par ce moyen, le suppliant, seul innocent, deviendrait la victime de la contravention desdits Mardelay* [le fabricant], *Rocher* [le voiturier], *Bigot* [rôle ?] *et Olivro car on ne peut plus désormais douter que ceux-cy étaient d'intelligence pour frauder les droits qui étaient dus sur ledit Ballot [...]. Le suppliant n'envisageait aucun intérêt dans ce service qu'il rendait audit Olivro au lieu que celui-cy était sans doute payé grassement pour passer ledit Ballot en fraude. »*

Si les saisies se passent généralement sans trop de difficultés, certaines sont sujettes à des situations cocasses. Il en est ainsi pour l'affaire Mechineau, voiturier qui amène à Nantes 29 rames de papier (de Pierre Bureau de Clisson) et arrive de nuit le 25 juin 1785, passe les barrières sans faire de déclaration ni bien sûr payer de droits. Les employés de la Régie le rattrapent dans la ville, saisissent la marchandise, les chevaux et la voiture. Ils n'écoutent pas les explications du voiturier et le conduisent avec ses papiers à l'auberge du sieur Duchesne. Ils déballent les papiers pour vérification, *« mais comme il y avoit un malade dans la chambre ou on avoit fait cette vérification, les employés passèrent dans un autre appartement pour dresser leur procès-verbal et pendant qu'ils étoient occupés à le rédiger quelqu'un enleva les papiers de la chambre où ils étoient déposés »*. Les employés accusent alors et le voiturier et l'aubergiste, tous deux se défendant d'avoir pris la moindre part à l'enlèvement, et le voiturier soutient même que *« le procès-verbal ne peut avoir aucun effet attendu qu'il ne saurait y avoir de saisie et de confiscation dès que les choses saisies n'ont pas été entreposées par les commis et qu'elles n'existent plus »*. Fureur du subdélégué de l'Intendant qui réclamait le prix du papier plus celui des chevaux plus celui de la charrette et une amende, soit 1440 livres ! On s'oriente seulement vers le paiement du prix du papier (580 livres) et 200 livres d'amende. C'est parfois beaucoup plus difficile de saisir, et il faut avoir recours à la force. C'est le cas dans l'affaire Roullard pour laquelle nous transcrivons en note l'essentiel du procès-verbal [18]. Ce dernier est finalement condamné à une amende de 500 livres pour sa contravention plus 500 livres pour sa rebellion.

Il est certain que, parfois, les employés des Fermes abusent de leur autorité. En témoigne la supplique du sieur Gayet, papetier de Josselin en 1783. Il a envoyé le 14 avril trente balles de papier contenant 386 rames de papier de doublage (papier gris ou brouillard) au sieur Couy, marchand de papier à Nantes. Son voiturier et domestique, Mathurin Mahé, s'est fait intercepter à Redon par les commis qui ont exigé qu'il paye les droits alors qu'ils n'auraient dû être payés qu'à Nantes. Ce dernier

18. ADIV C 1507, P.V. du 3 novembre 1781 : *« A requête de Maître Henry Clavel Régisseur Général [...] nous Michel Allexis Oliveaux et Louis, Claude, René du Couëdic, Receveur et Commis en second [...] certifions que nous avons rencontré [...] en la paroisse de Noyal, à l'endroit du chemin qui conduit de Rohan à Pontivy, un particulier de nous inconnu, conduisant un cheval qui nous a paru chargé de papier. Sommé ledit inconnu, en parlant à sa personne, de nous dire son nom, surnom, qualité et demeure, et de nous déclarer s'il transportait du papier, nous a répondu se nommer François Roullar voiturier de la paroisse de Brehand Loudeac ajoutant qu'il conduisait du papier à Pontivy pour différents marchands dont il ignorait les noms, sommé ledit Roullar de nous faire l'exhibition de sa lettre de voiture ; a obéi, nous a remis une lettre de voiture du 7 7bre 1781* [la lettre présentée est signée de Gelineau et correspond à un envoi de St Brieuc à Ploermel]. *Représenté audit Roullard que le chemin où nous le trouvions n'était point celui de St Brieuc à Ploermel [...] et qu'elle* [la lettre de voiture] *n'avait pas été visée au bureau de St Brieuc [...] en conséquence l'avons sommé de nous faire ouverture des trois ballots dont son cheval était chargé. A refusé sous prétexte qu'il n'avait pas le temps de s'arrêter en chemin [...]. Ledit Roullard s'obstinant à refuser l'ouverture desdits ballots et s'opposant avec violence à la vérification que nous voulions faire desdits papiers [...] nous avons malgré lui arrêté son cheval et déchargé lesdits ballots dans lesquels nous avons reconnu qu'il y avait effectivement 31 rames de papier des qualités cy-dessus mentionnées. Nous avons représenté audit Roullar sa contravention aux règlements dont il n'a pu disconvenir ; s'est excusé en disant que Goupil fabricant de papier au moulin de Brehand Loudeac n'avait pas pu lui donner de lettres de voiture*

a été obligé d'emprunter au nommé Laurent, aubergiste à Redon, la somme de 144 livres 15 sous pour ces droits qui ont donc été payés contre remise d'une quittance. Mais en arrivant à Nantes, trois jours plus tard, il a oublié de présenter la quittance et il a dû payer une seconde fois. Gayet en a donc demandé la restitution au sieur Bornier, directeur de la Régie générale à Nantes, mais celui-ci a refusé *« on ne sait par quel motif »*. Après présentation en justice, la Régie de Redon doit quand même s'exécuter pour le remboursement. Autre affaire d'abus de pouvoir, celle de Pierre Latouche, fabricant de papier à Tremblay : en 1785, il fabrique du papier gris commun pour enveloppe (donc du papier d'emballage) ; selon le Tarif, ce papier n'est imposable que pour la moitié des droits. Or, le Régisseur prétend que si c'est bien du papier gris, il n'est pas commun et peut servir à écrire comme le papier blanc ! En conséquence il faut payer les droits complets. Latouche se défend et obtient finalement gain de cause l'année suivante.

Dans certains cas, des transactions sont possibles lorsque le receveur des droits est accommodant ; c'est ainsi que Jean Plessix, marchand voiturier, emporte à Rennes deux charges de papier provenant de Nicolas Guérin de La Bazouge-du-Désert ; ayant traversé la ville de Fougères le 3 octobre 1746 sans déclaration ni paiement des droits, il est arrêté au-delà des barrières avec ses chevaux. Afin d'éviter les frais de saisie, vente et confiscation du tout, Joseph Binel, sieur de la Hayais, receveur des droits domaniaux et d'entrée et sortie de la ville de Fougères, lui propose le paiement de 30 livres pour demeurer quitte, ce que le voiturier accepte ; cette transaction à l'amiable reste cependant soumise à l'accord de messieurs les fermiers généraux !

Ces quelques exemples le montrent : faire commerce du papier n'est pas toujours chose aisée, et le transport s'apparente parfois à une partie de gendarmes et de voleurs. Encore, toutes ces affaires ne sont-elles que des problèmes d'argent, même si les amendes sont lourdes. À la période très troublée de la Révolution, il peut y

---

puisqu'il ne savait pas écrire, et qu'il en ferait faire une au bourg de Noyal si nous l'exigions absolument, représenté de nouveau audit Roullard qu'il n'était plus temps de réparer sa faute, et que sa contravention est évidente au moment que nous nous disposions à mesurer les dites rames de papier ; ledit Roullard, appercevant des gens qui travaillaient dans les champs voisins s'est mis à crier force aux voleurs qui m'assassinent ; et il a couru sur nous dès qu'il a vu que plusieurs personnes armées de fourches et bâtons venaient à son secours ; nous trouvant enveloppés d'une multitude qui nous menaçait aux cris redoublés dudit Roullard qui nous traitait de foutus coquins en criant d'arrêter les employés de Pontivy qui méritaient d'être assomés ; par quoi nous voyant dans un danger évident nous avons eu recours à nos armes pour faciliter notre retraite, et nous étant effectivement soustraits aux violences dudit Roullard et autres personnes ameutées, nous nous sommes retirés en déclarant hautement audit Roullard en parlant à sa personne, ainsi qu'aux autres seditieux, procès verbal de leurs injures, menaces, voies de fait, et rébellion, ensemble la saisie des trente-une rames de papier trouvées état que dit est, que du cheval qui les portait avec les harnais conjointement [...] et ayant été forcés d'abandonner l'objet de notre saisie à la charge et garde dudit Roullar aux peines de droit, nous lui avons déclaré ainsi qu'aux gens attroupés que nous nous retirions au Bureau Général de la Régie établi à Pontivy pour dresser notre procès verbal [...] les avons sommés à haute et intelligible voix de nous y suivre pour être présents à la rédaction d'iceluy, en entendre lecture, les signer et en recevoir copies, ont refusé en redoublant leurs cris d'émeute. »

avoir mort d'homme. C'est ce qui arrive à Guillaume Martin, papetier au moulin du Pont de Vieux-Vy, alors qu'il emmène son papier à Rennes [19].

I.2.4. Le métier de papetier

En 1739, lors de l'établissement du Règlement, il apparaît que la profession n'est pas encore structurée ; l'enquête de 1729 l'a bien montré, particulièrement en Bretagne. Le subdélégué d'Antrain écrit ainsi : « *Dans tous ces moulins on ne travaille point suivant aucun réglement et il n'y a aucune police que le bon ordre que les fermiers, propriétaires et afféagistes y font tenir et il n'y a ny maitres ny jurez.* » Celui de Landerneau précise : « *Au surplus, il n'y a pas dans ce pais de maîtrise, de juré ny de police sur ce papier, et on pait les ouvriers par mois suivant la quantité de papier qu'ils ont fait eu égard à la grandeur et qualité du papier.* » L'article XXVII du Règlement prend acte de cet état de fait et régularise la situation en énonçant : « *Seront réputés Maîtres Fabriquans de Papier, tous ceux qui font actuellement fabriquer du papier en leur nom, dans des moulins à eux appartenans, ou qu'ils tiennent à loyers ; sans qu'aucuns puissent l'être à l'avenir, qu'après avoir fait apprentissage, et satisfait aux autres formalités prescrites par le présent Arrêt, pour parvenir à la Maîtrise.* » Et afin que cet acte organisateur de la profession soit suivi d'effet, les quatre articles suivants ordonnent : 1. que dans les trois mois soient constitués des arrondissements des différentes villes et lieux dans lesquels sont situés les moulins à papier, et qu'il soit établi incessamment et sans frais un tableau contenant les noms des maîtres fabricants ; 2. que les maîtres fabricants nomment, en présence des juges des manufactures, deux ou quatre gardes par arrondissement en fonction de leur importance numérique, et que ces gardes seront renouvelables par moitié chaque année.

19. ADIV 5 MI 1373 R878, 26 Floreal an V : « *L'administration municipale se croyant autorisée à rectifier les erreurs ou omissions, et à suppléer aux formalités que des temps orageux n'ont pas permis de remplir, après avoir entendu le comre du Directoire executif a reçu la déclaration des citoyens Jean Rabache, Henry Leroy et Jean Gavard, lesquels attestent que le cinq germinal an quatre, viron les huit heures du matin, faisant route avec le citoyen Guillaume Martin pour conduire leurs marchandises à Rennes, ils furent au nombre de plus de vingt cinq arrêtés sur la grande route qui conduit d'Antrain à Rennes à la hauteur du chef lieu de la commune de Betton par une soixantaine d'hommes armés vêtus indistinctement, et pour la plupart gens de campagnes, et portant des plumets et cocardes blanches, lesquels après leur avoir demandés leurs passeports, saisirent et conduisirent leurs chevaux et marchandises par un chemin batard à gauche de la grande route et s'en emparèrent après les avoir contraints par la force des armes de rester au milieu d'eux, que le citoyen Guillaume Martin ayant voulu opiniatrement suivre son cheval chargé d'une somme de papier, bientôt ils le perdirent de vue escorté de plusieurs hommes armés qui conduisoient les autres chevaux et marchandises, et n'eurent plus d'autre connoissance de sa personne qu'ils présument avoir succombé sous deux coups de fusils qui furent tirés viron une demi heure après leur séparation, à quelque distance d'eux et dans la ligne qu'ils avoient semblé prendre, qu'au surplus les chevaux qui leur avoient été pris leur furent ramenés au même endroit dégagés de leurs sommes, et qu'ils n'eurent d'autre connoissance de Guillaume Martin, qui ne reparu plus, et que tous les autres citoyens qui les accompagnoient crurent ainsi qu'eux avoir péri entre les mains de ceux qui les avoient pillés.* »

Quel sera le rôle de ces gardes ? Après avoir prêté serment devant les juges, ils devront assurer quatre visites annuelles dans les moulins et magasins à papier, afin de vérifier l'application des règlements et la conformité du produit fabriqué et commercialisé, avec mission de procéder à la confiscation des papiers non conformes, dont les rames « *seront percées d'un poinçon dans le milieu, et qu'elles seront remises dans le moulin à papier, pour y être employées comme matière* ». En outre, dans un grand élan de générosité, mais surtout pour stimuler les gardes par un intéressement, le montant du prix auquel aura été estimé le papier non conforme en tant que matière première appartiendra par moitié aux gardes et pour l'autre moitié à l'hôpital le plus proche (pas le montant de l'amende, bien évidemment).

Les articles suivants (XXXIV à LIII) traitent de l'apprentissage et du déroulement de la profession, jusqu'à l'obtention de la maîtrise. Il s'agit non pas de la création de l'apprentissage, mais de sa codification. Nous avons en effet relevé plusieurs contrats d'apprentissage pour le métier de papetier enregistrés devant notaire dès la fin du XVIIe siècle. En fait, nous disposons de onze actes antérieurs à 1739 et de six postérieurs pour les moulins du pays de Fougères, donc tous pour la même région, ce qui va nous permettre d'analyser si la réglementation a changé quelques chose dans les habitudes. Il faut avoir douze ans accomplis pour entrer en apprentissage, la durée de celui-ci étant de quatre années consécutives. En ce qui concerne cet âge minimum, nos informations sur les apprentis recensés sont trop rares pour en discuter ; il semble cependant que le début puisse être beaucoup plus tardif car nous relevons en 1729, au moulin d'Ardenne en Tremblay, la signature du contrat pour Julien Noury âgé d'environ 19 ans [20], et en 1747, aux Grands Moulins de Vieux-Vy, le décès de Julien Couaire, apprenti âgé de 18 ans environ. Les papetiers sont en leur grande majorité des hommes, les tâches réservées aux femmes correspondant plutôt au traitement des chiffons ou au traitement et au contrôle du papier fini. C'est pourquoi les contrats d'apprentissage concernent les garçons. Nous relevons néanmoins une exception avec le contrat passé entre Julien Laisné, papetier au moulin de la Panisselais, et Gillette Gandon, veuve Debon, pour sa fille Gillette Debon [21] : Laisné s'engage à lui « *montrer à travailler et faire montrer à faire le papier* » ; il n'y a donc aucune ambiguïté possible. La durée est généralement de trois ans, et exceptionnellement de quatre avant 1739 ; elle passe à quatre juste après la mise en place du Règlement, puis revient à trois années vers la fin du XVIIIe siècle. En ce qui concerne cette durée, quelques variantes plus brèves sont possibles lorsque le jeune est originaire d'une famille papetière et va faire son apprentissage chez un confrère ; c'est le cas pour Thomas Mardelé qui vient de Normandie faire son apprentissage en

20. ADIV 4 E 6495, minute J-M. Herbert, 24 septembre 1729.
21. ADM 3 E 54/135, minute Charles Hossard, 25 juin 1734.

18 mois chez Michel Dupré, maître-papetier au moulin de Guémain [22], ainsi que pour Jean Lerbré, de Guémain, qui est pris pour deux ans et deux mois en apprentissage chez Adrien Dupré, marchand papetier au moulin de Roche-qui-brut [23] ; il en est de même pour Julien Blin, domestique au moulin de la Panisselais, qui se met en apprentissage pour deux ans chez Richard Le Chartier dans ce même moulin [24]. Sans doute est-ce une habitude qui est reprise et formalisée par un article du règlement qui précise que *« les fils de Maître qui auront demeuré jusqu'à l'âge de seize ans accomplis chez leur père, ou leur mère veuve, faisant fabriquer du papier, seront réputés avoir fait leur apprentissage »*, ce qui signifie clairement que les enfants de papetiers étaient de facto formés aux diverses tâches dans le moulin dès leur plus jeune âge.

La formation est-elle générale ou spécialisée lors de cet apprentissage ? Il faut rappeler qu'à partir de la pâte placée dans la cuve, trois postes sont nécessaires pour élaborer une feuille de papier : 1. celui d'ouvreur pour lequel l'ouvrier prélève une peu de pâte avec sa forme et laisse égoutter l'eau tout en agitant doucement la forme afin d'égaliser l'épaisseur de la pâte sur toute la surface de la feuille en cours de formation ; 2. celui de coucheur, l'ouvrier prend la forme des mains de l'ouvreur qui a précédemment retiré la couverte, la retourne en déposant la feuille de papier sur un feutre de dimension appropriée, et recouvre la feuille d'un nouveau feutre prêt à recevoir le feuille suivante pour constituer une porse ; 3. celui de leveur, un troisième ouvrier intervenant pour retirer les feuilles une à une après qu'une porse ait été passée sous presse afin d'éliminer le maximum d'eau. Ces trois postes requièrent des qualifications distinctes et donc une formation appropriée, celui de leveur étant réputé le plus délicat.

Certains brevets d'apprentissage sont flous alors que d'autres sont très précis à l'égard du poste à occuper. Ainsi Charles Legendre, maître-papetier au moulin de la Verrerye, s'engage à montrer à Guy Richard le métier de papetier [25] ; il en va de même pour Gillette Debon, Jean Lerbré et Julien Blin précédemment cités, ainsi que pour deux autres apprentis, Julien Méas [26] et Julien Tirel [27]. Six actes précisent que l'apprenti sera affecté à l'office de coucheur (Julien Noche [28], Pierre Merusseau [29], Pierre Gallon [30], Joseph Lendormy [31], Julien Noury et Thomas Mardelé, déjà cités).

22. ADIV 4 E 6498, minute J-M. Herbert, 23 novembre 1734.
23. ADIV 4 E 6606, minute P. Hodouin, 12 novembre 1771.
24. ADM 3 E 54/116, minute Charles Hossard, 12 mai 1754.
25. ADIV 4 B 5393, juridiction Saint-Brice, 25 janvier 1681
26. ADM 3 E 54/174, minute Joseph Hossard, 29 mai 1791.
27. ADIV 4 E 6599, minute J. Jugan, 22 floreal an III.
28. ADM 3 E 54/119, minute Charles Hossard, 23 mai 1688.
29. ADM 3 E 54/124, minute Charles Hossard, 5 juillet 1695.
30. ADIV 4 E 6478, minute F. Hodouin, 24 juin 1719.
31. ADIV 4 E 9902, minute J-F. Maunoir, 12 mars 1747.

Quatre apprentis sont engagés à l'office de leveur : Mathieu Merusseau [32], frère de Pierre qui était apprenti coucheur, Louis Roussin [33], Guillaume Fouillard [34], et Georges Roussin [35]. Dans un seul exemple il est précisé que, lors de l'apprentissage de François Ory [36], Alexandre Boulmer, maître-papetier au moulin d'Ardenne, s'engage *« de le plasser a travailler a la cuve lors qu'il en sera capable suivant lusance du maitier »*. On peut donc imaginer que le jeune apprenti, à qui étaient dévolues initialement la plupart des tâches subalternes, se formait au poste de coucheur ou de leveur, mais complétait probablement sa formation en devenant ouvreur. Nous n'avons trouvé aucune mention relative à la fonction de salerent ; ce nom était donné à l'ouvrier chargé d'encoller les feuilles de papier après un premier séchage et avant lissage. Peut-être cette qualification était-elle acquise seulement lorsque l'apprenti était devenu compagnon ? En effet, après les quatre années d'apprentissage, l'apprenti était tenu de servir quatre années de plus en qualité de compagnon. Il paraît plus probable que l'encollage était ici pratiqué dans la masse, la colle – avec l'alun – étant introduite dans la cuve et mélangée avec la pâte avant réalisation de la feuille.

Le règlement de 1739 est explicite sur la durée de l'apprentissage, et sur le fait que l'apprenti doit demeurer chez son maître et le servir fidèlement. S'il décide de le quitter prématurément, tout le temps passé est considéré comme nul, son brevet d'apprentissage est supprimé des registres, et il perd tous ses droits pour parvenir ultérieurement à la maîtrise. Tous les actes passés devant notaire, qu'ils soient antérieurs ou postérieurs à 1739, précisent que l'apprenti ne peut *« s'absenter ny aller ailleurs »*, sinon le parent répondant (père, frère, etc.) signataire de l'acte s'engage à remplacer lui-même ou à trouver un remplaçant à l'apprenti défaillant, avec parfois paiement de dommages et intérêts au maître-papetier. Le règlement n'a donc apporté aucune modification à cet égard. Mais si l'apprenti a des contraintes, quels sont donc ses avantages ? Son maître est tenu de le nourrir, coucher, blanchir et traiter humainement (un acte précise même traiter doucement et humainement). En général il doit l'entretenir en sabots, sauf l'apprentie Gillette Debon à qui Julien Laisné devra fournir une jupe et un devantier. Si tous les contrats sont proches les uns des autres dans ce que nous venons d'évoquer, ils diffèrent parfois fortement en ce qui concerne l'éventuelle rémunération de l'apprenti. Lorsqu'il évoque les relations entre maître et apprenti, Jean-Yves Barzic note : *« La plupart, au bout de deux ou trois années d'apprentissage, acceptent de le rétribuer* [37] *»*. Les corporations auxquelles

32. ADM 3 E 54/124, minute Charles Hossard, 21 octobre 1696.

33. ADIV 4 E 6498, minute J-M. Herbert, 3 juillet 1734.

34. ADM 3 E 54/135, minute Charles Hossard, 5 juin 1737.

35. ADIV 4 E 6500, minute Goron, 15 décembre 1746.

36. ADIV 4 E 6427, minute Jean Boivent, 25 avril 1727.

37. Barzic J-Y., L'*Hermine et le Soleil. Les Bretons au temps de Louis XIV*, Spezet, Coop Breizh, 1995.

il se réfère n'incluent pas les maîtres-papetiers. Ces derniers, avant 1739, attribuent à leur apprenti des gages plus ou moins importants : 15 livres pour Julien Noche en 1688, 15 livres également pour chacun des deux frères Merusseau en 1695 et 1696, 10 livres plus un habit à Pierre Gallon en 1719, 15 livres pour François Ory en 1727, 12 livres pour Julien Noury en 1729 et pour Louis Roussin en 1734, 20 livres pour Gillette Debon également en 1734 (mais pour ses quatre années d'apprentissage, alors que les autres n'en font que trois), 15 livres pour Guillaume Fouillard en 1737. Curieusement, les actes postérieurs au règlement de 1739 (1746, 1747 et 1771) ne mentionnent plus de gages ; pire, c'est le coût de l'apprentissage qui figure maintenant dans la rédaction, et si l'apprenti abandonne, le parent devra payer un nouvel apprenti, à raison de 6 livres par mois. On retrouve la notion de gages à la fin du siècle, Antoine Blin devant payer à Julien Méas la somme de 78 livres (en 1791), tandis que François Hus paiera à Julien Tirel 30 livres. Ces variations ont-elles été induites par cet arrêt contraignant réglementant la profession ? Il est possible de l'imaginer dans la mesure où le même papetier (Alexandre Boulmer) fournit des gages pour ses trois apprentis en 1727, 1729 et 1734, mais n'en règle apparemment plus à celui qui commence en 1746.

Avant d'aspirer à devenir maître-papetier, l'apprenti doit donc poursuivre sa formation pendant quatre années en qualité de compagnon ; mais passer maître en réalisant un chef-d'œuvre n'est pas une obligation, le compagnon pouvant continuer son travail en tant qu'ouvrier papetier. Bien évidemment, compagnons et ouvriers touchent des gages, mais eux aussi sont soumis à quelques contraintes ; ainsi, Michel Laisné engage par contrat Guillaume Loizel [38] pour faire du papier au moulin de la Gobtière pendant deux ans ; il devra le nourrir, le coucher et blanchir son linge, et il lui donnera comme gages la somme de 16 livres 10 sols tournois par an ; comme pour les apprentis, Loizel ne pourra s'absenter ni aller ailleurs pendant ce temps. Nombreux sont ceux qui sont en même temps paysans laboureurs et tiennent des terres à ferme ou par héritage familial. Un exemple parmi d'autres : Adrien Dupré, papetier qui exploite le moulin de Roche-qui-brut, consent un contrat de fermage de 6 ans à Louis Guenard, compagnon papetier, pour les maisons, jardins, terres labourables et non labourables et prés situés au lieu de la Bastille en la paroisse voisine de St-Ouen la-Rouerie [39], mais le contrat précise à condition *« qu'il travaillera de préférance en qualité de compagnon paptier chez ledit Dupré aussy pendant ledit bail »*. Il est évident que le travail de la terre est, pour les compagnons et ouvriers, un complément indispensable pour subvenir aux besoins de la famille.

38. ADM 3 E 54/120, minute Charles Hossard, 8 décembre 1689.

39. ADIV 4 E 6587, minute J. Jugan, 5 août 1783.

Certains pourraient, selon la saison, privilégier une activité au détriment de l'autre, et effectuer leur travail au moulin dans des conditions nuisant à la qualité du papier (travail de nuit par exemple). Pour pallier cette éventualité, le règlement précise dans deux de ses articles : « *Veut Sa Majesté que les Compagnons et Ouvriers Papetiers, soient tenus de faire le travail de chaque journée, moitié avant midi, et l'autre moitié après midi* » et « *Défend Sa Majesté à tous Compagnons et Ouvriers, de commencer leur travail, tant en hiver, qu'en esté, avant trois heures du matin.* »

Un point très important de la réglementation du travail concerne l'embauche des personnels ; il a nécessité la rédaction de plusieurs articles, dont nous extrayons les éléments les plus significatifs ayant servi de support à divers procès : « *Defend aussi Sa Majesté ausdits Maîtres Fabriquans, de débaucher les Compagnons et Ouvriers, les uns des autres, en leur promettant des gages plus forts que ceux qu'ils gagnoient chez les Maîtres où ils travailloient,* » et en corollaire « *Fait Sa Majesté défenses aux Compagnons et Ouvriers, de quitter leurs Maîtres pour aller chez d'autres, qu'ils ne les aïent avertis six semaines auparavant, en présence de deux témoins, à peine de cent livres d'amende.* » Sans doute ce règlement a-t-il été appliqué dans les années suivant sa publication, mais comme pour les autres articles, ceux-ci semblent avoir été largement ignorés vers la fin du XVIIIe siècle. Une première affaire éclate en 1786, résumée par l'Intendant dans l'attendu de son jugement : « *Vu la requête à nous présentée par le sieur Charles Jean des Valées, Marchand-Fabricant de papier, au Moulin de Guélandry-les-Fougères, contenant qu'il avait pour Compagnons les nommés Jean Damy, Louis Cournée dit la Rose, et Jean Tesnières, qui demandèrent à quitter la fabrique le 7 du présent mois de Décembre et s'évadèrent deux jours après, d'où il résulte une cessation de travail qui causa sa ruine [...] condamnons chacun des susnommés en cent livres d'amende, payable par corps ; faisons en outre défenses à tous fabricans de papier de les recevoir en qualité d'ouvriers.* » Une seconde affaire précise la débauche d'ouvriers : Pierre Latouche, fabricant de papier à Roche-qui-Brut en Tremblay, se plaint de ce que Georget, papetier du moulin des Batailles près Fougères, lui a enlevé deux ouvriers, ce qui lui a causé un préjudice considérable car « *il s'était engagé de fournir du papier à la dame Bruté de Remur et au sieur Vatar, imprimeur à Rennes qu'il n'a pu, faute d'ouvriers, leur fournir au temps marqué, et qui en conséquence, se sont pourvu ailleurs* » ; dans un premier temps, Georget est condamné à cent livres d'amende, mais après appel et production de témoins qui attestent que l'un des ouvriers au moins demeurait chez lui depuis trois ans, l'amende est réduite de moitié.

Ces affaires de débauche d'ouvriers ne sont pas spécifiques à la Bretagne, puisque dès 1777 un nouvel arrêt précise dans son préambule : « *Le Roi ayant été informé que les Ouvriers des Manufactures de papier du Royaume, se sont liés par une association générale, au moyen de laquelle ils arrêtent ou favorisent à leur gré l'exploitation des Papeteries, et par là se rendent maîtres des succès ou de la ruine des Entrepreneurs [...] l'effet de cette police séditieuse est qu'un seul ouvrier mutin et entreprenant peut débaucher tous les ouvriers d'une papeterie.*[40]» De fait, certains patrons peuvent se trouver contraints sous la pression de ne pas respecter les règlements, à moins d'une résistance très forte, et en faisant appel au Pouvoir. L'Arrêt de 1739 prévoit ainsi que les maîtres-fabricants pourront engager les apprentis et compagnons qui leur conviennent, qu'ils soient ou non fils de papetiers, et ceci sans que les autres ouvriers ou compagnons en place puissent les inquiéter ou maltraiter ou exiger d'eux une rétribution dite de bienvenue. Force est de constater que les ouvriers tentent d'imposer un recrutement exclusivement en interne, au sein même de leur communauté. Une lettre de 1786 est explicite à cet égard : *« Le nommé Jean Huet maître papetier à Penhoat près Morlaix a essuyé ces jours derniers une espèce d'émeute de la part des ouvriers de trois moulins qui avoisinent le sien. Leur motif était la réception ou engagement par lui fait d'un ouvrier qui n'est pas fils de maître ou compagnon papetier. Ils prétendent qu'il n'avait pas le droit de l'employer dans la manufacture. Ils se sont en conséquence attroupés et ont été chez lui le menacer. Ils l'ont même attaqué sur la route de Morlaix.*[41]» Alors qu'au début du XVIIIe siècle le maître-papetier paraît être maître chez lui, particulièrement en Bretagne où en fait les manufactures correspondent surtout à de petites entreprises familiales (voir chapitres suivants), une évolution de l'état d'esprit des ouvriers se produit vers le milieu du siècle, au point qu'ils réussissent parfois à imposer leurs propres règles de travail, tant sur le plan de la quantité de rames à produire journellement que sur celui des recrutements, et cela malgré les menaces d'amende ou même de peines plus lourdes. C'est dans ce contexte fréquemment conflictuel, où les règlements ne sont pas toujours suivis, que le Pouvoir entend mener une nouvelle enquête sur le fonctionnement des moulins à papier en Bretagne. Les renseignements fournis par cette dernière, qui va durer cinq années, sont rapportés ci-dessous.

I.3. Enquête de 1771/1776

Elle commence par une lettre de Monsieur Terray, Contrôleur général des Finances, à M. Dupleix, Intendant de Bretagne, en date du 14 décembre 1771 ; il demande des éclaircissements, tant sur le nombre que sur la situation des moulins à papier. Sans doute avec l'objectif d'obtenir une réponse rapide, il accompagne sa lettre d'un modèle d'état à remplir. Celui-ci est diffusé à toutes les subdélégations et les états remplis sont de retour très rapidement dès janvier 1772. Ils sont généralement précis, car ils comportent les noms des propriétaires et locataires fabricants, le nombre des cuves ainsi que la quantité de papier produite avec les qualités ; s'y ajoutent les principaux lieux de distribution. Sans doute ont-ils été remplis parfois trop

40. *Arrêt du Conseil d'Etat du Roi* du 26 Février 1777.

41. ADIV C 1504, *lettre à Monseigneur l'Intendant de Bretagne*, 29 septembre 1786.

rapidement car certains comportent des inexactitudes et des lacunes. Une lettre du 26 avril 1776 signée Turgot réclame un nouvel état des papeteries en Bretagne et surtout des échantillons. Des corrections et des mises à jour sont alors effectuées par les subdélégués, et un état récapitulatif est établi à la fin de 1776, l'inspecteur des Manufactures mentionnant 59 moulins à papier. Outre les renseignements concernant les moulins, cet inspecteur résume quelques-unes des informations fournies par les subdélégués et indique notamment : « *Les eaux des rivières ou ruisseaux sur lesquels ces moulins sont situés sont plus ou moins propres à faire de beaux papiers ; celles dites le Couesnon, la Minette et Loysance qui coulent dans les paroisses de Vieux-Vy et Tremblay, dans la subdélégation d'Antrain, la Sevre paroisse de Cugan, subdélégation de Clisson, et le Gouet ville et subdélégation de Saint Brieuc sont réputées les plus propres pour la fabrique des papiers de la première qualité ; aussy est ce dans les moulins situés sur ces rivières qu'on fabrique les papiers qui servent dans la province à l'écriture, à l'impression et à la formule.* » C'est cet état qui a servi de base aux rares travaux qui ont été effectués sur la papeterie en Bretagne, alors que celui de 1729 n'est pratiquement pas cité. Nous y ferons également référence pour l'étude des papeteries du pays de Fougères.

I.4. Amélioration de la qualité du papier

Outre leur objectif avoué de contrôler la fabrication du papier et d'assurer la rentrée des taxes, les enquêtes visaient également, en comparant les productions des diverses provinces, à tenter d'améliorer la qualité des papiers produits. Nous verrons dans les chapitres suivants que le papier fabriqué en Bretagne était fréquemment d'assez mauvaise qualité, et le descriptif fourni pour certains moulins l'explique aisément ; il suffit de manipuler des feuilles destinées à l'écriture ou aux divers actes enregistrés (papier timbré) pour se convaincre de la différence entre papiers bretons et papiers du Sud-Ouest ou d'Auvergne. Parmi les conclusions de l'état récapitulatif de l'enquête de 1771/1776, nous relevons : « *Ces fabricants sont fort ignorants dans leur métier, ils suivent de vieilles routines et ne se sont pas jusqu'ici assujettis à aucun des règlements rendus pour la fabrication des papiers* » et dans un état établi antérieurement pour comparer la production de l'année 1768 à celle de l'année précédente : « *Il n'a pas été possible de savoir au juste la comparaison des deux dernières années. Ces fabriquans ne savent pas assez lire pour tenir des livres, ils travaillent quand on leur demande du papier et chôment quand on n'en demande* », et encore : « *Ils suivent d'anciennes routines qui leur procure un bien-être au-dessus des autres ouvriers, ils sont tous assez aisés.* » En analysant l'évolution des moulins du pays de Fougères et celle des familles de papetiers concernés, nous avons l'occasion de tempérer ces affirmations. Certains marchands papetiers, surtout au XVIIe siècle, paraissent être des notables et disposent probablement d'un degré d'instruction au-dessus de la moyenne si l'on en juge par leur qualité d'écriture ; d'autres sont manifestement plus des paysans et ne fabriquent du papier que comme ressource d'appoint. Certains se sont constitué un bon patrimoine foncier alors que d'autres sont restés pauvres, ayant même fait faillite à la suite de leur incapacité à tenir leurs engagements. Nous ne pouvons donc dégager à cet égard aucune règle générale. Etaient-ils aptes à améliorer la qualité de leur production ? Ou même l'ont-ils cherché ? La réponse tend vers la négative : force est de constater, toujours par comparaison visuelle et manuelle de nombreux documents, que la qualité du papier breton, à de rares exceptions près, n'a cessé de se dégrader du XVIIe au XVIIIe et même au début du XIXe siècle.

Quelques tentatives ont cependant lieu pour améliorer la qualité de ces papiers, mais elles émanent de l'extérieur et n'ont que peu de succès. La plus citée est celle de Joseph Gigant Dumont, fabriquant de papier, et de son neveu Raymond-François Gigant. Ces deux hommes, originaires de Basse Normandie, tentent dès 1756 de faire construire une véritable manufacture en Basse-Bretagne ; ils échouent faute de financement suffisant. Ne se décourageant pas, ils présentent, de Morlaix en 1772, une nouvelle demande pour faire construire à La Roche près de Landerneau : ils adressent à *Nosseigneurs les Etats de Bretagne* [42] un mémoire renfermant leurs arguments ; malheureusement le coût jugé prohibitif (100 000 livres) les fait de nouveau échouer. À cette époque, les papiers du royaume de France sont fortement concurrencés par ceux de Hollande. Afin de mieux en comprendre les raisons, Desmarets, membre de l'Académie des sciences et inspecteur des manufactures, présente en 1771 un mémoire devant l'Académie royale [43]. Des 40 pages qui en sont imprimées en 1774 pour diffusion, nous extrayons ces quelques phrases qui expliquent la tentative d'évolution apparue alors en Bretagne :

« *On sait que les papiers de Hollande, destinés la plupart à l'écriture et au dessin, ont une surface très douce et très unie, qu'ils ont une teinte légère de bleu qui éclaircit avantageusement le blanc de la pâte, qu'ils sont bien collés et également collés dans toute leur surface, qu'enfin le fond de leur étoffe a une souplesse qui ne nuit point à sa force. On leur reproche il est vrai avec quelque fondement : 1° de se couper dans les plis lorsqu'ils sont exposés à un certain frottement ; 2° d'empâter le bec de la plume lorsqu'on écrit longtemps avec la même plume ; 3° de n'être pas propres, comme ceux de France, à l'impression des livres, et surtout à celle des cartes et des estampes [...]. Les Hollandois pour communiquer une légère teinte de bleu à leur papier, emploient le bleu d'émail uni à l'amidon ; ils préparent ce bleu en faisant fermenter dans des tonneaux la substance farineuse avec l'émail réduit en poudre [...] il est visible que la pâte du papier, ne recevant*

42. ADIV C1504, mémoire imprimé de 1772.

43. ADIV C1506, premier mémoire sur *les principales manipulations qui sont en usage dans les papeteries de Hollande*, 20 février 1771.

le contact de la couleur bleue de l'émail que par l'intermédiaire de l'amidon, il est nécessaire que cette substance farineuse s'unisse à la pâte, qu'elle entre par conséquent dans la composition du papier [...] il n'est donc pas étonnant qu'elle empâte et qu'elle émousse le bec de la plume [...]. On pourra substituer à cette préparation d'autres matières colorantes dont j'ai fait l'essai [...]. Parmi les préparations qui réussissent, je puis indiquer ici 1° la composition du bleu de Saxe qui est une dissolution de l'indigo dans l'acide vitriolique, 2° le vitriolique de Chypre. »

Incontestablement, quelques papetiers bretons ont eu connaissance et se sont inspirés de ce document ; on trouvera, notamment dans un inventaire après décès, mention de la présence du bleu ; en outre, de nombreuses feuilles sont colorées. Hélas, pour celles que nous avons eues entre les mains, il ne s'agit pas de la légère teinte de bleu mentionnée par Desmarets, mais d'un bleu intense, tirant parfois au bleu-vert quand la pâte jaunâtre est mal affinée, n'ayant rien à voir avec un quelconque effet d'azurant. Il apparaît donc inopportun de parler d'amélioration de la qualité du papier, et devant l'industrialisation intervenue au début du XIXe siècle, les moulins familiaux de Bretagne, comme ceux de la province voisine de Basse-Normandie, ont progressivement disparu faute d'avoir pu assurer au moins une production spécifique de qualité.

CHAPITRE II

Moulins du Petit-Maine, de Lécousse et Fougères

II.1. Moulins du Petit-Maine

La Bazouge-du-Désert et Louvigné-du-Désert sont les deux communes de Bretagne qui comprenaient la plus grosse fraction de cette zone à statut particulier – puisque partiellement exempte de contribution indirecte (tailles, gabelles) – que l'on appelait le Petit-Maine, la plus petite fraction relevant de Saint-Ellier dans la province du Maine. Certes, les limites du Petit-Maine et de sa Franchise, ainsi que l'origine incertaine des privilèges qui y étaient attachés, ont donné lieu à discussions. C'est ainsi qu'au milieu du XIXe siècle l'abbé Badiche conteste certaines thèses de Léon Maupillé, l'érudit local dont les travaux font (généralement) autorité, conservateur de la bibliothèque de Fougères [1]. Nous nous en tiendrons aux indications fournies au début du siècle suivant par l'abbé Angot [2] : « *Le Petit Maine était un pays compris entre le Dairon* [Futaie] *et le ruisseau de Glaine* [Bignette] *son affluent, sorte de triangle (450 à 500 hectares) dont le sommet était au confluent des deux cours d'eau et dont la base était formée par une ligne partant du Pont dom Guérin et se rendant à l'étang de la Bignette.* » (voir carte page suivante). En bordure de la rivière Dairon s'étendait la forêt de Glenne « *contenant demie lieue de long ou viron et un quart de lieue de traverse laquelle touche du bout du hault les dittes terres de l'Hermitage, de celuy du bas la Pinsonnierre aux terres de la Haussierre, la Goustierre, Château Guay* [3] ».

1. Badiche M.-L., *Mémoire sur le Petit-Maine et sa Franchise*, Paris, Institut Historique, 1849.
2. Angot abbé, *Dictionnaire de la Mayenne*, 1902.
3. ADM 109 J 76, *Aveu de messire Adolphe Charles de Romilley*, début XVIIIe siècle, non daté.

C'est donc sur ces deux rivières que se localisaient les moulins à papier ; nous les examinons en progressant de l'amont vers l'aval.

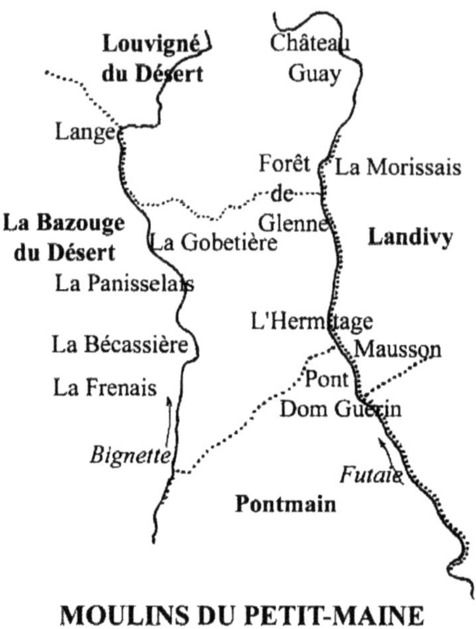

MOULINS DU PETIT-MAINE

II.1.1. Moulin de la forêt de Glenne

Dans son Dictionnaire de la Mayenne, l'abbé Angot rapporte l'existence d'un moulin à papier *« dedans le bord de la forest de Glanne »* à partir d'un compte rendu en 1608 et 1609 au seigneur de Mausson. Dans son aveu écrit au début du XVIIIe siècle, Adolphe Charles de Romilley, chevalier marquis de la Chesnelaye, seigneur de Landivy et Mausson, déclare : *« Au bout de la ditte forest m'appartient un moulin à papier qui a esté reméré par feu messire François de Rommilley mon ayeul par droit feodal sur un des sujets qui l'avoit acquis.*[4]*»* Le texte ne précise ni le nom de l'acquéreur, ni la date de vente, ni l'état du moulin. Il pourrait s'agir d'un membre de la famille Fouillard, puisque Michel Fouillard et Jeanne Lebreton sa femme en sont par ailleurs indiqués propriétaires en 1631. Charles de Romilley poursuit la description de ses possessions : *« Sur laquelle rivierre au dessous dudit moulin à papier tant au bas de la ditte forest et de l'autre part de la ditte rivierre du costé de Landivy m'appartiennent [...] un moullin à papier es vallées de la Morissaye. »* En fonction du descriptif on peut déduire que le moulin de la forêt de Glenne se situait sur la rive gauche du

4. *Ibidem.*

Dairon, probablement à proximité de la limite entre les deux communes de La Bazouge-du-Désert et de Louvigné-du-Désert, quoique relevant de la première comme en attestent les divers actes du registre paroissial correspondant. Manifestement ce moulin arrive en fin d'activité dans la seconde moitié du XVIIe siècle, car dans un bail impliquant François de Romilley en 1685, il est qualifié de *« viel moullin à papier* [5]». De fait, s'il est encore cité dans divers actes ultérieurs, c'est pour indiquer qu'il est occupé dès 1686 par des marchands tessiers (Jean Fouillard puis Gilles Chauneau), mais il n'est plus jamais fait mention de papetiers demeurant dans celui-ci. Le dernier document y faisant allusion concerne François Davy *« demeurant en la chambre du moullin à tan autrefoys à papier au bas de la forest de Glenne au petit maine* [6]». On peut donc bien en déduire que ce moulin à papier ne fonctionnait plus au XVIIIe siècle. Aucun document ne nous permet d'estimer l'importance de sa production ou le nombre de piles en exploitation, mais nous pouvons préciser qu'il y eut simultanément plusieurs exploitants comme en témoigne le relevé des propriétaires et fermiers indiqués dans le tableau correspondant (cf. annexe 1).

II.1.2. Moulin de la Frenais (Fresnaye)

Ce moulin à papier est établi sur la rive gauche de la Bignette en la paroisse de La Bazouge-du-Désert, probablement en contrebas du village de la Frenais, donc près de la Bécassière. Comme d'autres moulins situés en La Bazouge, il ne relève pas de la juridiction du Petit-Maine mais de celle de Bretagne. Il fonctionne dans la première moitié du XVIIe siècle ainsi qu'en atteste le registre paroissial correspondant : le premier papetier identifiable est Pierre Vaullegeart en 1644. Aucun document ne nous renseigne sur ses origines ni sur son propriétaire. Il est propriété de la famille Fouillard dans la seconde moitié du XVIIe siècle ; Jean Fouillard Maisonneuve, marchand papetier et héritier de Patrice Fouillard, y demeure en 1690 [7]. Il possède en 1700 au moins quatre piles à maillets plus une pile à affleurer comme en témoigne le bail fait par Jean Fouillard au profit de Pierre Legalloys et Marie Gobard son épouse [8]; ces derniers qui ne prennent à ferme que la moitié du moulin, dont les deux piles près de la roue et les étendeurs situés au-dessus, devront contribuer par moitié à curer le bief qui conduit l'eau au moulin. Le contrat est signé par Pierre Legalloys moyennant le prix de 60 livres. Au décès de Jean Fouillard (1720), ses fils Julien Fouillard Maisonneuve et Thomas Fouillard sieur des Moulins

5. ADM 3 E 54 118, minute Charles Hossard, 11 avril 1685.

6. ADM 3 E 54 136, minute Charles Hossard, 28 août 1738.

7. ADM 3 E 54 120, minute Charles Hossard, 22 décembre 1690.

8. ADM 3 E 54 125, minute Charles Hossard, 14 avril 1700.

travaillent au moulin de la Frenais. Lorsque Julien décède (1732), son fils François prend à ferme les piles ferrées qui lui appartenaient, droit de la pile à affleurer, à l'ouvreux, avec en plus le droit de cuire la colle dans le fournil de la Basse-Chérullière comme les autres exploitants [9]. Lors du partage des biens qui intervient deux ans plus tard, Julien Fouillard Maisonneuve fils hérite des deux piles. Les conditions de ce partage sont d'ailleurs intéressantes [10] : une fraction des biens de Julien Fouillard père, dont le moulin de la Frenais, relève de la juridiction de Bretagne alors que les maisons et terres situées à la Basse-Chérullière relèvent de la juridiction du Petit-Maine. Selon la coutume de Bretagne, les plus jeunes doivent faire le partage alors que selon celle du Maine, c'est l'aîné qui fait les partages ; il en résulte qu'il y aurait deux sortes de partages à faire avec différents lots, *« ce qui causeroit la rupture des maisons et des terres, et diminution de leur valleur »* ; les enfants, en accord avec leur mère, décident donc de faire cinq fractions les plus égales que possible, et ensuite de tirer les lots au sort. Ils prennent donc pour experts Jean Blin et Thomas Fouillard, frère du défunt. Le premier lot, qui contient les deux piles voisines de la pile à affleurer, ce qui appartenait au défunt dans les greniers et dans les étendeurs, échoit à Julien Fouillard fils ; le second lot ne comprend que la partie du grenier au-dessus de la chambre de Michel Laisné et femme, ce qui signifie que ce couple était également actif au moulin.

Immédiatement, Julien loue pour cinq ans à son oncle Thomas sieur des Moulins tout ce qui lui est échu de cette succession, tandis que ce même Thomas loue à son neveu François Fouillard la pile à battre et la fraction de celle à affleurer au moulin à papier de la Gobtière qu'il tient de la succession de son père Jean Fouillard Maisonneuve [11]. En fait, ces actes de ferme ne sont pas suivis d'effet puisque, quelques mois plus tard, Thomas Fouillard rétrocède à François les deux piles qu'il avait prises à ferme de Julien, tout en lui louant de plus sa propre pile à battre le papier et ce qui lui appartient de celle à affleurer dans ce moulin, dénommé ici moulin à papier de la Bécassière [12]. François Fouillard y est actif pendant quelques années, prenant même en apprentissage un cousin éloigné, Guillaume Fouillard, fils de Michelle Alligot [13]. La suite de l'exploitation du moulin de la Frenais est un peu confuse. Dans la déclaration du vingtième de 1751 établie par Marie Madeleine Rouxel, veuve de Julien Laisné, nous apprenons que, en tant que mère et tutrice de ses enfants, *« il leur appartient au moullin à papier de la Frenais une chambre, une cave dessouz, une mauvaise mazierre de nulle valleur [...] et une portion dudit moullin à*

9. ADM 3 E 54 135, minute Charles Hossard, 22 mai 1734.
10. ADM 3 E 54 135, minute Charles Hossard, 2 juillet 1736.
11. ADM 3 E 54 135, minutes Charles Hossard, 27 août 1736.
12. ADM 3 E 54 135, minute Charles Hossard, 21 février 1737.
13. ADM 3 E 54 135, minute Charles Hossard, 5 juin 1737.

papier tant pille, ouvreux, que dans les étendeurs, lesquels immeubles sont tombés en dégasts de nulle valleur ce qui fait qu'ils ne sont point afermés [14]». Le moulin sera quand même affermé en 1757 à Michel Tricar (Triquart), mais le procès-verbal d'état très détaillé qui en est rédigé devant notaire révèle un état d'usure important : « *La cuve à papier qui est dans l'ouvreux est demie uzée [...] la presse de l'ouvreux est demie uzée [...] la roue est aux trois quarts uzée [...] les cas des deux pilles sont à demy usés.* [15]» Alors que le notaire fait référence au début de son acte au moulin de la Frenais, il termine en indiquant que pour cet état des lieux, ils se sont tous transportés au moulin de la Bécassière (cf ce moulin). Par la suite, Michel Tricar n'a pas renouvelé son bail puisqu'il a pris à ferme en 1765 le moulin à papier de la Galenais en St-Brice-en-Cogles. Le moulin de la Frenais fonctionne-t-il encore lors de l'enquête de 1771-72 ? Probablement pas, car il n'est pas mentionné sous ce nom dans l'état récapitulatif de 1776, mais comme nous le suggérons ci-dessous, il poursuit sans doute son activité en tant que moulin de la Bécassière.

II.1.3. Moulin de la Bécassière (Basse-Fresnais)

Ce moulin est, comme le précédent, situé sur la Glaine ou Bignette (voir plan page suivante). Son nom apparaît dans le récapitulatif de 1776 qui suit l'enquête de 1771 sur les moulins à papier, mais pas dans celui de 1729. Nous trouvons une première trace de ce moulin dans un acte de ferme de Michel Laisné sieur de Longpré au bénéfice de son fils Michel aussi marchand papetier [16] ; ce bail de sept ans est pour les maisons, la pile ferrée et à affleurer, ouvreux, étendeurs, etc. appartenant au sieur de Longpré et femme (son épouse est Marguerite Fouillard, héritière en partie de son père Jean Fouillard Maisonneuve) « *auquel lieu et environs de la Bécassière et la Frenais* », pour la somme de 90 livres. Quelques années plus tard, Thomas Fouillard (également fils de Jean Fouillard Maisonneuve) loue à François Fouillard la salle en bas du moulin à papier de la Bécassière avec le fournil de l'autre côté, plus la pile à battre le papier et ce qui lui appartient de la pile à affleurer et étendeurs pour 40 livres (cf. *moulin de la Frenais*). Sans doute une fraction du moulin a-t-elle été louée à Germain Morcel marchand papetier et Marie Couillard sa femme puisqu'ils doivent signer un accord de transaction « *pour demeurer quittes envers Jean Le Tailliandier sieur du Tertre qui vouloit les poursuivre pour faire refaire une boulangerie située à la Basse Cherulliere qui auroit été depuis peu incendiée par la faute desquels Morcel lorsqu'ils y boulangeoient et cuisaient leur pain de sorte que toute la charpente*

14. ADIV C 4514, déclaration du vingtième, La Bazouge-du-Désert, 30 avril 1751.

15. ADM 3 E 54 116, minute Charles Hossard, P.V. de l'état du moulin, 1er mars 1757.

16. ADM 3 E 54 135, minute Charles Hossard, 5 juillet 1734.

aurait été brûlée [17]». Le couple Germain Morcel et Pierre Morcel frère (qui demeure avec lui au moulin de la Bécassière) doivent payer 60 livres. C'est dans l'état du vingtième de La Bazouge-du-Désert [18] que nous retrouvons quelques titres de propriété : Renée Laizé (qui écrit très difficilement), mère et tutrice de ses enfants de défunt Julien Fouillard déclare : *« Je possède au village de la Bacaciere est un party d'un moulin à papier. »* tandis que Thomas Fouillard déclare posséder *« au village de la Bécassière une maison, une boulangerie et une étable avec la cinquième partie du moullin à papier qui consiste dans une pille qui sont en indigence de reffactions et réparations plus terres [...] affermés verbalement à Louis Cournée pour la somme de soixante dix livres par an »*.

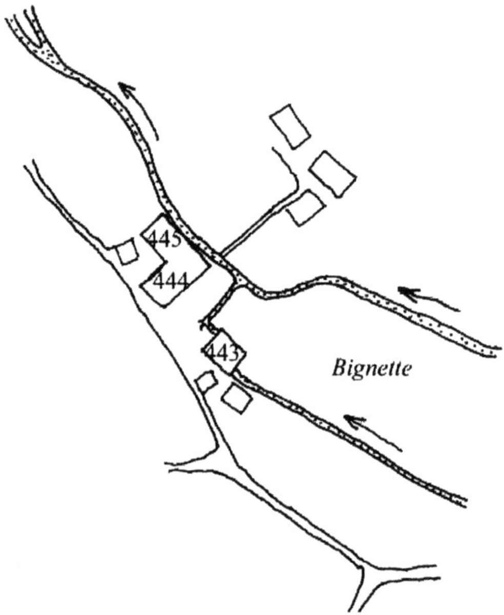

MOULIN DE LA BECASSIERE

Le 14 septembre 1768, à la suite de la rupture de la chaussée de l'étang de la Bignette, *« l'inondation fut si forte qu'elle rasa une maison à la Bécassière et endommagea beaucoup le moulin à papier* [19]». Pierre Fouillard, marchand demeurant à Rennes rue Saint Laurent, est l'un des copropriétaires de ce moulin ; il décide alors

17. ADM 3 E 54 138, minute Guillaume Hossard, 3 février 1745.

18. ADIV C 4514, déclaration du vingtième, La Bazouge-du-Désert, 26 juin 1751.

19. ADIV 5 MI 18 R 1117, registre paroissial, La Bazouge-du-Désert.

de vendre « *à Jean Baptiste Jullien Guérin sieur de la Besnaruais aussi marchand et Thérèse Fouillard son épouse demeurants au lieu de la Basse Fresnais ou Becassière, tout ce qui lui appartient [...] à charge aux acquéreurs de relever les immeubles [...] lequel Fouillard reconnoist qu'une chaumière ou maison servante à faire cuire la colle a été totalement enlevée par la dérivaison des eaux* [20]». L'ensemble est effectivement relevé puisque l'état récapitulatif de 1776 mentionne que Jean-Baptiste Guérin (gendre de Thomas Fouillard des Moulins) y produit 900 rames de papier par an, à l'aide d'une cuve et des cinq piles à maillets. Dans un document ultérieur relatif à la convention de mariage entre Pierre-Augustin Blin marchand fabricant de papier et Anne Deschamps, le moulin dans lequel demeure ce Pierre Blin est appelé Basse-Fresnais ou Bécassiere [21].

Devenu propriété de la famille Blin vers la fin du XVIIIe siècle, le moulin de la Bécassière va encore battre pendant un siècle avec divers compagnons, d'abord sous la direction de Pierre Blin, puis de sa veuve Anne Deschamps, et enfin de leur fils Jean-Baptiste Blin. Après une démolition partielle en 1870 et une construction nouvelle en 1874, attestées par les variations du revenu cadastral de La Bazouge-du-Désert, il sera finalement vendu en 1882. Il constitue donc, avec le moulin de Lange, l'un des moulins du Petit-Maine qui ont fonctionné le plus tardivement.

L'analyse de l'ensemble des documents relatifs aux deux moulins de la Frenais et de la Bécassière nous conduit à émettre l'hypothèse qu'il s'agissait en fait d'un seul et même moulin. Celui-ci, avec ses dépendances, était proche du village de la Bécassière et touchait aux terres de la Fresnais. Jusqu'au décès de Jean Fouillard Maisonneuve, alors seul propriétaire, il s'est appelé moulin de la Frenais. Ses trois héritiers Thomas Fouillard, Julien Fouillard et Marguerite Fouillard épouse de Michel Laisné ont probablement partagé le moulin, Thomas ayant une pile, Julien deux piles et Marguerite une pile. Alors que Julien parle toujours de la Frenais, Thomas parle assez indifféremment de Frenais ou de Bécassière, tandis que Michel Laisné ne cite que le terme de Bécassière. À partir de l'enquête de 1771 sur les moulins à papier, on ne parle plus que du moulin de la Bécassière, et il est le seul à figurer sur le cadastre napoléonien de La Bazouge-du-Désert, section B1, sur la parcelle 445. Les numéros 444 et 443 sont respectivement la maison et un magasin. Il faut d'ailleurs noter que selon les matrices cadastrales, Anne Deschamps, veuve de Pierre Blin, possède une quantité impressionnante de maisons et terres aux environs du moulin de la Bécassière, mais également à proximité du moulin de la Basse-Panisselais.

20. ADM 3 E 54 149, minute Charles Hossard, 30 octobre 1768.
21. ADM 3 E 54 175, minute Joseph Hossard, 27 juillet 1792.

II.1.4. Moulins de la Panisselais (Panislais)

Deux moulins à papier ont coexisté aux XVIIIe et XIXe siècles en contrebas du village de la Panislais, en aval du moulin de la Bécassière : celui de la Panisselais et celui de la Basse-Panisselais. Bien que le cadastre napoléonien établi en 1834 pour La Bazouge-du-Désert les désigne sous le même nom (Panislais), les matrices cadastrales nous permettent d'établir que le moulin de la Panisselais correspond à la parcelle B 476 tandis que celui de la Basse-Panisselais est établi sur la parcelle B 487, donc en aval du précédent (voir plan). Ils sont tous deux situés sur la rive gauche de la Bignette. Dans les divers actes que nous avons consultés, la distinction n'est pas toujours faite, et malgré quelques risques d'affectations erronées, nous allons tenter de dissocier le déroulement des activités de ces deux moulins.

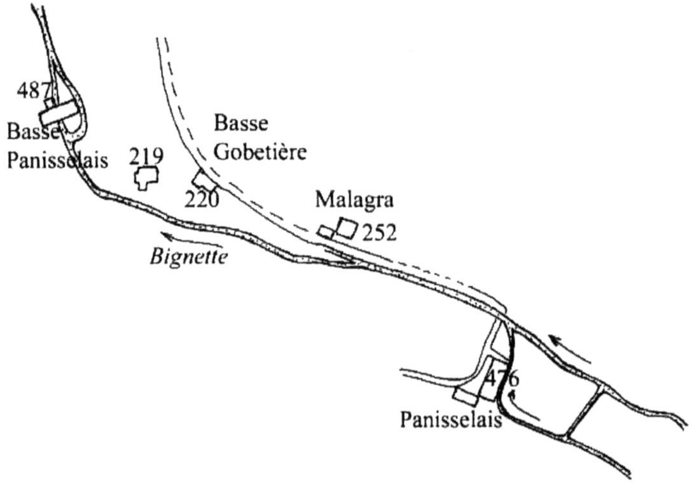

MOULINS DE LA PANISSELAIS

Les deux existaient-ils au début du XVIIIe siècle ? L'enquête sur les moulins à papier réalisée en 1729 fait seulement état de cinq moulins à La Bazouge sans préciser leur nom. Le moulin de la Panisselais a été bâti en 1693 conjointement par Jean, Olivier et Thomasse Fouillard frères et sœur, après que le marquis de la Chesnelaye leur ait cédé à fieffe le lieu de la Panislaye [22]. Le moulin n'est cependant pas terminé fin 1693, puisqu'il leur reste à faire bâtir l'ouvreux, et aussi la *« route qu'ils feront au proche de la rivière de leur moullin à papier de la Gobtière auquel moullin qu'ils ont faict bastir »*. Thomasse est veuve depuis quelques années de Philippe Belin, mais son fils Jean est marchand papetier dès 1700. Et c'est Jean Blin, sieur de la

22. ADM 3 E 54 122, minute Charles Hossard, 15 novembre 1693.

Maisonneuve, qui devient propriétaire du moulin ainsi qu'en atteste le registre du dixième établi en 1735, avec un revenu de trente livres [23]. Dans l'état du vingtième de La Bazouge-du-Désert de 1751, Jean Blin déclare posséder une partie du moulin à papier « *aux environs de la Basse Panisselays* » ; il l'afferme verbalement à Jean Blin (son fils ?) et à Louis Roussin pour soixante livres par an ; compte tenu des frais de réparation et des rentes royales et seigneuriales, il lui reste vingt-trois livres douze sols de revenu [24].

L'« *inventaire des meubles, effets [...] dépendants de la communauté qui fut entre Louis Roussin et Françoise Blin sa femme de la succession d'ycelle Blin [...] décédée au moulin à papier de la Panisselais* » est établi en mars 1757 en présence de Jean Blin Maisonneuve père [25]. L'inventaire ne porte donc que sur les biens appartenant au papetier Louis Roussin et à sa défunte épouse. Outre l'important mobilier et les nombreux vêtements, une page de l'acte est consacrée au papier ; on y relève entre autres que le couple Roussin-Blin possède :

- « *Trois paires de formes à papier une de bâtard, une de pot et l'autre de petit caré, estimées 15 livres*
- *une presse à couper du papier avec son couteau, pierre de marbre, marteau de fert et un fert pour etraindre le papier estimé 10 livres*
- *une mauvaise posse de fautre de batard et une de pot, estimées 10 livres*
- *ce qu'il y a de chiffe pourrie 40 livres*
- *ce qu'il y a d'ouvrage batu a faire du papier dans les quesses 70 livres*
- *treze rames de papier batard fin 39 livres*
- *trente deux rames de papier pot 57 livres 12 sols attendu qu'il n'est ny lissé ny rongné ny ficellé*
- *dix huit rames de papier de tresse 30 livres 12 sols attendu...* [idem]
- *douze rames de petit papier carré 21 livres attendu...* [idem] ».

En outre, il est indiqué que Louis Roussin et communauté doivent à Thomas Laisné de la Haute-Panisselais la somme de soixante-sept livres et dix sols pour marchandises de chiffes, à la veuve de Jean Plessix du Mée vingt-trois livres dix sols pour reste de marchandises de chiffes, et à Jean Blin Maisonneuve soixante-seize livres douze sols pour ferme du moulin à papier de la Panisselais. Sachant qu'en 1776 la production annuelle de ce moulin est estimée à 900 rames pour trois piles à maillets – le papetier exploitant en étant alors François Laisné – on peut en déduire qu'au moment du décès de Françoise Blin, le stock de papier au moulin en attente

23. ADIV C 4443, registre du dixième de Bazouge-la-petite, 1735.

24. ADIV C 4514, registre du vingtième de La Bazouge-du-Désert, 1751.

25. ADM 3 E 54 116, minute Charles Hussard, 6 et 10 mars 1757.

de finition doit correspondre à une production de deux à trois semaines. Après être devenu pendant quelques années propriété de Foubert Grand Moulin [26], le moulin de la Panisselais roule encore pendant toute la première moitié du XIXe siècle avec Joseph Roussin et son épouse Thérèse Depasse comme papetiers. Les matrices cadastrales le signalent vendu en 1882.

Le moulin de la Basse-Panisselais fonctionnait-il aussi au début du XVIIIe siècle ? Un document de 1717 mentionne que Michel Laisné Longpré, arbitre dans le procès-verbal de l'état du moulin de Roche-qui-Brut, demeure *au moulin à papier de la Panisselais* [27]. Par un autre contrat d'acquisition de biens, on apprend qu'il demeure *aux moulins à papier de la Panisselais* [28], mais un tel pluriel dans une minute de notaire n'est pas une garantie suffisante pour affirmer l'existence des deux moulins. Ce papetier et son épouse Marguerite Fouillard ont quitté leur fermage du moulin de la Gobtière en 1697 et sont venus demeurer à la Panisselais. Travaillent-ils alors dans le moulin récemment bâti par les frères et sœur Fouillard ? Font-ils construire celui de la Basse-Panisselais ? Une reconnaissance établie en 1739 par Michel Lainé Longpré, d'un montant de soixante-dix livres en argent et deux rames de papier de rente sur le moulin à papier qu'il a fait bâtir sur son afféagement, nous fournit une réponse partielle [29]. Sans pouvoir en indiquer la date exacte de construction, on peut penser que ce second moulin a été bâti au tout début du XVIIIe siècle. Michel Laisné a affermé partie du moulin d'abord à son fils Julien, puis à son autre fils Thomas [30]. Or Julien décède en cours de bail, et sa veuve Madeleine Rouxel demande à son beau-père d'être déchargée du reste du bail, car elle n'est manifestement pas papetière et ne sait pas « *faire valoir le moulin* [31] ». C'est donc Thomas qui prend un nouveau bail pour six ans de tout le moulin à papier pour 128 livres de ferme [32] ; prudent, il fait néanmoins visiter le moulin et estimer les travaux à réaliser par des amis, Pierre Guesdon la Fieffe, maître-papetier, Julien et Jean Fouillard, aussi papetiers. En dehors des planchers et de la couverture qu'il faut refaire en partie, la roue est aux trois quarts usée, de même que la presse ; la pile à affleurer n'est plus d'aucune valeur, la cuve en revanche est bonne.

Michel Laisné Longpré décède l'année suivante ; nous n'avons pas retrouvé l'acte de partage des biens, mais nous pouvons déduire que le moulin a été transmis par héritage à ses filles à partir de deux documents. Jeanne Laisné, mariée à Richard Georget Binetière, était avec son époux fermière du moulin à papier de

---

26. ADIV 2 C 25-71, table des acquéreurs, Louvigné-du-Désert, 18 juin 1786.

27. ADIV 4 E 6529, minute Nicolas Taslé, 14 octobre 1717.

28. ADM 3 E 54 132, minute Charles Hossard, 22 août 1722.

29. ADM 109 J 76, reconnaissance de rente du 22 avril 1739.

30. ADM 3 E 54 135, minute Charles Hossard, 5 juillet 1734.

31. ADM 3 E 54 136, minute Charles Hossard, 18 novembre 1739.

32. ADM 3 E 54 136, minute Charles Hossard, 26 novembre 1739.

Roche-qui-brut. Le partage des héritages dépendant des successions de défunts Richard Georget et Jeanne Laisné établi en 1747 révèle que le couple possédait à la Basse-Panisselais un moulin à papier en commun avec Perrine Laisné *« contenant de longueur en costière une corde un tiers et vingt trois pieds de profondeur, l'apentis au devant [...] prisé comme moitié du tout conformément aux anciens partages qui en ont été passés* [33]*»* ; or la seconde fille, Perrine Laisné, était mariée à François Hamon, et le second document correspond à la déclaration du vingtième pour La Bazouge-du-Désert établi pour 1751 : François Hamon possède une moitié dans le moulin à papier de la Basse-Panisselais qu'il afferme à Richard Louis Le Chartier, avec maisons et jardins, pour quatre-vingt-quinze livres, la seconde moitié étant affermée au même papetier par Jean Georget Binetière héritier de Richard [34]. Le Chartier fait malheureusement faillite quelques années plus tard (cf. *famille Georget*). Le moulin ne doit pas être en trop mauvais état puisque chacun des deux propriétaires ne fait état de frais d'entretien des *« ustansilles »* du moulin et réparations annuelles que de 10 et 15 livres respectivement. Sachant que Jean Georget indique qu'il possède deux piles, on peut en déduire que ce moulin utilise quatre piles à maillets, ce qui est confirmé par le récapitulatif établi en 1776. Il a pourtant subi un avatar d'importance lors de l'inondation de 1768 ; à cette date Jean Josset, marchand papetier demeurant au lieu de la Panisselais, vend à Jean Fouillard, marchand papetier demeurant au lieu de la Basse-Panisselais, *« un terrain actuellement vide et délabré par inondation des eaux arrivé le 14 septembre dernier et ou était deux pilles servantes à la manufacture du papier actuellement enlevées par les inondations dudit terrain situé au dit lieu de la Basse Panisselais [pour le prix et somme de dix livres] au surplus a led. Josset cédé et abandonné audit Fouillard tous les materaux, merrains de quelques espèces qu'ils puissent être [...] pour et moyennant la somme de cent quatre vingt dix livres [...] bien entendu qu'en laq cession sont compris le terrain au devant des pilles et la portion qui lui appartenoit dans l'ouvreux et un petit bâtiment nommé quaisse ou aumône ou ramasser l'ouvrage* [35]*»*. Le moulin est remis en état, puis il est vendu en 1791 à Antoine Blin et Marie Voisin son épouse, par Thérèse Simon veuve de Jean Fouillard (celui qui a été assassiné en 1775, cf. famille Fouillard) et par Thérèse Fouillard épouse de Louis Degasne [36]. Outre les moulin, maison, boulangerie et divers jardins, la veuve Fouillard cède également une petite quantité de terrain de vingt-quatre pieds sur douze sur lequel Antoine Blin va faire bâtir *« une frislouze ou etendoirs pour sécher les papiers »*. Ce moulin va encore rouler sous la direction de la famille Lochet-Blin, puis de Guillaume Denoual ; il sera démoli en 1861.

33. ADIV 4 E 2171, minute Louis Coconnier, 11 au 27 décembre 1747.

34. ADIV C 4514, registre du vingtième, La Bazouge-du-Désert, 1755.

35. ADM 3 E 54 149, minute Charles Hossard, 17 octobre 1768.

36. ADM 3 E 54 174, minute Joseph Hossard, 9 juillet 1791.

II.1.5. Moulins de la Gobtière

Le moulin à papier de la Gobtière – ou plutôt le groupe de moulins, car il y en eut plusieurs, et nous y incluons celui de la Basse-Gobtière – est établi sur la Bignette, probablement sur la rive droite. Sa localisation est assez imprécise, car si le lieu-dit Basse-Gobtière existe toujours sur le cadastre napoléonien, le moulin à papier n'est plus mentionné dans les matrices cadastrales de 1835. La trace d'un chemin issu du moulin de la Panisselais qui se rend vers la Basse-Gobtière est figurée (voir plan p. 52) ; il passe au-dessous du lieu-dit Malagra (maison cadastrée B 252) puis devant deux masures (B 219 et B 220) appartenant au papetier Joseph Roussin, qui auraient pu être des éléments des moulins de la Gobtière. Ce chemin pourrait donc correspondre à celui qui devait être réalisé par les enfants Fouillard en 1693 pour relier leurs deux moulins (cf. *moulin de la Panisselais*). La Gobtière est certainement l'un des moulins les plus anciens établis dans ce secteur, puisqu'il fonctionne déjà au XVIe siècle. Bien que situé en la paroisse de La Bazouge-du-Désert, il relève de la juridiction du Petit-Maine. Dans un acte du 25 août 1695, nous relevons mention d'un contrat de « *fieffe à rente* », établi le 22 juin 1589 par Jean de Cherüe sieur de la Haussière au bénéfice de Thomas Porrée et Gilles Ellier, du moulin à papier du lieu de la Gobtière et portions de terre, au rapport de François Laizé, notaire au duché de Mayenne [37]. Outre la rente, chacun d'eux était redevable de deux rames de papier, une grande et une petite. Les minutes de ce notaire étant malheureusement absentes des archives, il n'est pas possible d'en savoir plus sur l'état du moulin à cette date.

Les registres paroissiaux de La Bazouge-du-Désert et les minutes établies par les Hossard, notaires du Petit-Maine, nous fournissent heureusement de nombreux renseignements. À la suite d'une rétrocession faite au début du XVIIe siècle par Porrée et Ellier à Perrine Le Taillandier, veuve de François Fouillard, les biens de la " fieffe " sont devenus propriété de la famille Fouillard puis de leurs parents par alliance. En outre, nous disposons de nombreux procès-verbaux de l'état des moulins établis lors de successions ou de la signature de baux (1690, 1703, 1705, 1736, 1790), de plusieurs contrats d'apprentissage (1688, 1696) et d'un contrat de travail (1689). Les enfants de François Fouillard et Perrine Le Taillandier, Patrice et Thomas, ont exploité ce moulin de la Gobtière jusqu'à leur décès (1683 et 1677 respectivement) avant que leurs propres enfants ne prennent la relève.

Le procès-verbal de 1690, établi à la demande de Jean Fouillard Maisonneuve et de Michel Laisné Longpré son gendre [38], est particulièrement important dans la mesure où il décrit les deux moulins existants (grand moulin du haut et petit moulin

37. ADM 3 E 54 124, minute Charles Hossard, 25 août 1695.

38. ADM 3 E 54 120, minute Charles Hossard, 22 décembre 1690.

du bas), mais également parce que les experts nommés indiquent la durée de vie des principaux éléments fonctionnels. Ces experts sont Pierre Le Soudé et François Gasteboys, charpentiers « *qui ont coustume de travailler à réparation des moullins* » et Guillaume et Richard Guesdon « *papettiers demeurant en la province de Normandie* ». Il nous paraît important d'extraire quelques phrases de ce document : « *La pille qui appartient auquel Fouillard dans le grand moullin estoit presque de nulle valleur et ne peut pas servir plus d'un an [...] les tremiege long et les courts sont de nulle valleur [...] les quattre maillets et leur queue de boys est aussy de nulle valleur [...] a l'esgard de la pille a fleurer elle n'estoit aussy plus capable de servir que pour deux ans, et la tremiege long huict la tremiege court deux ans [...] quand a l'arbre duquel moullin elle n'estoit pas en estat valable et ne pouvoit pas servir par aparence plus de huict ans, et la roux estoit presque de nulle valleur et ne pouvoit pas servir que pour un an [...] a l'esgard de la pille du petit moullin de dessous elle avoit desia servi douze ans et parttant ne pouvoit pas servir plus de six ans [...] la plattaine de laquelle pille est bonne et sufizantte valable et en estat [...] la ferace des maillets et les maillets de boys sont bons et en estat [...] et a l'esgard de l'arbre et roux duquel moullin n'estoit pas valable et mi uzée et ne pouvoit pas durer plus de six ans [...] pour ce qui est de l'ouvreux du bas [...] la cuve ne pouroit pas servir plus de deux ans [...] le plancher dessus lequel ouvreux est carlé de careaux [...] lesquels sont de boys de chesne [...] et a l'estendeur duquel plancher il y avoit quinze perches neufve pour mettre les cordes, dans l'ouvreux du haut la presse et cuve sont toutte neufve [...] et y a vingt quattre perches dans l'estandoir bonnes et valables* ».

Jean Fouillard Maisonneuve ne travaille pas lui-même aux moulins de la Gobtière car il demeure au moulin de la Frenais. Il en a d'abord cédé la jouissance pendant vingt ans à Michel Laisné Longpré [39] lors du mariage de ce dernier avec sa fille Marguerite en 1687. À la suite du départ de son gendre à la Panisselais en 1697, il en cède l'utilisation au moyen de baux après avoir fait réaliser une partie des travaux. Ainsi en 1699, pour le bail à Julien Noché, les merrains ont été remis à neuf [40] ; en 1703, pour le bail à Samson Lesné (Laisné), il s'engage à faire réparer les piles, cuve, maillets. En revanche, à cette date, on ne travaille point dans le vieil ouvreur du bas, ce qui signifie que le petit moulin n'est plus en activité [41]. Pourtant, en 1705, un accord entre Jean Fouillard Maisonneuve et Jean Fouillard des Moulins stipule que, conformément au partage passé en 1650 entre leurs prédécesseurs, les travaux de remise en état de ce petit moulin doivent être réalisés [42]. En outre, il faut toujours payer aux héritiers cette rente perpétuelle consentie à Jean de Cherüe un siècle et demi plus tôt pour la " fieffe " des biens sur lesquels ont été bâtis les moulins

39. ADM 3 E 54 124, minute Charles Hossard, 16 mai 1697.

40. ADM 3 E 54 125, minute Charles Hossard, 20 mai 1699.

41. ADM 3 E 54 127, minute Charles Hossard, 25 juillet 1703.

42. ADM 3 E 54 128, minute Charles Hossard, 5 mars 1705.

à papier de la Gobtière, ce à quoi s'engagent conjointement Jean Blin fils de Thomasse Fouillard, Thomas Fouillard des Moulins, Jeanne Evrard veuve d'Olivier Fouillard, et Guillaume Fouillard sieur de Lamboiserie [43]. Ils sont amenés à renouveler cet engagement quelques années plus tard [44].

Guillaume Fouillard Lamboiserie, héritier de son père Jean Fouillard des Moulins décédé en 1733, afferme immédiatement (29 mai 1733) sa fraction de moulin à Jean et Guillaume Guesdon père et fils. Ceux-ci, avant d'en prendre la jouissance, la font expertiser par Philippe Marie, marchand papetier demeurant près Fougères, en présence de l'expert retenu par le bailleur, Gilles Gautier marchand papetier demeurant paroisse de Lécousse [45]. La fraction louée concerne deux piles ferrées, car « *les deux petits tremieges sont au trois quarts uzés, le grand tremiege d'audessus de la pille est de nulle valleur, le grand tremiege du costé de la roux est neuf, les huits maillets sont neufs en bon etat tant de fer, virolle et de bois, et a chaque maillet il y a vingt et quatre clous et quatre garde coste a chaque maillet, a l'esgard des huit queues desquels maillets ils n'en vallent que deux neufs, les pilles et les quats sont en estat de servir [...] la roux tant bras que arbre sont my uzes [...] la pille a affleurer est en etat de servir [...] la cuve est garnye de deux liens de fer et de son pistollet [...] la presse de l'ouvreux garnye de ses deux leviers, l'encroux, les deux jambes et le branquart sont presque neufs mais la vir est au trois quart uzée [...] recognoissent lesdits Guesdon qu'il y a une serrure et une clef à la porte de la salle où ils demeurent* » (ceci est tout à fait nouveau, car dans les moulins répertoriés jusqu'alors, il n'y a ni serrure ni clef aux portes). En bref, le moulin est dans l'ensemble fonctionnel, et il est précisé dans l'acte que les preneurs ne pourront le sous-affermer, qu'ils le tiendront « *par leurs mains* ».

Mais entretenir ou remettre à neuf les ustensiles d'un moulin afin de faire le papier ne suffit pas ! Le procès-verbal de 1736, établi après le décès de Guillaume Fouillard, pour lequel les experts sont François Guilloux et Pierre Guesdon la Fieffe, tous deux marchands papetiers, en apporte la preuve [46]. Certes, « *tous les maillets sont bons et en estat de servir tant de bois que ferrasse fors aux deux petites pilles à qui il manque un quart de la ferrasse [...] qu'il y a sept queux à mailliets bons et huit de nulle valleur, item que la roux est au trois quarts usée, que l'arbre duq moullin est bonne [...] que la presse de l'ouvreux est très bonne exepté son sied qui est de nulle valleur, que la cuve est à un quart euzée, mais que les fertes ou cercles de fert qui sont dessus pour la lier sont passables ainsy que le pistollet qui est neuf* ». Quant à l'immobilier, c'est franchement catastrophique, et comme pour de nombreux moulins, cela explique l'assez mauvaise qualité du papier produit. Nous voyons en effet « *que tous les cordages des*

43. ADM 3 E 54 132, minute Charles Hossard, 12 janvier 1723.

44. ADM 3 E 54 135, minute Charles Hossard, 19 octobre 1734.

45. ADM 3 E 54 135, minute Charles Hossard, 8 juillet 1734.

46. ADM 3 E 54 113, minute Guillaume Hossard, 20 mars 1736.

étendeurs sont aux trois quarts eusés et parties pouris par l'eau qui tombe dessus par le deffaut de couverture ittem que le plancher de dessus l'ouvreux est mauvais et pourquoy il tombe des ordures dans la cuve et ouvrage qui gaste le papier, et ont remarqué [les experts] *que le coullombage des etendeurs et la couverture sont fort mauvais qui rend les cordages hors d'estat de pouvoir servir* ». En outre « *lesdits Charles Guesdon et George Sauset massons ont concordement remarqué au massonail de l'ouvreux que le pignon qui est entre icelluy et celluy de Thomas et Jean Fouillard n'a point esté fait de mains d'ouvriers n'estant point au plomb ny equiaire et sans argille cependant qu'il peut encore durer quelque temps en l'estat qu'il est et est pourtant nécessaire d'estre reffait crainte de sa chutte [...] que la costierre du costé du midy proche leq pignon il y a une masse de pierre preste à tomber ou il faut pour la racommoder tout au moins deux journées d'hommes [...] pareillement à la mesme costierre contre la cuve il y a un trou pour le racommoder il faut demie journée d'homme [...] et pour racommoder la porte qui meritte d'estre refaitte il faut quattre journées d'homme [...] que le pignon du bout de la grande chambre est tombé et qu'il faut que le bout de la costierre du bas soit refait estant prest à tomber [...] qu'il faut que l'escallier qui monte dans la grande chambre soit reffait comme il estoit antiennement estant tout à fait tombé [...]. Lesdits Dignard et Richard charpentiers ont remarqué qu'il faut que le plancher dessus l'ouvreux soit rellevé et ensuite replassé et qu'à ce moyen il faudra une pagée de careau neufs [...] ont aussy remarqué qu'il faut dix huit coullombes de chacun six pieds de long dans les étendeurs [...] qu'il faut aussy une porte auxdits étendeurs et une échelle pour y monter [...] qu'il faut pour recouvrir lesdits étendeurs trois milliers d'essentes et demy cents de latte [...] qu'il faut deux poutres à la grande chambre duq moullin à papier une dessous et l'autre dessus d'autant qu'ils sont pouris des bouts [...] qu'il faut que la ditte chambre soit recarlée tout de neuf le careau qui y est estant poury [...] qu'il faut trois soliveaux pour porter le careau d'embas et trois pour le plancher du haut [...] qu'il est necessaire que laq chambre soit recouverte d'essente à l'entier estant presque toute découverte [...] ont en outre tous lesdits experts remarqué que le petit jardin ou est le moullin l'abondance des eaux a emmené les terres qui fait qu'il est tout degradué et devrait estre rechargé* ».

On imagine assez ce que devaient être les conditions de travail des papetiers du moulin de la Gobtière à cette époque ! De fait, cet état des lieux conduit à l'abandon de la succession. L'acquéreur des biens, Jean-Baptiste Voisin de la Ménardière, notaire au duché de Mayenne, signale alors en 1755 que « *lequel moulin à papier ne peut produire avec les maisons et jardin en dépendant à supposer pour un moment qu'il fust en état, toutes charges et rentes acquittées, non compris même les réparations, plus de vingt cinq Livres de revenu annuel* ». Ce notaire avait affermé quand même le moulin à Jean Blin Criberie et son épouse Jeanne Heurtier en 1746, mais un litige l'a opposé en 1752 à ses fermiers (cf. *famille Blin*), et le moulin n'a apparemment pas été remis en état.

Cependant, un moulin de la Gobtière continue de battre et de produire du papier. Intitulé moulin de la Basse-Gobtière, il est tenu pendant une quinzaine d'années par Jean Lentaigne. Ce papetier y est très actif, fournissant 900 rames de papier par an selon le récapitulatif de 1776, notamment au format raisin utilisé en imprimerie, ainsi qu'en témoignent les nombreux filigranes relevés à cette époque. Cependant, criblé de dettes envers son créancier Michel Foubert Grand Moulin (4450 livres), Jean Lentaigne doit céder son bail à rente en 1790 à François Deschamps [47]. Le procès-verbal de visite établi à cet effet révèle qu'il s'agit du moulin à papier qui appartenait au moins partiellement à Jean Fouillard, donc d'un des anciens moulins de la Gobtière, et que celui-ci est également en assez mauvais état : « *Les murs et planchers du moulin sont en passable etat, qu'a la costière nord du moulin est un enfoncement appellé aumone a deposer l'ouvrage battu pour la fabrique du papier la couverture a necessairement besoin d'etre refaite a neuf [...] que la couverture dessus le moulin n'est pas en bon etat pour la reparer il faut douze chevrons un mille de latte huit mille d'essente neuves [...] qu'apres avoir examiné le bieu qui conduit l'eau sur la roue du moulin a été fait remarquer que la costiere vers orient a besoin de murs ou d'etre refaite a trois pieds de haut sur trois pieds d'epaisseur de longueur de quatre vingt pieds [...] qu'a ce même costé de bieu il faut qu'il soit refait de murs en plusieurs endroits pour soutenir les terres, que l'autre costé du bieu qui est a l'occident d'iceluy il faut qu'il soit repare presque dans toutes ses parties et qu'il soit ellevé pour que les eaux fassent tourner la roue du moulin et autres services de papeterie que sans cette reparation le moulin deviendroit de peu de consideration et en des saisons resteroit sans tourner [...] que l'aubage de la roue est a moitié usé [...] que la cuve a faire le papier avec ses deux liens de fer est aux trois quarts usée* ». Le récapitulatif de 1776 indique que le moulin de la Basse-Gobtière ne possède que trois piles à maillets. Or, dans le procès-verbal de 1790, il est clairement dit qu'il y a quatre piles à quatre maillets ferrés, plus une pile à affleurer dont les quatre maillets sont bons. Jean Lentaigne aurait-il fait mettre une pile à maillets supplémentaire ? Est-ce pour cette raison qu'il se serait fortement endetté ? Il n'en est pas fait état dans les documents consultés. Le moulin de la Basse-Gobtière cesse de fonctionner au début du XIXe siècle, car il n'apparaît pas dans le registre des propriétés foncières de La Bazouge-du-Désert en 1835. Si des papetiers demeurent encore au lieu de la Basse-Gobtière, ils exercent probablement dans les moulins de la Panisselais voisins.

47. ADM 3 E 54 173, minute Joseph Hossard, 19 février 1790.

II.1.6. Moulin de Lange

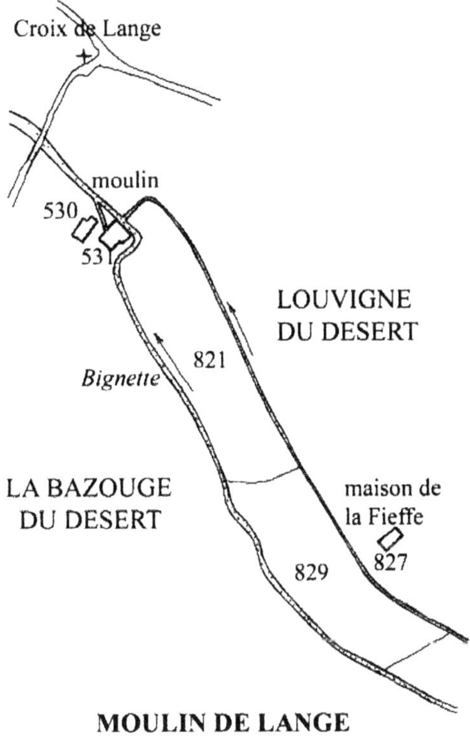

MOULIN DE LANGE

Nous avons établi que ce moulin a été bâti à la fin du XVIIe siècle, plus précisément en 1697-1698. Il est situé sur la Bignette, en la paroisse de La Bazouge-du-Désert, mais il résulte du transfert du moulin à papier de la fieffe Faudet qui était situé à très peu de distance (moins de 200 m) en amont sur la même rivière, mais sur la rive droite, en la paroisse de Louvigné-du-Désert. L'état des sections établi pour cette commune au début du XIXe siècle mentionne encore la maison de la Fieffe (cadastrée 827), et le pré de la Fieffe (cadastré 829) au bord de la rivière, dans lequel devait être situé le premier moulin. Richard Guesdon, marchand papetier, et son épouse Catherine Harinel tenaient à fieffe de François de Cherüe, seigneur de la Haussière, conseiller du Roy et vicomte de Mortain, ce lieu de la Fieffe Faudet relevant du Petit-Maine sur lequel ils avaient fait bâtir quelques années auparavant (vers 1690, puisqu'ils se sont mariés en 1688) le moulin à papier du même nom. Pour des raisons qui ne nous sont pas connues, probablement la configuration du terrain et l'approvisionnement en eau, ils obtiennent de François de Cherüe en 1696 un nouveau fief à rente foncière pour *« la pièce de terre nommée Lange dépendant du lieu de la Jousselinaye costoyant d'un costé à la rivière fluantte de la Bignette au gué du grand pas, d'auttre costé au chemin tendant du lieu de la Jousselinaye au gué du petit pas et à la Contrie*[48]». À leur demande, « *pouront lesdits preneurs enllever le moullin a papier que ledit Guesdon et femme ont faict bastir sur laditte fiefe Faudet [...] parce que ils le mettront dans laditte pièce cy dessus baillée a rentte pour battre et y faire du papier ainsy qu'ils le faisoient en la place ou il est a présent [...] et convenu que pour faire battre ledit moullin lesdits preneurs pourront prendre et avoir la moityé de l'eau qui fait battre a présent ledit moullin de la fiefe Faudet, la conduire par le bieu du haut du pré appartenant audit seigneur [...] et au bas dudit pré y placer un no pour la conduite de laditte eau sur ledit moullin sans rien endomager* ».

Le marché pour construire le moulin de Lange est signé le 1er septembre 1697 devant Charles Hossard notaire, entre Richard Guesdon et Pierre Le Souldier maître charpentier de la province de Normandie (précédemment cité sous le nom de Le Soudé) ; il précise : « *Led Souldier a promis et s'est obligé et s'oblige [...] de faire une charpente au moullin a papier [...] laquelle charpente aura de longueur cinquante pieds de largeur vingt et deux [...] pour ce faire led Souldier prendra la charpente du moullin de la Fiefe pour servir au mesme chosse qu'ils sont propres [...] led Guesdon nourira led Le Souldier pendant le temps qu'il travaillera a lad charpente tant luy que ceux qui travailleront avecq luy [...] et mesme les festes et dimanches qui arriveront pendant led travail.*[49]» Quant au règlement, il s'effectuera « *au moyen de la somme de trente livres [...] dix livres lors que led Le Souldier commencera le travail, dix livres a la moytié d'icelluy et dix livres a la fin dud travail* » ; le travail doit être prêt « *pour le jour de Nouel prochain* », ce qui correspond à environ quatre mois de travaux pour démonter et remonter la charpente.

Nous ne disposons pas d'autres contrats relatifs au déplacement de l'ensemble des ustensiles destinés à faire battre le moulin, mais il est logique d'imaginer que le transfert a dû s'effectuer dans le courant de l'année 1698. En effet, dès juin 1699, Richard Guesdon signe un bail de cinq ans pour Robert Desrüe, aussi marchand papetier [50] ; celui-ci inclut la maison de la fieffe Faudet (elle n'a donc pas été déplacée) et une pile « *dans le moullin a papier du bailleur situé dans la pièce de terre appelée Lange, celle de proche la pille a fleurer pour y faire battre du papier avec la roux qui fait battre ledit moullin, et pouvoir comme le bailleur se servir de la pille a fleurer de la cuve et presse [...] et de cordes dans les estendeurs [...] moyennant le prix et somme de trente livres de ferme* ». Pour des raisons inconnues, Robert Desrüe n'entre pas en jouissance de son bail, et ce bail est repris pour quatre ans, aux mêmes conditions, par Pierre Gauné, également marchand papetier. Richard Guesdon fera fonctionner le moulin de Lange jusqu'à son décès en 1742.

48. ADM 3 E 54 124, minute Charles Hossard, 14 août 1696.

49. ADM 3 E 54 124, minute Charles Hossard 1er septembre 1697.

50. ADM 3 E 54 125, minute Charles Hossard 24 juin 1699.

Pierre Guesdon, fils de Richard, qui travaille avec son père depuis de nombreuses années, ne lui survit que peu de temps. Le moulin est alors confié par bail à son neveu Jean Guesdon, sieur de la Bilheudais, qui le fait valoir en compagnie de son frère Pierre, sieur de la Chesnais, jusque vers les années 1760. Comme tous les moulins du Petit-Maine, il a énormément souffert de la crue de la Bignette survenue en septembre 1768, puisque tous les mouvements ont été emportés à la suite de la rupture de digues, notamment à l'étang de la Bignette. Le récapitulatif de 1776 mentionne qu'il est exploité par la veuve de Jacques Boulot, qui était maître-papetier, et qu'il s'y fabriquait à cette époque 900 rames de papier. Suite à divers mariages, le moulin à papier de Lange passe entre de nombreuses mains tout en restant dans la famille : Guesdon - Homo - Guérin - Le Bascle (cf. chapitre IV). Les matrices cadastrales de La Bazouge nous indiquent que Guillaume-François Le Chartier en est propriétaire en 1835 (cadastré B 531), et qu'il possède toujours la maison et les terres de la fieffe en Louvigné-du-Désert. Le moulin de Lange est démoli en 1879.

II.2. Moulins de Lécousse et Fougères

Les moulins de ces deux communes sont situés sur le Nançon, rivière dont une partie du cours servait de limite entre les paroisses de Lécousse et de Laignelet, traversait la partie occidentale de Fougères au pied du château, puis constituait finalement la limite entre les deux communes de Lécousse et Fougères (voir plan page suivante). Une ordonnance royale du 16 novembre 1833 a modifié les limites de cet ensemble de communes, et une fraction de Lécousse a été rattachée à Fougères. Il en résulte qu'un groupe de moulins – ceux du Guélandry – s'est trouvé relever, au cours du XIXe siècle, de cette dernière commune. Lors de l'établissement du cadastre napoléonien et des matrices cadastrales correspondantes, les références des parcelles ont donc été changées, et il importe d'effectuer les recherches dans les deux séries de registres pour déterminer éventuellement les mutations et changements de propriétaires. Bertin et Maupillé mentionnent : *« On peut faire remonter vers 1550 à 1600 l'origine de la fabrication dans l'arrondissement de Fougères.*[51]» Leur monographie ne précise cependant ni les noms ni la localisation des moulins correspondants.

51. Bertin A. et Maupillé L., *op. cit.*, p. 162.

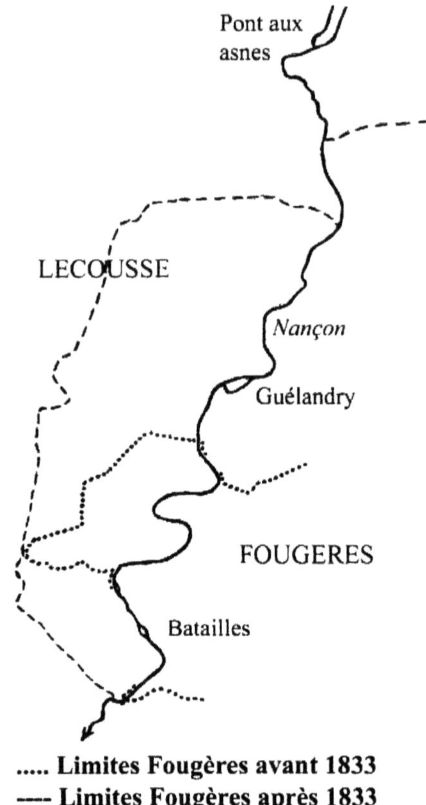

II.2.1. Moulin du Pont-aux-asnes

Ce moulin se situe sur la rive droite du Nançon, dans une zone cadastrée section B du Manoir qui n'a pas été annexée à la ville de Fougères (voir plan). Il est cité dans la réponse du subdélégué Blanchouin de Villecourte à l'enquête de 1772, et bien que son nom n'apparaisse pas dans l'enquête de 1729, il est évident qu'il constituait à cette date l'un des quatre moulins proches de la ville de Fougères. En effet, divers documents indiquent qu'il fonctionnait déjà au début du XVIIe siècle ; les registres paroissiaux de Lécousse signalent que Gilles Legrain était maître-papetier au moulin du Pont-aux-asnes en 1639 jusqu'à son décès en janvier 1654. Par la suite, nous y trouvons Jean Le Jeune, également maître-papetier, avec son épouse Louise Pinay, mais il n'a pas la possibilité d'assurer une longue production puisqu'il décède dès 1656. C'est à cette date que nous voyons la première apparition d'un Georget en pays de Fougères, Richard Georget et son épouse Catherine Delaunay y passant quelques années avant de rejoindre le moulin à papier de la Frenais en

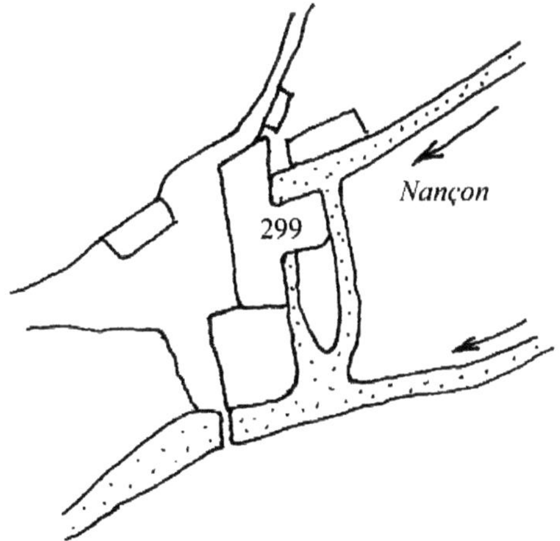

MOULIN DU PONT-AUX-ASNES

La Bazouge-du-Désert. Christophe Gastebois prend la succession avec sa femme Marguerite Georget, mais nous ne pouvons préciser jusqu'à quelle date en raison d'années manquantes dans les registres. C'est un membre d'une des plus anciennes familles de papetiers de la région, Antoine Fouillard, qui vient travailler dans ce moulin et y décède à son tour en 1677. Il ne semble pas que son fils Pierre lui succède, car en 1682, le papetier exploitant est Michel Bruneau (Bruniau) et son épouse Georgine Lamartre (parfois écrit dans le registre La Marte, mais elle signe – très bien – son nom en un seul mot). Il y décède en 1692 âgé de 56 ans, et son épouse y décède quelques jours après lui. Dans les dernières années du siècle, c'est Julien Noché qui en est le fermier et qui le reste jusqu'en 1716. À cette époque, le moulin est propriété de la famille Baston de la Gesmerais. En effet, un bail de six ans est accordé en avril 1718 à Gilles Durand et Jeanne Fouillard sa femme par Jeanne Chevallier, dame de la Gesmerais, *« laquelle ayant droit de jouir du moullin du pont aux asnes pour son droit de douaire à cause du decez de N. h. François Baston Sieur de la Gesmerais son mary* [52]». Ce bail a effet rétroactif à 1716 ; il s'élève à la somme de quatre-vingt dix livres par an. Quelques mois plus tard (en août 1718), c'est en fait un afféagement perpétuel pur et simple qui est accordé par Anne de la Chambre, sieur de Vauborel, et dame Guilmette Louise Baston son épouse, moyennant la somme de soixante-cinq livres de rente [53]. Dans le premier document, il est seulement précisé : *« entretiendront lesdits preneurs les maisons dudit moullin en bon etat de reparation de couverture »*, mais on n'apprend rien de plus sur l'immobilier. Les précisions sont plus grandes concernant le moulin lui-même : *« Au regard des merrains et*

52. ADIV 4 E 9818, minute Joseph Lemoine, 18 avril 1718.

53. ADIV 4 E 9818, minute Joseph Lemoine, 6 août 1718.

ustancilles dudit moullin, lesdits preneurs reconnoissent qu'ils sont en bon etat pour jouir dudit moullin, fors la jambe, le vie de la presse seche, les queues, maillets, un petit tremiage, une grande goutiere et la cuve à papier, qui sont presque usés, lesquels ustanciles et merrains lesdits preneurs s'obligent de faire faire neufs [...] reconnoissant aussy avoir la chaudière d'arain propre à cuire la colle maçonnée sur son fourneau au coin de la maison ou ils demeurent, un pistolet d'arain attaché a la cuve, un lisseux a lisser du papier fait de trois carreaux, et trante et quatre carreaux dans les greniers et sechouer [...] reconnoissent que le portage dudit moullin estoit en bon et suffisant etat de reparation [...] au surplus laditte demoiselle bailleure s'oblige d'entretenir l'arbre, la pille, et la roue dudit moullin. »

Gilles Durand est originaire de Saint-Jean-de-Cogles, mais il a fabriqué son papier dans ce moulin du Pont-aux-asnes en Lécousse jusqu'à son décès survenu en 1742. En a-t-il d'ailleurs fabriqué beaucoup ? Il est permis de se poser cette question lorsque l'on constate les énormes difficultés dans lesquelles lui et son épouse ont dû se débattre ! En 1720 il emprunte deux cents livres qu'il est incapable de rembourser, emprunt qui se transforme en 1728 en constitution de rente au bénéfice de messire Guillaume Ferron, prieur du château [54]. Il vend quelques héritages paternels dans la paroisse de St-Jean-de-Cogles à Julien Georget, papetier au moulin de Roche-qui-brut en Tremblay [55], mais il est manifestement pris à la gorge et, juste après son décès, le sieur de Vauborel et son épouse veulent se ressaisir des biens compris dans l'afféagement. En effet, les termes et conditions du contrat n'ont pas été respectés : Gilles Durand et sa femme devaient « *entretenir lequel moulin et maisons de réparations et mesrains nécessaires qu'ils ne tombent pas en ruine [...] avec condition expresse qu'en cas de diminution et déperissement des choses il serait libre auxquels sieur et dame de Vauborel de s'en ressaisir comme si lequel affeagement n'avoit esté fait. Or comme lesquels Durand et femme se trouvoient redevables de sommes considérables [...] faute de payement de la rente annuelle [...] et comme le moulin se trouvoit en une extresme indigence de touttes sortes de reparations, et que la plus grande partie des ustansilles servantes auquel moulin ne s'y trouvoient plus, ce qui en diminoit la valleur de plus de six cents livres.* » Les Vauborel veulent engager un procès mais, heureusement, Jean Guérin Besnaruais et Françoise Fouillard son épouse – qui s'étaient tous deux portés caution solidaire des Durand lors de la signature de l'afféagement – règlent les dettes et réussissent à conserver celui-ci [56].

Un autre document est beaucoup plus explicite en ce qui concerne les maisons ; il s'agit d'un minu et déclaration établi en 1746 par Jean Guérin Besnaruais concernant les héritages nobles tombés en rachat par le décès de Gilles Durand. Ils consis-

54. ADIV 4 E 9889, minute Pierre Lorant, 24 janvier 1728.

55. ADIV 4 E 949, minute Le Barbier fils, 1er octobre 1734.

56. ADIV 4 E 9830, minute Julien Delaunay, 19 juillet 1743.

tent en « *une maison manable composée d'une salle ou est le fermier [...] autre maison au bout et joignant ou est le moulin à papier avec ses ustencilles nommé le moulin du pont aux asnes, autre maison à l'autre bout ou sont les cuves et etraintes et autres ustencilles egallement propres auquel moulin le tout aussi construit de maçonnail et doublé de plancher de carreaux et couvert d'essentes sous même faite cour au devant du tout jardin a coté et au bout, autre maison aussi au devant composée d'une salle [...] et aussi avec cheminée, autre jardin au bout et une mazière de four [...] une pièce de terre a l'autre bout de laquelle première maison avec un petit bois taillis au bout d'icelle et une bruere ou lande au joignant le tout contenant deux journeaux ou environ et situé audit lieu du pont aux asnes paroisse de Lecousse relevant prochement et noblement de Sa maiesté [...] et lesquelles choses affermées a Michel Dupré papetiere la somme de cent dix livres par an et sont en indigence de toute reparation* [57] ». Cependant, ce dernier n'est venu que très provisoirement travailler au moulin du Pont-aux-asnes, en provenance du moulin du Pont-Brard en Vieux-Vy-sur-Couesnon ; il repart à la fin de son bail pour s'établir au moulin à papier de Roche-qui-brut en Saint-Brice-en-Cogles. En 1747, Gilles Le Mardelé, papetier normand originaire du diocèse de Bayeux, épouse Jeanne Durand. Il devient, probablement à la suite de Michel Dupré, l'exploitant du moulin à papier du Pont-aux-asnes jusqu'à sa mort en 1783. La réponse de Blanchouin de Villecourte, subdélégué de Fougères, à l'enquête diligentée en 1772 le cite comme propriétaire fabriquant. Le récapitulatif de 1776 présente le Pont-aux-asnes comme un moulin à une cuve et quatre piles à maillets, produisant 1500 rames de papier par an. Un élément curieux apparaît à ce stade de nos recherches : dans son ouvrage sur les moulins à papier de Bretagne, Kemener indique que Gilles Le Mardelé est fabriquant au moulin du Guélandry ; il s'appuie sur le document rédigé par Bourde de la Rogerie en 1911 qui prétend « *avoir corrigé certaines erreurs commises par l'Inspecteur des manufactures dans son récapitulatif de 1776* ». Or, d'une part, cet archiviste ne cite pas les sources qui lui auraient permis de rectifier cette prétendue erreur, d'autre part tous les documents que nous avons eus à notre disposition [58], relatifs à la famille Le Mardelé, rapportent bien que Gilles demeure au moulin à papier du Pont-aux-asnes. Nous en concluons que cette correction au moins n'avait pas lieu d'être, et que le récapitulatif de 1776, conforme aux divers documents préparatoires, est exact en ce qui concerne le moulin du Pont-aux-asnes. Gilles Le Mardelé, fils de Gilles, n'a pas poursuivi l'activité papetière très longtemps ; il se dit rentier dès l'âge de 40 ans ; c'est sans doute pourquoi, à partir de la période révolutionnaire, le fabriquant est Toussaint-Julien Hus, autre papetier normand originaire des Loges-sur-Brecey ; ce dernier décède au moulin en 1809. Les matrices cadastrales de Lécousse indiquent que le propriétaire du moulin à papier du Pont-

57. ADIV 4 E 9830, minute Julien Delaunay, 3 février 1746.

58. ADIV 4 B, Vieux-Vy sur Couesnon, liasses 5 (1er mai 1778), 6 (1er octobre 1782) et 7 (28 septembre 1782).

aux-asnes (cadastré 299) est en 1825 Théodore Levannier, papetier également originaire de Normandie (Sourdeval), qui a fabriqué précédemment du papier au moulin du Guélandry ; ce Théodore Levannier est, depuis 1808, devenu maire de Lécousse. Le moulin va fonctionner jusqu'au milieu du XIXe siècle.

II.2.2. Moulins du Guélandry

L'enquête de 1771 et le récapitulatif de 1776 mentionnent cinq moulins à papier à Fougères et faubourg, dont trois établis au Guélandry en Lécousse, les deux autres étant celui du Pont-aux-asnes et celui des Batailles. L'enquête de 1729 n'en cite que quatre, sans préciser leur nom. Les deux derniers fonctionnant déjà à la fin du XVIIe siècle, nous pourrions en déduire que l'un des trois moulins du Guélandry a été construit dans le courant du XVIIIe siècle, ou qu'il résulte de la transformation d'un moulin qui avait précédemment une autre activité. Nous n'avons en fait trouvé aucun document permettant d'étayer cette hypothèse. D'après Pautrel [59] citant Maupillé, un aveu de Rillé de 1541 fait mention des moulins à blé, à draps et à tan que l'abbé possédait au Guélandry, mais il n'est pas question de moulin à papier. Le lieu du Guélandry se situe dans la fraction de la commune de Lécousse qui a été annexée à la ville de Fougères en 1833. Les moulins sont situés sur la rive droite du Nançon, au sein d'une boucle importante de cette rivière, et le cadastre napoléonien en situe deux à papier dans le bâtiment n° 531 et le troisième dans le n° 535 (voir plan) ; le quatrième moulin situé dans cette zone (n° 527) est encore un moulin à farine exploité par la veuve Mongodin et ses enfants.

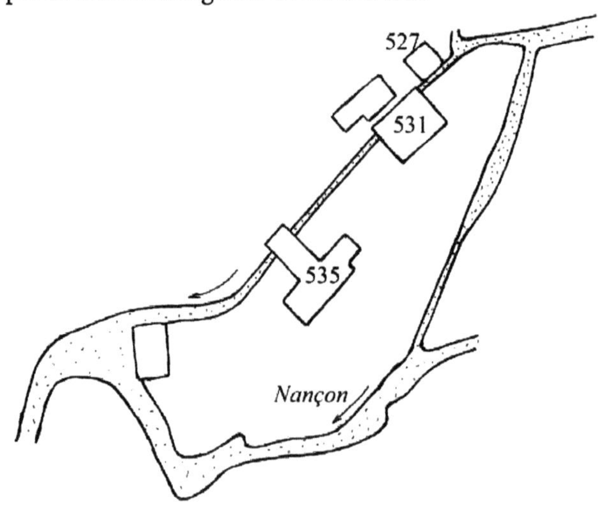

MOULINS DU GUELANDRY

Le premier moulin à papier du Guélandry dont nous trouvons mention est décrit dans un acte de vente de 1643, « *icelluy moullin consistant en un corps de logix ou est compris la batterye, l'ouvreur au bout [...], massonné et couvert d'essentes [...] lequel moullin et dépendances de la juridiction de St Pierre de Rillé [...] plus un petit pré nommé le pré du Guelandry [...] lesdittes choses sises et situées au Guelandry* [60]». Les propriétaires François Faufier (Saufier ?) et Perette Gaultier sa femme demeurent à la Bataille en la paroisse de Saint-Léonard ; ils cèdent le moulin qu'ils tenaient de Pierre Gérard à un nommé Guillaume Guérin, sieur de Frontigné demeurant au faubourg de Rillé, pour la somme de 1800 livres de principal. Sans pouvoir faire de rapprochement familial précis, notons cependant qu'en 1639 et 1642, un certain Pierre Gérard marié à Jeanne Gaultier demeurait au Guélandry, ce qui suggère que ce dernier et le vendeur étaient apparentés par leurs épouses. Le registre paroissial de Lécousse nous informe que le papetier en est Julien Lesaige avec son épouse Jacquinne Jamme en 1647 ; il y est encore présent au décès de sa femme en 1652. Jacques Delacourt (de la Court) y est ensuite papetier avec Laurence Dupont (du Pont), au moins jusqu'en 1658. Une vingtaine d'années plus tard, nous y retrouvons Bertrand Laisné (Lesné), marchand papetier, et son épouse Anne Guesdon dès 1676. C'est à cette période que l'on trouve également François Fouillard qui décède au moulin le même jour que son fils Noël en 1678. Y avait-il déjà deux moulins en fonctionnement ? Un acte précise en effet que le 18 février 1679, Jacques Pinson décéda au moulin du hault à papier du Guélandry, mais cette note n'implique pas nécessairement que le moulin du bas était dévolu au papier. En 1687 Michel Laisné Longpré, fils de Bertrand, est également marchand papetier au Guélandry [61]. En 1712, le papetier fermier était Julien Laisné, probablement autre fils de Bertrand, né en 1687 à Lécousse. Le moulin est vendu en 1718 par son propriétaire, Jean Breget recteur de la paroisse de St-Hilaire-du-Harcouet, à Marc Gautier Fannelais et Françoise Bruneau son épouse, pour la somme de 1900 livres en principal et vin, plus une rente de 12 livres et une rame de papier dues annuellement à l'abbaye de Saint-Pierre-de-Rillé [62]. Il est donc probable que ce moulin à papier provienne d'une transformation (ou d'une reconstruction) de l'un des moulins dépendant de Rillé en 1541 mentionnés plus haut. Il « *consiste dans deux aistres de maison dans l'une desquelles est lequel moulin garny de tous les instruments et ustanciles propres et necessaires à faire le papier circonstances et dependanses [...] l'autre maison sans moulin consiste dans une salle par bas grenier en superfice pour mettre le papier à secher* ». Le nombre de piles n'est pas précisé dans l'acte. Au moment de la vente, il reste

59. Pautrel E., *Notions d'histoire et d'archéologie pour la région de Fougères*, Rennes 1927.

60. ADIV 3 B 19, insinuations de contrats de ventes, Fougères, 8 avril 1643.

61. ADM 3 E 54 118, minute Charles Hossard, 28 septembre 1687.

62. ADIV 4 E 9884, minute Pierre Lorant, 31 août 1718.

encore deux ans et demi de bail à courir pour Julien Laisné. Mais les affaires de Marc Gautier ne sont pas bonnes : son épouse décède en 1720, et lui-même « *se trouvant par ses infirmités habituelles hors d'état de gérer et pouvoir vacquer à ses affaires et dans l'impuissance de payer ses debtes qui se montent à deux fois plus que la valeur des meubles et effets de sa communauté [...] a donné pouvoir et procuration generalle et spéciale auquel Gilles Gautier* [son fils aîné] *de prendre en main la régie de toutes ses affaires* [63] ». Les dettes se montent à 2700 livres, et les créanciers « *ont de grace accordé* [à Marc et Gilles Gautier] *le temps et terme de huit années pour payer le total de leur debte* ». Mais ils ne sont pas tenus de vendre le moulin et dépendances. Malgré ses " infirmités ", Marc Gautier décède au Guélandry à 86 ans. Un mois auparavant, il a dû renoncer à tous ses droits sur le moulin qui, étant donné son indivisibilité, a fait l'objet d'un acte de licitation au bénéfice du fils cadet Joseph François Gautier et son épouse Marie Jamet, marchands de papier demeurant au moulin à papier du Pont-aux-asnes [64]. Joseph Gautier n'est pas fabriquant et il vend finalement le moulin en 1745 à Charles Jean, sieur des Vallées [65], qui en est l'exploitant depuis 1739. Si la description du moulin reprend mot pour mot celle de l'acte de vente de 1718, des précisions concernant les immeubles sont importantes car « *reconnoissent les vendeurs que lesdits herittages sont en indigence de reparation et les maisons et le moulin prestes d'assoller s'il n'y est promptement remedye [...] la présente vente faitte et accordée entre partyes pour la somme de dix sept cents livres de principal* ». Charles Jean le fait « *valloir par main* », ce qui lui procure en 1751 quatre-vingt-cinq livres de revenu, mais « *il en coute au moins pour chacun an la somme de trente livres pour réparations* [66]». Charles Jean a longtemps travaillé pour la Formule, nous y reviendrons dans le chapitre V pour évoquer la piètre qualité de son papier. Le récapitulatif de 1776 nous apprend que ce moulin possède une roue, une cuve et cinq piles à maillets, et qu'il produit 1500 rames de papier par an. Charles Jean fils, également maître-papetier, a continué quelque temps la fabrication, probablement avec Julien Jean qualifié de marchand papetier, mais Charles est déclaré rentier en 1806. Plusieurs papetiers sont présents à cette date aux moulins du Guélandry, mais nous ne pouvons les affecter avec certitude à ce moulin. Le registre des propriétés bâties en Lécousse lors de l'établissement du cadastre napoléonien nous indique que le propriétaire du moulin (qui serait référencé 535, puis 1418 dans l'état des sections de Fougères en 1834) est Michel-Anne Levannier.

Les deux autres moulins du Guélandry sont la propriété de la famille Georget. La première mention claire en est trouvée dans la déclaration du vingtième de

63. ADIV 4 E 9886, minute Pierre Lorant, 27 mars 1723.

64. ADIV 4 E 9823, minute Julien Delaunay, 30 octobre 1738.

65. ADIV 4 E 9902, minute J-F. Maunoir, 20 avril 1745.

66. ADIV C 4537, registre du vingtième, Lécousse, 27 juin 1751.

Lécousse faite en 1751 par Jean Georget sieur de la Rivière qui « *déclare posséder aux moulins à papier de Gué Landry deux moullins à papier avec la maison, jardin et petit pré [...] tout quoy j'ai affermé par bail du 11 may 1750 [...] pour la somme de trois cent soixante huit livres par an sur lesquels [...] il est deub pour chaque an trante livres de rentes seigneuriales et en coûte au moins pour réparations [...] la somme de cent livres* [67] ». Ces moulins sont donc anciens. De fait, Jean Georget demeure au Guélandry en 1748. En a-t-il hérité au décès de son père Julien Georget sieur de la Rivière vers 1737 ? Julien Georget était papetier au moulin de Roche-qui-brut en Tremblay, mais il possédait un patrimoine important à Lécousse puisqu'en 1735 il apparaissait dans le registre du dixième pour une somme de 60 livres. Ses revenus provenaient-ils des moulins qu'il aurait affermés ? Il n'en est pas fait mention dans ce document, et nous nous en tiendrons à l'état d'hypothèse. La réponse de Blanchouin de Villecourte en 1772 fait apparaître que les sieurs Georget père et fils sont fabricants propriétaires de ces deux moulins, et qu'ils y fabriquent du papier pot, bastard, écu et du papier à épingle. Le récapitulatif établi en novembre 1776 note cependant que l'un des moulins est tenu par Jean Georget père, qu'avec une roue, une cuve et quatre piles à maillets il y fabrique annuellement 1200 rames et aussi du papier timbré ; dans l'autre moulin, qui ne possède que trois piles à maillets, c'est Michel Morcel qui produit 600 rames par an. Par mariage, en 1771, avec Jeanne Georget (fille de Jean sieur de la Rivière), Michel-François Levannier, papetier également originaire de Normandie, devient aussi exploitant du moulin du Guélandry ; il poursuit cette activité en compagnie de son fils aîné Théodore. En 1806, Michel-François est déclaré rentier, et dans l'état des sections de Lécousse, Théodore (qui est devenu maire de cette commune) apparaît comme propriétaire du moulin à papier du Pont-aux-asnes. Le nouveau propriétaire des deux moulins cadastrés sous le même numéro 531 est François Daligaut, avec son épouse Julienne Anger. Les matrices cadastrales de Fougères, établies après le rattachement de cette partie de Lécousse, révèlent que François Roussin devient propriétaire de ces deux moulins (maintenant référencés 1412) après mutation ; ils paraissent avoir été démolis en 1863.

II.2.3. Moulin des Batailles

Ce moulin à papier est celui pour lequel nous disposons du plus petit nombre de documents originaux. Il est situé sur le Nançon, dans la paroisse de St-Leonard-de-Fougères (voir plan page suivante). Dans son étude de 1927, Pautrel mentionne l'existence du moulin des Batailles signalé comme moulin à papier en 1540. Nous en retrouvons la trace dans le Rôle de la taillée établi en 1693 sur les propriétaires

67. *Ibidem.*

d'héritages de cette paroisse : sont taxés de trois livres « *la veuve et héritiers de Droüet pour le moulin à papier de la Bataille et dépendances*[68] ». Il fonctionnait donc à la fin du XVIIe siècle, mais battait-il encore lors de la première enquête de 1729 ? Avait-il été démoli ? Un acte établi en 1732 est en effet troublant : il y est écrit « *a comparu François Martin demeurant au lieu de Gibary paroisse de Lecousse lequel a ce jour loué [...] à Pierre Lignel marchand demeurant faubourg et paroisse Saint Leonnard scavoir est deux pieces de terres s'entrejoignantes situées au lieu des batailles paroisse de St Leonnard, l'une desquelles pieces de terre joint au moulin a papier que l'on veult construire auq lieu des Batailles*[69] ». Il aurait donc été reconstruit dans la première moitié du XVIIIe siècle. De fait il fonctionne puisque, dans une procuration de décret de mariage établie en 1750, nous relevons : « *Louis Guenard, fils de deffunt Jan Guenard dit Hellaudais et de Julienne Bohon sa mère encore vivante, demeurant paptier à la Bataille moulin de ce nom à la ville de Fougères*[70]. »

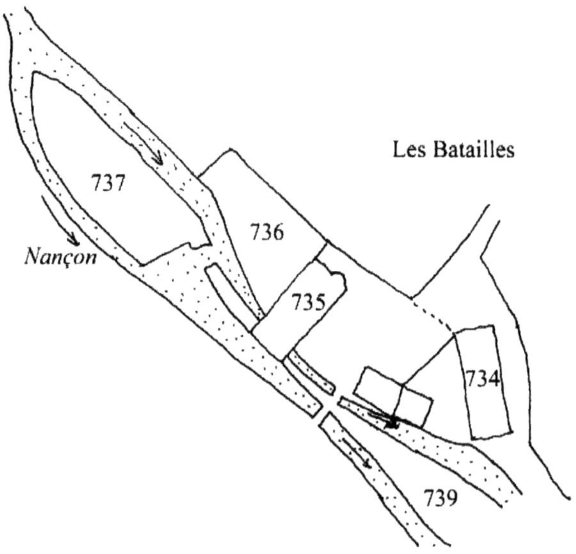

MOULIN DES BATAILLES

Alors que le moulin des Batailles a été oublié dans la liste établie en 1772 à la suite de la seconde enquête sur les papeteries de Bretagne, il est bien mentionné dans le récapitulatif de 1776. On relève que Jean Georget fils produit 1000 rames de papier par an dans ce moulin qui possède une roue, une cuve et quatre piles ; il s'agirait donc de Jean-François, fils de Jean La Rivière, qui serait passé du moulin du

68. ADIV 4 E 9812, minute Joseph Lemoine, 1693.
69. ADIV 4 E 9891, minute Pierre Lorant, 14 février 1732.
70. ADIV 4 B 5427, juridiction de la baronnie de St-Brice, 21 septembre 1750.

Guélandry, où il travaillait avec son père en 1772, à celui des Batailles. Ce même Jean Georget y travaille encore en 1788 avec plusieurs ouvriers, bénéficiant d'une remise d'amende de moitié, suite à sa requête dans le différend qui l'oppose depuis 1786 à Pierre Latouche, papetier exerçant au moulin de Roche-qui-brut en Tremblay [71]. Lors de l'établissement des matrices cadastrales en 1834, Augustin Blin est déclaré propriétaire du moulin (parcelle B 735), de la maison (B 734) et des terrains environnants (B 732 à 739). Il n'exploite pas lui-même ce moulin, étant actif à celui de Roche-qui-brut avec son épouse Françoise Roussin, mais c'est Julien Roussin qui y fabrique alors du papier.

71. ADIV C 1507, Industrie, 22 février 1788.

CHAPITRE III

Moulins de Vieux-Vy-sur-Couesnon à Tremblay

Nous avons dans l'introduction mentionné un ensemble de moulins à papier localisés sur le Couesnon et plusieurs de ses affluents. Allant d'amont en aval, nous examinerons successivement ceux situés en Vieux-Vy auxquels nous avons adjoint le seul moulin classiquement décrit comme relevant de Sens, car situé à la limite entre les deux communes (voir plan), ensuite les moulins de Chauvigné et Saint-Christophe-de-Valains qui, par leur appellation générique de moulins de la Sourde, ont donné lieu à ambiguïté, et nous terminerons par ceux de la rivière Loisance.

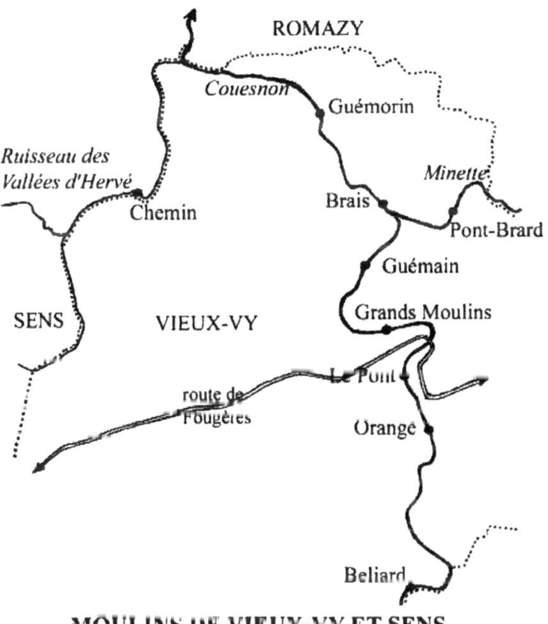

MOULINS DE VIEUX-VY ET SENS

III.1. Moulins de Vieux-Vy-sur-Couesnon et Sens

III.1.1. Moulin de Beliard

Ce moulin à papier est situé sur la rive gauche du Couesnon, le plus en amont sur ce cours d'eau. Il ne figure ni dans l'état récapitulatif de 1729 ni dans celui de 1776. La raison en est simple : il n'a été bâti qu'à partir de 1787. En fait, cet établissement était au début du XVIIIe siècle un moulin à foulon. Relevant roturièrement de la seigneurie d'Orange, nous apprenons que son propriétaire Armand de la Belinaye, demeurant à son château en Saint-Christophe-de-Valains, l'avait afféagé par contrat du 19 novembre 1740 à Jacques Forget pour la somme de 40 livres de rente annuelle [1]. Sans doute ce moulin n'avait-t-il plus que quelques dizaines d'années à vivre, car il est déclaré en ruine au début de 1787. Cependant, il est en phase de transformation en moulin à papier, car Charles René de la Belinaye, chevalier seigneur comte dudit lieu d'Orange, maréchal des camps et armées du Roy demeurant ordinairement à son hôtel à Paris, « *par bienveillance et libéralité a ce jour ceddé et délaissé à titre de pur et loyal feage en tenue roturière [...] au sieur Michel Levannier maître-papetier et demoiselle Janne Georget son épouze [...] scavoir est le fond et emplacement d'un ancien moulin à foulon nommé Beliard* [2]». Ce document donne une bonne description des maison et terres comprises dans l'afféagement. Concernant le moulin et dépendances, nous relevons en effet « *le tout en pourpry contenant ensembles non compris la chaussée seize cordes trois quarts joint d'orient le refond d'eau dudit moulin et le gué de Beliard, du midy un petit jardin appartenant à Abel Thomas* [qui était alors le meunier du moulin d'Orange], *du couchant le chemin conduisant au village du Val à la lande de Taincu et du nord autre chemin rendant au dit gué* » (voir plan) ; de nombreux autres terrains sont également adjoints. Les preneurs seront tenus de porter leurs grains à moudre au moulin d'Orange, de faire bâtir et entretenir à leurs frais, à la place de l'ancien moulin à foulon, un moulin à papier avec les logements convenables et de rétablir et entretenir également à leurs frais la chaussée du moulin dans toute sa longueur. En outre, ils profiteront du cours des eaux, sans toutefois en détourner le cours ordinaire, ni porter préjudice aux voisins et autres par une rétention trop longue ou autrement. Les époux Levannier déclarent « *que les dépenses qu'ils feront pour la batisse et perfection du même moulin proviendront de la vente que ledit sieur Levannier entend faire des propres réels qu'il possède en la province de Normandie* ». À titre de rente annuelle, Michel Levannier devra fournir le nombre de huit rames de papier batard de longueur de 16 pouces 4 lignes sur 13 pouces 4 lignes de large, de bonne qualité ou la somme de 40 livres tournois en argent au choix du seigneur.

1. ADIV 2 C^{38} 205, registre du centième denier, Saint-Aubin-du-Cormier, 30 novembre 1740.
2. ADIV 4 E 10339, minute Louis Serizier, 5 novembre 1785.

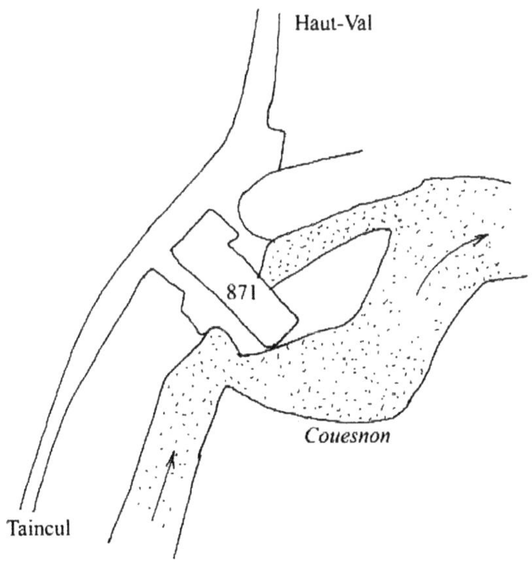

MOULIN DE BELIARD

L'entrée en jouissance comme le paiement du premier terme sont prévus à la Saint-Georges prochaine, soit en avril 1786. La prise de possession a effectivement lieu au printemps, le procureur de possession étant Michel Morcel, maître-papetier demeurant au moulin à papier de Brimblin [3] ; peu de détails matériels figurent dans cet acte, sinon que le moulin consiste en une salle de demeure, grenier dessus et une étable non doublée, le tout en indigence de réparations.

Nous ne connaissons pas exactement la durée de remise en état du moulin, ni à partir de quelle date Michel Levannier a pu produire du papier. Probablement pas avant l'année 1788 car la réfection de la chaussée du moulin doit avoir lieu en fin 1787. Nous avons noté les conditions contraignantes du contrat d'afféagement en ce qui concerne l'utilisation des eaux. De fait, Michel Levannier fait expertiser la chaussée avant de la faire reconstruire ; le constat est simple : elle est *« pour ainsi dire entièrement dégradée et hors du cas de servir* [4]*»*. On en découvre les caractéristiques : *« Elle est située à l'orient de la rivière de Couesnon, qu'à peu de distance de la bonde ancienne dudit moulin on aperçoit encore quelques vestiges d'un portage et qu'au bout midy, l'on voit aussi l'emplassement d'un gatouer de la même chaussée dont la largeur nous a paru être de quinze pieds, et mesurant ladite chaussée dans sa longueur, l'avons trouvée de cent vingt pieds à partir du pré apartenant à Gilles Gillaux à se rendre à la*

3. ADIV 4 E 10339, minute Louis Serizier, 27 mars 1786.

4. ADIV 4 E 10287, minute Julien Loysance, 18 août 1787.

bonde dudit moulin, secondement prenant la hauteur ancienne de la même chaussée et le niveau tiré des pierres d'icelle qui nous ont paru n'avoir pas encore été dérangée et être dans leur état ancien, à se rendre au mur nouvellement bâti et qui forme l'embouchure du nocq avons remarqué que la hauteur se termine au lie du dessus d'une pierre de grain au coignage dudit nocq sur laquelle nous avons fait former pour remarque visible et fixe une croix gravée par le nommé Jacques Langlois picqueur de pierre. » Ce document laisse supposer que la partie dynamique du moulin avait été remise en état puisque la gouttière qui amène l'eau sur la roue (le nocq) était en place et que Michel Levannier en était aux travaux préparatoires à la remise en eau du moulin.

Michel (François Gabriel) Levannier et Jeanne Georget sont donc propriétaires exploitants, notamment avec certains de leurs enfants. Dès l'an XII, après son mariage avec Révérende Hus, c'est le fils Michel-Anne Levannier qui devient l'exploitant alors que son père retourne au Guélandry. Cependant, la famille Levannier ne semble pas avoir vocation à poursuivre la fabrication du papier au moulin de Beliard, puisqu'on y retrouve en 1826 l'ensemble des enfants Hus avec leur mère, Marie-Jeanne Le Chartier, veuve de Toussaint-Julien Hus, ancien fabricant de papier au moulin du Pont-aux-asnes en Lécousse. Les matrices cadastrales de Vieux-Vy précisent cependant qu'en 1827, la propriétaire de la papeterie de Beliard cadastrée parcelle C 871 est toujours Louise Levannier, veuve Gaillard, demeurant à Rennes. Une cession du moulin intervient semble-t-il en 1845 au bénéfice d'une veuve Hue (probablement Hus), mais nous n'avons pas d'autre précision concernant la fin d'activité du moulin à papier qui interviendrait, selon Kemener, vers 1855.

III.1.2. Moulin d'Orange

Dans sa revue concernant la papeterie et l'imprimerie à Fougères [5] Renault rapporte les travaux des historiens locaux qui révèlent que l'un des premiers moulins à papier de Bretagne fut établi sur la rivière du Couesnon dès 1440 ; il s'agit du moulin d'Orange, construit et exploité par Jean Lize, auquel succède son fils Michel. Le même auteur signale que l'on retrouve la trace de cette famille de papetiers en 1514, mais aucun document ultérieur ne permet d'affirmer que le moulin fonctionne encore aux XVIe et XVIIe siècles. Sa durée de vie n'aurait pas dépassé un siècle si l'on se rapporte à deux documents ; dans le premier, établi en 1401, Jehan d'Orange rédige un aveu au duc d'Alençon dans lequel il confesse tenir en la paroisse de Vieux-Vy « *les moulins, moulte, destroiz, places et revenuz d'iceulx, nommez les molins d'Orenges et de Beliart et de Soulerez* [6] » ; il n'est donc pas encore question de

5. Renault G., *opus cit.*, p. 85.
6. Mémoires et conclusions pour la commune de Vieux-Vy, Cour Impériale d'Angers,1869, pièce justificative n° 1.

moulin à papier. Dans le second document [7], François de Chateaubriant, sieur d'Oranges, présente en 1542 un aveu au roi dans lequel il déclare tenir, à la suite du décès en 1531 de son père, Jehan de Chateaubriant, sur la terre et seigneurie d'Oranges *« les moulins à blés et à draps, süs sur la dite rivière de Coaysnon »* ; il n'est pas non plus question de moulin à papier. Cette absence est confirmée dans l'adjudication de la seigneurie d'Orange intervenue au Parlement de Paris [8] : le 26 novembre 1581, la famille de Chateaubriant cède au plus offrant, à savoir Georges de la Charonnière, la terre et seigneurie d'Oranges, ses appartenances et dépendances, qui comprennent *« ung moulin à grain sur la ryvière de Coisnon, nommé le moulin d'Orange, aultre moulin à draps au dessoubz du moulin à grain »*. Dans leur réponse à l'intendant lors de l'enquête de 1729, ni le subdélégué d'Antrain ni celui de Bazouges ne mentionnent bien évidemment le moulin à papier d'Orange ; c'est la raison pour laquelle nous nous interrogeons sur l'affirmation de Kemener qui signale que celui-ci produit 100 rames de papier par an à cette date. Nos propres recherches révèlent qu'au milieu du XVIIIe siècle, le moulin d'Orange est toujours un moulin à grain dont le propriétaire est Monsieur de la Belinaye, également propriétaire du moulin de Beliard.

III.1.3. Moulin du Pont

Ce moulin pose quelques problèmes par sa complexité, ainsi que par les informations erronées le concernant qui ont conduit à de fausses interprétations. Ainsi, Kemener reporte qu'il n'est pas mentionné dans le récapitulatif de 1776, ce qui est exact mais laisse croire qu'il ne fonctionnait pas à cette époque, et qu'il aurait pu être mis en service plus tardivement comme le moulin de Beliard. Or ceci résulte d'une omission du copiste qui a établi le récapitulatif ; en effet, il est clairement signalé par le subdélégué d'Antrain dans sa réponse à l'enquête établie en 1772, avec les noms des divers propriétaires et la quantité de papier produite. En outre, si l'on va plus avant dans les enquêtes diligentées, on se rend compte qu'il est déjà mentionné dans la réponse du subdélégué d'Antrain le 3 février 1729, sans qu'y soit cependant mentionné le nom du propriétaire ou de l'exploitant. Cette simple observation nous indique que le moulin fonctionnait au début du XVIIIe siècle.

Dès avant 1725, le moulin du Pont appartenait au moins partiellement à la famille Cleray (parfois écrit Cleret). En effet, un acte de partage des maisons, terres et héritages dépendants de la succession de défunte Jeanne Duclos veuve de François Cleray nous apprend que cette famille possédait deux piles, mais aussi que le moulin

7. *Ibidem*, pièce justificative n°2.

8. *Ibidem*, pièce justificative n°3.

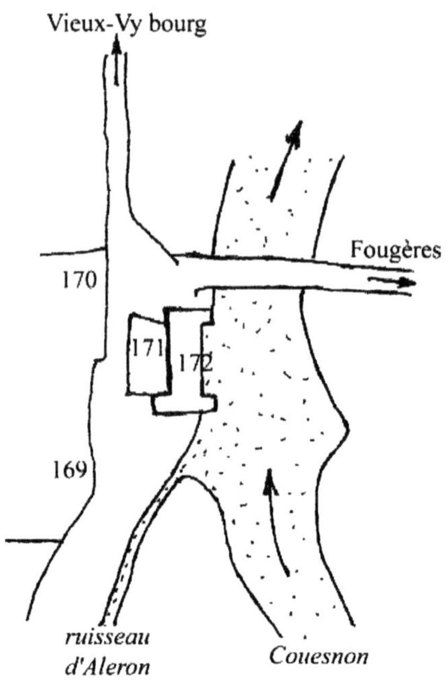

MOULIN DU PONT

possédait deux roues. Dans le premier lot choisi par René Cleray, on relève *« sous la Baronnye de St Brice une pille proche la seconde roue à la descente de l'eau appelée la roue du bas sur le courant de la rivière de Couesnon dans le moulin à papier du Pont de Vieuvy et quantité d'étandeur sur la roue d'ahaut proche le noc du moulin à bled de neufs pieds et demy de large et dix et demy de long et six pieds et demy de longueur aboutissant à l'auge de pierre dans le pourissouer avec droit de communer avec l'autre propriétaire de la pille cy après employée au second lot à la cuve et chaudière commune et à la presse [...] et à condition d'ayder à l'ordinaire à l'entretien dudit moulin prisée audit revenu annuel six livres*[9]*»*. Dans le second lot choisi par Julienne Cleray épouse Michel Morel, on relève *« sous la Baronnye de St Brice dans le moulin à papier du Pont de Vieuvy situé sur le cours de la rivière de Couesnon la seconde pille de proche la roue du bas dudit moulin et quantité d'étandeur sur la chambre commune de l'ouvreur proche la cheminée depuis le milieu de la poutre qui fait la séparation de laditte quantité et celle d'Ambroise Longfief laditte quantité de saize pieds de long et huit de travers, quantité dans le pourissouer d'embas proche le mur de séparation de l'ouvreur de six pieds et demy de long [...] de revenu annuel six livres »*. Les deux autres lots qui échoient aux enfants Cleray (Catherine et Pierre) ne comprennent pas de partie de moulin. Il est de plus

9. ADIV 4 E 6494, minute J.-M. Herbert, 15 et 27 octobre 1725.

précisé que « *fera René Cleray refaire la réparation des maillets en dix huit de la seconde pille et limandes à ses frais et de clou, et par clause expresse que si le propriétaire du second lot se trouve privé de la quantité d'étandeur de sur la salle de l'ouvreur les autres lottyes dédommageront le propriétaire de ce lot et en ce cas l'autre quantité d'étandeur sera partagée par moitié entre les propriétaires des deux pilles [...] communeront les partageants au moulin à tan dudit village [...] le propriétaire du second lot disposera du cordage neuf destiné pour la réparation de son etendeur* ». Tout ce descriptif nous laisse imaginer que le moulin à papier possédait deux roues, qu'il devait fonctionner depuis plusieurs années puisqu'il y a déjà des réparations à faire aux maillets et aux étendeurs, qu'un autre exploitant s'appelait Ambroise Longfief et que le moulin à grain devait être très proche de celui à papier (installé sur la roue du haut, c'est-à-dire amont ?).

Un autre document de succession établi quelques mois plus tard nous fournit le nom d'un quatrième propriétaire ; il s'agit de Michel Guespin et de son épouse Julienne Gérard qui étaient également propriétaires d'une partie du moulin de la Sourde en St-Christophe-de-Valains. Dans le quatrième lot choisi par Julienne Lorand et Pierre Ory son mari, nous relevons « *dans le moulin du Pont de Vieuvy la troisième pille de dessus la roue du bas avec quantité avis laditte pille dans le pourissouer à ouvrage de quattre pieds de long et quattre pieds et demy de large destinés pour mettre l'ouvrage battu et deux pieds de clair contre la costière de desriere de l'ouvreur au bout ou est la cheminée dans le pourissouer de la cuve à drapeau avec quantité d'etandeur sur la batterye de onze pieds de clair en quarré viron le milieu et donnant sur le desriere du moulin à condition au propriétaire d'ycelle de communer egallement avec les propriétaires des autres pilles à la cuve, chaudière et presse d'iceluy [...] prisée audit revenu annuel six livres cinq sols* [10]». Le partage des biens a eu lieu en sept lots entre les six enfants Guespin vivants et Julienne Lorand, petite fille née de Renée Guespin décédée lors de cette succession.

En 1729, la production annoncée du moulin à papier du Pont de Vieux-Vy s'élève à cent rames par an, ce qui est très faible ; les échantillons fournis correspondent au grand papier de Tresse à faire des écritoires (« *se vend à la Livre et point à la Rame* ») et au grand papier à plier. Les informations manquent entre les années 1730-1750. Nous retrouvons quelques données concernant le moulin du Pont dans le registre du Vingtième de Vieux-Vy [11] établi en mars et avril 1753, mais celles-ci conduisent à se poser la question du nombre de piles du moulin. En effet, pas moins de six propriétaires se déclarent, qui sont :

- Jean Seigneur héritier de Julien Seigneur : « *Nous possédons un emplassement d'une pille à faire gros papier dans le moullin du Pont de Vieux Vy que nous n'estimons rien etant non affermé.* »

10. ADIV 4 E 6494, minute J.-M. Herbert, 1er juillet 1726.

11. ADIV C 4576, registre du vingtième denier, Vieux-Vy, 1753.

- Gillette Deschamps : *« Possède comme veuve de René Cleray une mauvaise pille dans le moulin à papier du Pont de Vieux Vy en indigences de toutes réparations [...] desquels héritages je jouis par mes mains. »*
- Pierre Cleray : *« Une pille à faire de très mauvais papier située dans le moulin du Pont de Vieux Vy en indigence de toutes réparations [...] je jouis par mes mains. »*
- François Lochet Lecottay : *« Posséder deux pilles de moullin à papier l'une au moulin du Pont de Vieux Vy et l'autre à celui de Bras sur la rivière de Couesnon lesquelles ne travaillent qu'à papier de carton boite et pliage. »*
- Guillaume Morel : *« Une pille dans le moullin à papetier du Pont de Vieux Vy qui ne travaille que du gros papier. »*
- Joseph Morel : *« Une pille à gros papier à plier et cartrons dans le moullin du Pont de Vieux Vy. »*

Que déduire de ces déclarations qui laissent supposer qu'il y aurait au moins six piles ? Quand bien même l'on déduirait celle de Jean Seigneur, qui n'est peut-être que virtuelle car il parle de l'emplacement d'une pile, il en resterait encore cinq en activité. Le moulin activé par la roue du haut que l'on pouvait supposer être le moulin à grain a-t-il été transformé en moulin à papier ? Quelques éléments de réponse seront apportés par les documents ultérieurs. Les déclarations de ces propriétaires nous confirment en tout cas que le moulin devait être très ancien, que le papier produit n'était qu'un papier grossier servant essentiellement à emballage, et enfin que pour chacun de ces propriétaires, cette production ne devait constituer qu'une ressource d'appoint, les revenus annuels déclarés allant de cinq à neuf livres avant paiement des rentes seigneuriales !

Il faut croire cependant que faire du papier, même grossier, est encore rentable puisqu'il y a acquéreurs. En 1767, Pierre Cleray vend à Julien Morel et Anne Guillois son épouse sa pile à papier et dépendances au Pont de Vieux-Vy pour la somme de 144 livres 4 sols [12]. La production continue, les propriétaires augmentant en nombre, probablement par successions. Ainsi, dans sa réponse de 1772 à l'enquête sur les moulins à papier, le subdélégué d'Antrain indique sept copropriétaires pour le moulin du Pont, qui sont Guillaume Morel, Joseph Morel, Julien Morel, Julien Gérard, Jean Seigneur, Anne Lochet et Guyonne Lizé. Notons que nous retrouvons de nouveau un membre de la famille Lizé dans la papeterie, peut-être issu des Lizé qui ont exploité le moulin à papier d'Orange aux XVe et XVIe siècles ; Guyonne Lizé est femme de François Lochet ; quant à Julien Gérard, il est marié à Perrine Ory, et il a probablement hérité de la pile de Pierre Ory. Cette réponse précise de plus que le moulin ne travaille que six mois de l'année, et qu'il produit uniquement du boite et du collé, ce qui est en accord avec les déclarations de 1753.

---

12. ADIV 2 C[38] 229, registre du centième denier, St-Aubin-du-Cormier, 15 janvier 1767.

Quelques années plus tard, un nouveau propriétaire, Jean Dodard, loue pour six ans sa pile à papier du moulin du Pont de Vieux-Vy à Clément Morel [13]. Il s'agit de la pile jouxtant celle de Joseph Morel avec son pourissoir et quatre perches de cordage ; le loyer annuel s'élève à 15 livres. Le même Clément Morel loue également la pile de Joseph Morel avec son pourissoir et quatre perches de cordage pour le même montant annuel de 15 livres [14]. Détail intéressant dans cet acte et qui ne figurait pas dans celui de la veille, il est précisé que la pile renferme trois maillets. Les propriétaires vont encore changer lors de la succession de feue Guyonne Lizé, veuve de François Lochet [15] ; sa pile à papier – et il est bien précisé qu'elle se trouve sur la roue du haut – avec le pourrissoir, droit de commune à la cuve et étendoirs, prisée de revenu 12 livres, échoit à Madeleine Morel, veuve communière de feu Christophe Lochet. La même année intervient le partage et division en huit lots de la succession de Joseph Morel et Jeanne Vallée [16]. La pile de Joseph, décrite comme pile du haut du moulin, avec tous ses ustensiles et droits communaux, prisée de revenu 7 livres, échoit à Joseph Morel fils. Enfin, toujours en 1780, Pierre Morel vend sa pile et dépendances à un autre Joseph Morel qui demeure à St-Aubin-du-Cormier pour la somme de 240 livres [17]. De ces observations, nous déduisons qu'en 1780 la roue du haut actionnait les piles de Joseph Morel fils, Madeleine Morel et Jean Dodard. Nous pouvons donc tenir pour acquis que le moulin possédait deux roues, et que celles-ci actionnaient des piles à papier dès le milieu du XVIIIe siècle.

Mais qu'en est-il alors du moulin à grain ? Manifestement il existe toujours sans que l'on puisse certifier qu'il fonctionne, car dans une déclaration de succession [18], *« Marie Le Bon Seigneur Comte de Chasseloir le Brandais capitaine au régiment de Roussillon Cavalerie, agissant pour dame Thérèse Félicité Guérin son épouse héritière de dame Louise Charlotte Guérin sa sœur épouse de messire Armand Tuffin marquis de la Royrie, déclare qu'il échoit à son épouse les deux tiers des biens nobles et moitié des biens en roture qui comprennent le moulin du Pont en Vieux Vy estimé en fond en valeur réelle trois mille trois cents livres* [donc probablement le moulin à grain qui est propriété seigneuriale], *et de plus un moulin à papier au passage de Vieux Vy doit deux rames de papier de compte qui se payent trente sols »*. Nouveau changement de propriétaire au moulin à papier : Anne Lochet, veuve de Michel Ory, vend sa pile à Noël Guingouin, marchand papetier à Brais pour 209 livres [19]. Jean Dodard fait de même

13. ADIV 4 E 10285, minute Julien Loysance, 12 juin 1779.

14. ADIV 4 E 10285, minute Julien Loysance, 13 juin 1779.

15. ADIV 4 E 6455, minute J.-A. Biguer, 26 et 30 juin 1780.

16. ADIV 4 E 6455, minute J.-A. Biguer, 16 et 23 décembre 1780.

17. ADIV 2 C38 237, registre du centième denier, St-Aubin-du-Cormier, 8 septembre 1780.

18. ADIV 2 C38 241, registre du centième denier, St-Aubin-du-Cormier, 15 décembre 1786.

19. ADIV 2 C38 242, registre du centième denier, St-Aubin-du-Cormier, 1er octobre 1788.

dix-huit mois plus tard pour la somme de 206 livres [20]. La famille Dodard va cependant continuer l'activité car Jean, fils de Jean, fabrique du papier au moulin du Pont avec son épouse Jeanne Herber jusqu'au début du XIXe siècle, tandis qu'à la même période, c'est Mathurin Houitte qui est meunier au moulin du Pont. Noël Guingouin fils, qui a épousé Anne-Marie Roussin, devient propriétaire du moulin à papier comme en attestent les matrices cadastrales de Vieux-Vy ; en 1827 il est déclaré simultanément papetier et meunier au Pont, le moulin à papier correspondant à la parcelle C 172 tandis que C 171 correspond à la cour du moulin (voir plan page 80). Le tableau indicatif des propriétés foncières de Vieux-Vy établi en 1829 indique clairement, pour la section C 1 d'Orange, l'existence d'un seul bâtiment (C 172) classé dans les papeteries et d'un seul moulin à grain (C 187) qui est le moulin d'Orange ; il est donc probable que le moulin du Pont ait toujours fonctionné avec une roue pour le papier, la seconde roue ayant pu changer d'affectation (parfois papier et parfois moulin à grain) comme cela était assez fréquent à cette époque. Le moulin est vendu en 1845 et marqué démoli ; apparemment remise en état, cette parcelle C 172 est marquée papeterie en 1862, mais le moulin à papier est de nouveau signalé détruit en 1863 ; devenu propriété de Joseph Beaulieu, meunier, il est transformé en moulin à farine en 1864. Ainsi, et contrairement à ce que pouvaient laisser supposer les ouvrages précédents, le moulin à papier du Pont de Vieux-Vy a fonctionné pendant plus d'un siècle et demi et relève donc des plus anciens moulins à papier de cette paroisse.

III.1.4. Moulin des Grands Moulins

L'activité de ce moulin à papier se confond pendant plus d'un siècle avec celle des membres de la branche de Jean-Louis Roussin sieur de la Croix. Là encore, nous rectifierons une erreur dans l'ouvrage de Kemener qui indique que *« cet établissement date vraisemblablement du début du XVIIe siècle »* et qu'en 1729 il ne débite que 100 rames par an. Ce moulin ne figure ni sur la liste du subdélégué d'Antrain, ni sur le récapitulatif de 1729. La raison en est simple : en 1729 il est en cours de construction et, comme le rapporte ce subdélégué à la fin de sa liste, *« on en fait encore un aux grands moulins proche Vieux Vy mais il n'est pas encore en état »*.

Jean-Louis Roussin, maître-papetier, a terminé son fermage du moulin d'Ardenne en 1725. De Tremblay, il passe à Vieux-Vy où nous le retrouvons propriétaire en 1733 et fermier des Grands Moulins en 1735. Le propriétaire du moulin est alors messire Pierre Lemarchand, recteur de Vieux-Vy, grand propriétaire foncier de la

20. ADIV 2 C38 243, registre du centième denier, St-Aubin-du-Cormier, 12 mars 1790.

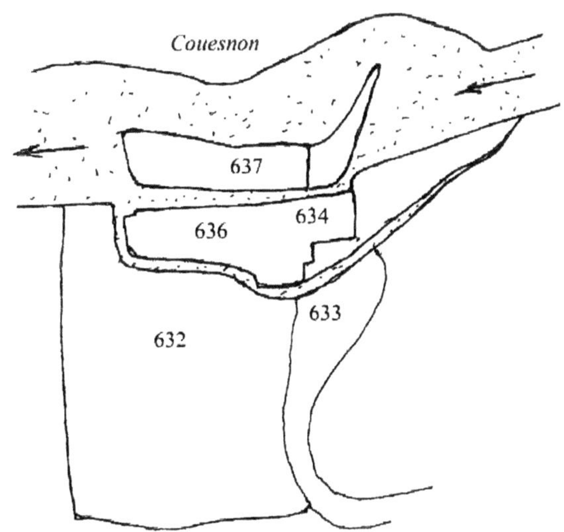

MOULIN DES GRANDS MOULINS

commune qui chaque année ne cesse d'acquérir des maisons, jardins et terres jusqu'à son décès. Dans le registre des impositions du dixième établi en 1735 pour Vieux-Vy [21], il apparaît comme l'un des propriétaires ayant le plus fort revenu, derrière monsieur de la Belinaye ! La déclaration de sa succession rend bien compte de l'étendue de ses biens : « *A volontairement comparu au greffe des insinuations laïques du bureau de Saint Aubin du Cormier maistre Pierre Joachim Fontainne sieur de la Porte mary et procureur de droit de demoiselle Catherine Poussin [...] a déclaré que de la succession collateralle de feu messire Pierre Le Marchand son oncle décédé à Vieux Vy le 21 avril 1743 il leur est échu scavoir la métairie de bourg, de Valains, du Bois neuf, les Grands moulins et le moulin du Pont Brart à papier scittuez à Vieux Vy relevant roturièrement des Seigneuries d'Orange et du Tiercent [...] estimés en principal au total la somme de quatorze mil livres.*[22] » Il est donc fort probable que ce soit lui qui ait fait bâtir le moulin à papier des Grands Moulins.

Le sieur de la Croix y fabrique son papier, en compagnie de son fils Pierre Roussin sieur du Val, qu'il a pris comme ouvrier ; et comme Pierre est sur le point de se marier avec Zacharie Portier, « *Jan Louis Roussin pour la bonne amitié qu'il porte aux futurs mariés [...] fait offre de les nourrir et loger pendant et si longtemps qu'il plaira aux futurs époux [...] et consent et veut aussy qu'à son décez lesdits futurs mariés continuent et finissent le bail dudit moulin à papier en cas qu'il ne soit parachevé et terminé*

21. ADIV C 1147, registre du dixième, Vieux-Vy, 1735.

22. ADIV 2 C[38] 209, registre du centième denier, St-Aubin-du-Cormier, 5 août 1743.

[...] et arrêté entre parties que ledit Pierre Roussin travaillera à la manière ordinaire chez lequel Jan Louis Roussin son père lequel payera à son dit fils les gages qu'il a accoutumé luy donner dans la profession et manœuvre de papier[23] ». Jean-Louis Roussin sent-il la mort venir ? Toujours est-il que l'on n'entend plus parler de lui après 1738. Son fils Pierre est passé à cette date maître-papetier au moulin de Guémain, probablement après avoir terminé le bail de son père comme convenu, ce qui nous conforte dans l'idée que Jean-Louis avait dû signer ce bail pour le démarrage du moulin en 1729-1730. Le nouveau preneur à partir de 1738 est Jean Corbé, maître-papetier, avec son épouse Marie Roussin, fille de Jean-Louis. Que se passe-t-il ensuite pour Jean Corbé ? Nous ne trouvons plus de papier de sa fabrication après 1745, date à laquelle Pierre Roussin du Val redevient le maître-papetier de Grands Moulins en compagnie de sa nouvelle épouse Marguerite Mahot. Ils sont toujours les fermiers en 1764 lors du nouveau changement de propriétaire[24] ; à cette date en effet, Louis Jean Baptiste Poussin de St Gravé *« faisant tant pour lui que pour les autres héritiers [...] déclare qu'il est échu de la succession de Louise Gillette Poussin demoiselle de la Vallerie leur tante [...] un moulin à papier nommé les grands moulins avec un petit pré [...] affermé verbalement à Pierre Roussin et Marguerite Mahot sa femme cent quatre vingt dix livres »*. Pierre Roussin et son épouse vont jusqu'à la fin de leur bail, puis ils prennent ensuite à ferme le moulin à papier d'Ardenne en Tremblay après le décès de Jeanne Levazeux veuve d'Alexandre Boulmer.

Nous retrouvons ensuite comme maître-papetier à Grands Moulins Jean Roussin, fils de Pierre, et son épouse Jacquine Louazance (Loizance). Ce couple était précédemment actif au moulin de Guémain. Un nouveau changement de propriétaire intervient en 1786 et la situation se complique. Le sieur Louis Jean Poussin de Saint Gravé étant décédé le 6 janvier, déclaration des biens échus de sa succession est faite par Julien Anne Marie Jouslain de Maretz, au nom de Jeanne Marie Blanchard veuve de L'Epinay Jouslain (sa mère) et des enfants du sieur Denis Joseph de Royer marié à Angélique Blanchard ; ces biens incluent le moulin à papier appelé Grands Moulins, circonstances et dépendances ainsi qu'en jouit Jean Roussin, estimé valoir en fond la somme de 5000 livres[25]. Procuration est faite par Jeanne Marie Blanchard pour que son fils acquitte les droits du centième denier (elle signe la blanchard veuve lepinay). Deux ans plus tard, Joseph Denis de Royer, sieur de la Heaulle, vend au sieur Roussin *« un moulin à fabriquer du papier nommé les grands moulins avec tous ses ustenciles »* pour le prix de 6000 livres de principal et 168 livres de vin ; le descriptif des lieux et terres attenantes est donné dans ce document. Jean Roussin paye immédiatement en argent sonnant 3168 livres, et les 3000 livres restantes

23. ADIV 4 E 6440, minute Julien de Mezandré, 30 mars 1735.

24. ADIV 2 C^{38} 228, registre du centième denier, St-Aubin-du-Cormier, 14 juin 1764.

25. ADIV 2 C^{38} 241, registre centième denier, St-Aubin-du-Cormier, 1er juillet 1786.

seront réglées par rente annuelle de 150 livres [26]. L'entrée en jouissance est prévue à la Saint-Michel, c'est-à-dire une semaine plus tard. L'acte est contrôlé au bureau d'Antrain le 6 octobre suivant, et renvoyé à insinuer au bureau d'où dépendent les héritages ; l'insinuation paraît dans le registre du centième denier d'Antrain le 10 décembre 1788.

Que se passe-t-il alors ? Annulation du contrat de vente ? Procédure entre héritiers Blanchard ? Quelques années plus tard, nous retrouvons en effet un bail à ferme consenti par la citoyenne Jeanne Marie Blanchard, veuve Jouslain (alors que de Royer était époux Angélique Blanchard), au bénéfice du citoyen Jean Roussin, du moulin à papier nommé vulgairement les Grands Moulins [27] ; le descriptif des biens correspond à ce qui figurait dans l'acte de vente précédent. Quelques détails sont cependant intéressants : alors que dans la plupart des baux, les fermiers étaient tenus d'entretenir à leurs frais tous les ustensiles nécessaires à la fabrication du papier à partir des piles, et que les propriétaires devaient prendre à leur charge l'entretien des immeubles, de l'arbre et de la roue du moulin, ici Roussin *« entretiendra les maisons et la charbonnière de couverture tant en paille qu'autrement, se fournissant matière à cet effet et les rendra à la fin du présent en bon état [...] fournira, fera placer et entretiendra à ses frais le marbre garni de ses tourillons et roue, les pilles, plataines, maillets garnis de leurs fers, auges, conduits, pompes, cuves et pistolets, chaudière, presses et généralement tous les ustencilles qui sont nécessaires tant à la batterie qu'à l'ouvreux et l'etendeux et autres endroits ; il aura soin de lever le portage à toutes les crues d'eau de manière qu'il n'en résulte aucun inconvénient à peine d'en répondre fors en temps de fortes glaces [...] il ne pourra non plus exiger de dédommagement à cause de déplacement de la demeure pour une poutre que la bailleure y fera placer et un plancher de carreaux qu'elle se propose d'y faire comme étant une plus grande commodité pour le preneur qu'un plancher en terre »*. Le montant annuel du loyer est de 350 francs plus la moitié de l'impôt foncier soit 33 francs, plus deux rames de papier dont une de pot et l'autre de batard en bonne qualité. Il est de plus convenu qu'il sera rapporté état et procès-verbal *« des agréments du susdit moulin à la fin des six années aux frais dudit Roussin »*. La Blanchard (comme elle signe encore) semble donc faire grand cas de son moulin à papier. Or le bail ne va pas à son terme puisque moins de dix-huit mois plus tard, cette même Jeanne Marie Blanchard, devant le même notaire, vend l'ensemble des biens des Grands Moulins à Jean Roussin pour la somme de 9000 francs [28]. Les termes de l'acte sont très proches de ceux de 1788, et aucune allusion n'est faite aux actes précédents ; tous les biens et héritages dénommés sont *« propre de la vendresse aux fins de ses titres y recours en cas de besoin »*.

26. ADIV 4 E 6641, minute J.-P. Faucheux, 22 septembre 1788.

27. ADIV 4 E 6649, minute J.-P. Faucheux, 24 floréal an IX.

28. ADIV 4 E 6650, minute J.-P. Faucheux, 17 vendémiaire an XI.

Après le décès de leur père, les enfants François et Jean Roussin assurent la production papetière, en compagnie d'autres papetiers (Greslé, Morin, Seigneur), car le moulin est d'importance. Lors de l'établissement du cadastre de Vieux-Vy en 1827, nous apprenons que François Roussin est toujours propriétaire, mais rentier au bourg. Le moulin, sis parcelle A 634 intitulé Grands Moulins papeterie (voir plan page 85) est cédé d'abord en 1845 à Pierre Baudry, puis en 1855 à Radigois Frères, papetiers à Nantes ; l'ancienne papeterie est démolie en 1861 puis reconstruite sous forme de papeterie mécanique en 1864. Il semble bien qu'une nouvelle mutation intervienne en 1876 suite à démolition.

Le moulin à papier n'a donc fonctionné sous forme traditionnelle guère plus d'un siècle. Nous n'avons retrouvé aucun document concernant son agencement intérieur ; cela tient probablement à deux éléments : d'une part le moulin est toujours resté exploité par les membres de la même famille qui donc connaissaient bien les lieux ; d'autre part, les propriétaires ne semblent pas avoir consenti de baux écrits (à l'exception de celui de l'an IX qui n'est pas allé à son terme). Il en résulte qu'il n'y a sans doute pas eu nécessité de faire, comme pour les autres moulins, procès-verbal et état des réparations avant entrée en jouissance. Le seul document sur lequel nous pouvons nous appuyer est la réponse du subdélégué d'Antrain de 1772, reprise dans le récapitulatif de 1776, à savoir qu'il y a une cuve et six piles. En 1772, il est indiqué que le fermier est Joseph Greslé et que la production est de 1800 rames les fortes années, quoique le moulin soit au moins deux mois sans travailler en hiver et autant en été ; en 1776, le fermier est Jean Roussin et la production est de 1000 rames ; Joseph Greslé a probablement assuré quelques années d'intérim entre le père Pierre Roussin et son fils Jean qui travaillait encore à Guémain à cette époque.

III.1.5. Moulin de Guémain

Le moulin de Guémain (parfois écrit Guemen) ne figure pas dans la réponse à l'enquête de 1729 ; il ne figure pas non plus sur le récapitulatif de 1734, et pourtant divers documents attestent qu'il fonctionne à cette date. Il y a de toute façon deux moulins à cet endroit, celui à papier et celui à foulon : les matrices cadastrales établissent que celui à papier correspond au n° B 498 tandis que celui à foulon est le n° B 501. Nous observons sur le plan qu'il s'agit en fait de deux corps de bâtiments jointifs. Un contrat d'apprentissage nous révèle que le maître-papetier exploitant est Michel Dupré et qu'il accepte de prendre en apprentissage Thomas Mardelé [29]. Nous n'avons pas d'indication quant au propriétaire du moulin, mais il

29. ADIV 4 E 6498, minute J.-M. Herbert, 23 novembre 1734.

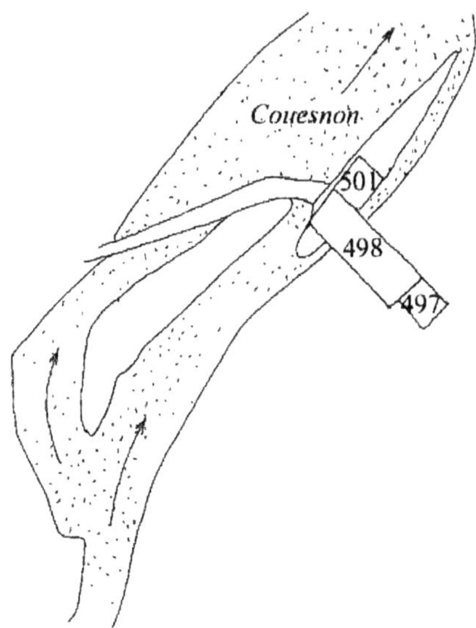

MOULINS DE GUEMAIN

est probable qu'il s'agisse de Julien Barbe, les enfants Barbe que nous retrouvons un peu plus tard comme copropriétaires ayant hérité de leur père Julien. La famille Barbe n'apparaît pas comme fabriquant du papier, sauf les femmes mariées à des papetiers ; les hommes sont plus fréquemment indiqués actifs dans les moulins à foulon, tels celui de la Hellandière en Tremblay, de Guémain et de Brais en Vieux-Vy. Il en résulte que le moulin à papier va être exploité soit par des fermiers, soit par les descendants des époux des filles Barbe, savoir les Morel puis Baudry et Thomas. Michel Dupré, qui était en 1726 compagnon papetier au moulin de la Galenais et en 1728 au moulin du Pont-Brard, est donc le fabricant en 1734 en compagnie de son épouse Françoise Chatel. Il n'y reste que le temps d'un bail, signé en 1732 avec Julien Barbe [30], puisqu'on le retrouve au moulin du Pont-Brard en 1741 où sa femme décède. Jeanne Barbe, propriétaire partielle du moulin, a épousé un maître-papetier, Charles Aubrée ; mais celui-ci a pris à ferme de Julien Barbe pour six ans le moulin à foulon [31], ce même Julien Barbe ayant consenti en 1737 un bail pour le moulin à papier à Pierre Roussin [32]. Ce dernier y reste actif jusqu'à son retour aux Grands Moulins vers 1745. Deux des copropriétaires du moulin de Guémain, Pierre et Anne Barbe, consentent alors un bail de six ans à Jean (François) Chastel (que nous écrirons par la suite Chatel), pour la somme de 86 livres [33].

30. ADIV 2 C^{38} 283, table des bailleurs, St-Aubin-du-Cormier, 15 juillet 1732.

31. ADIV 2 C^{38} 22, contrôle des actes des notaires, St-Aubin-du-Cormier, 1er mars 1736.

32. ADIV 2 C^{38} 283, table des bailleurs, St-Aubin-du-Cormier, 11 août 1737.

33. ADIV 2 C^{38} 48, contrôle des actes des notaires, St-Aubin-du-Cormier, 1747.

Il y fabrique son papier jusqu'à son décès en 1761, avec son épouse Renée Damy décédée quelques années avant lui. Mais ce papetier n'a pas été que fermier ; il a en effet acquis une pile de Jeanne Barbe l'épouse de Charles Aubrée [34] ; il exploite donc quatre piles : une comme propriétaire, trois comme fermier, celles de Anne Barbe, de Pierre Barbe et de Marguerite Morel veuve René Barbe [35]. La déclaration de Pierre Barbe est explicite à ce sujet : « *Possède comme héritier de Jullien Barbe mon père une quatrième partie dans un moulin à paptier nommé le moulin de Guemain consistant dans une petite aistre de maison nommé l'ouvreux avecq une pille à faire papier qu'il afferme avecq ses autres consorts à Jan Chastel papetier pour la somme de trante livres pour sa ditte quatrième partie [...] mais il doit sa portion d'une constitution faite par ledit feu Julien Barbe au profit de Michel Georget pour l'acquet dudit moulin quarante sols de rente et de plus pour les réparations quinze livres par an pour sa ditte portion en outre les rentes à Seigneur fouages et tailles royales.* » Le Julien Barbe acquéreur était-il celui qui était marié à Renée Roussin, parent des Georget et exploitant du moulin à foulon de la Hellandière ? C'est une possibilité, mais nous ne pouvons actuellement en apporter la preuve.

Après le décès de Jean Chatel, le moulin est repris à ferme par Jean (Louis) Roussin, fils de Pierre, et son épouse Jacquine Louazance, jusqu'à son retour aux Grands Moulins vers 1775-76. Suite aux décès de René puis de Anne Barbe, les propriétaires du moulin ont changé. Julienne Barbe et son époux Julien Morel ont acquis par licitation la pile de René Barbe [36]. Ils en sont les exploitants, Julien Morel étant papetier, jusqu'au décès de ce dernier en 1791. Il ne semble plus y avoir de fermier à cette date ; les enfants de Julien reprennent la succession, Jean Morel d'une part et Jeanne-Marie Morel qui épouse Pierre René Baudry. Mais Jean ne reste que peu à Guémain ; dès l'an VI, il achète le moulin de la Sourde en Chauvigné, et ce sont Pierre Baudry, époux de Jeanne Morel, rejoint par Henri Thomas, époux de Guyonne Morel qui font fonctionner le moulin. Ils sont ensuite secondés par Pierre Baudry fils et son épouse Marie Davoinne en 1824. Dans les matrices cadastrales de Vieux-Vy-sur-Couesnon, Henri Thomas est déclaré propriétaire du moulin à papier de Guémain (B 498) et Pierre Baudry du bâtiment attenant (B 497), tandis que Pierre Barbe est propriétaire du moulin à foulon (B 501). Une cession intervient en 1839 au bénéfice de Pierre Baudry, puis une autre en 1845 à Julien Barbier. Le moulin continue à faire du papier jusqu'en 1866, date à laquelle il est démoli et converti en moulin à farine.

Comme pour le moulin précédent, nous ne disposons pas de document permettant de mieux connaître l'agencement du moulin de Guémain. Le registre d'imposition du vingtième de 1753 ne nous indique clairement que quatre propriétaires de

34. ADIV 2 C[39] 108, registre du centième denier, St-Brice, 26 mai 1750.

35. ADIV C 4576, registre du vingtième, Vieux-Vy-sur-Couesnon, 7 avril 1753.

36. ADIV 2 C[38] 228, registre du centième denier, St-Aubin-du-Cormier, 14 janvier 1764.

piles à papier ; le récapitulatif de 1776 fait état de cinq piles et d'un seul propriétaire, Julien Morel. Il semble peu probable qu'une pile ait été ajoutée, car la production du moulin ne le justifiait pas ; en effet, si le récapitulatif de 1776 mentionne une production annuelle de 800 rames, la réponse préliminaire de 1772 du subdélégué d'Antrain reporte une production de 600 rames, mais surtout que ce moulin ne travaille que six mois de l'année. Le doute subsiste quant à l'existence de cette cinquième pile ; sans doute n'y avait-il que quatre piles à maillets ferrés plus la pile à affiner comptabilisée comme cinquième pile.

III.1.6. Moulin de Brais (Bray)

Il s'agit du moulin à papier situé sur le Couesnon, juste au débouché du confluent avec la Minette. C'est incontestablement un moulin complexe à plusieurs roues, et si l'activité papetière a, du plus loin que nous puissions remonter, toujours été présente, une partie semble avoir servi de moulin à blé et de moulin à fouler les draps selon les exploitants successifs. Il relève de la baronnie du Tiercent par l'intermédiaire de la seigneurie de la Sénéchaussière. Maupillé indique, sans que nous puissions déterminer l'époque précise à laquelle il fait référence, que dans le domaine proche, la terre du Tiercent renfermait *« le moulin de Bray et deux autres moulins, l'un à foulon et l'autre à papier »*[37]. Le premier document original dont nous disposons est l'insinuation d'un contrat d'acquêt [38] du 19 mai 1710, fait par Vincent Lochet d'avec Mathurin Morel et femme, touchant une fraction de moulin située au moulin à papier de Brais pour la somme de 120 livres. Cette vente déclenche immédiatement la réaction de deux personnages : messire Pierre Lemarchand, recteur de la paroisse de Vieux-Vy, créancier hypothécaire de Mathurin Morel, dépose opposition le 24 février 1711 ; maître Bonnabé Bertin, avocat en Parlement, fondé aux droits de Gilles de Ruellan, seigneur baron du Tiercent conseiller en Parlement de Bretagne, revendique la perception de ses droits seigneuriaux et casuels [39]. L'affaire est d'importance et remonte à 1629. Par un acte du 4 août de cette année, Jean Morel, fils de Christophe, et ses fils, sur l'hypothèque de tous leurs biens, ont passé un contrat de constitut au profit de Pierre Quitté, sieur de la Touche, de 62 livres 10 sous de rente pour la somme de 1000 livres. Or Pierre Quitté, bienfaiteur de son église, avait par testament de 1631 porté fondation de cette rente annuelle pour salaire de trois messes par semaine, au bénéfice du curé messire Jean Gérard, puis de ses successeurs dont messire Pierre Cherel et bien sûr messire Pierre Lemarchand, l'actuel recteur.

37. Bull. Soc. Arch. Ille-et-Vilaine, 1879, XIII, p. 221-318.

38. ADIV 2 C[38] 252, registre du centième denier, Vieux-Vy-sur-Couesnon, 15 juillet 1710.

39. ADIV 4B, Vieux-Vy-sur-Couesnon, liasse 1, 2 novembre 1712.

En 1675, Julien, Charles et Mathurin Morel, héritiers de leur oncle Julien, opèrent la cession à Pierre Lochet et à Guillaume Morel d'une « *quantité de moulin à papier de Bras consistant en une pille proche la roue dudit moulin du costé vers le moulin à bled et d'une moitié d'autre pille au proche avec droit de tous merrains cuve presse chaudière etage duquel moulin à papier suivant l'uzage ordinaire à charge aux acquéreurs de payer et continuer à l'avenir la rente constituée* ». Avant d'aller plus loin dans la procédure, nous en concluons déjà l'existence des deux moulins à papier et à blé, et nous pouvons émettre l'hypothèse que si les Morel avaient eu besoin de cette importante somme de 1000 livres dès 1629, c'était peut-être avec l'objectif d'acquérir partie du moulin à papier.

Si la logique veut que messire Pierre Lemarchand récupère la rente pour son église de Vieux-Vy, le problème est que, selon l'avocat Bertin, la cession était une vente déguisée, non déclarée comme telle, et donc que les droits casuels n'avaient pas été payés au seigneur par les Morel ! En bon avocat, il écrit : « *Personne ne peut contester que le contrat de 1675 de la mesme portion de moulin a fait muttation absolue et ouverture au fief quoique le terme de vendre ne s'y trouve pas, car on doit plutôt regarder ce qui se fait que les termes simullés dont on se sert en fraude d'une seigneurie.* » Il se déclare donc prioritaire dans la récupération des droits. Ce qui est intéressant pour la connaissance du moulin, c'est la base sur laquelle il veut établir ces derniers. En effet, la vente d'une pile en 1710 à Vincent Lochet est effectuée sur la base de 120 livres ; or selon l'avocat, la pile coûtait beaucoup plus cher en 1675. Il poursuit ainsi : « *Morel ou le sieur recteur de Vieux-Vy qui ont interest de ménager le prix du contract opposé voudront dire que la pille entière n'est vendue qu'à six vingt livres [...] et que par consequent la pille et demye ne valloient que cent quatre vingt livres, mais inutilement car il n'y a aucun rapport entre l'existence actuelle des choses vendues et l'état auxquelles elles etoient lors du contract [...] en 1675 les moulins à papier etoient d'une grande considération, la pille du moulin à papier est aujourd'hui en indigence de réparation [...] et il ne faut pas seulement considérer la pille et demye, mais ce qui est le tiers d'un beau et grand moulin qui alors avec ses grands logements valloit plus de trois mille livres.* » L'avocat réclame donc en priorité sur tous autres créanciers la somme de 71 livres 17 sols 6 deniers et interêts et dépens. Le dossier cité en référence ne comprend malheureusement pas la décision de justice.

Il n'en reste pas moins que si l'avocat considère qu'une pile et demie est le tiers du moulin, avec le souci d'exagération qui peut le caractériser, nous pouvons en conclure qu'à cette époque, le moulin possédait non pas quatre piles et demie, mais certainement quatre piles à maillets plus la pile à affleurer. Les héritiers Morel et Lochet continuent leur activité au moulin, Guillaume Morel et son épouse Guillemette Morel ayant racheté la portion de pile qui appartenait à Jean et François Morel, c'est-à-dire une fraction « *dans une pille au moulin à papier de Brais sittuée sur la roux du hault du costé de la pille à affiner* [40] ». Nous ne connaissons pas les autres propriétaires à cette date puisque le subdélégué d'Antrain ne les mentionne pas, mais nous savons seulement que la production du moulin est faible puisque de l'ordre de 200 rames de papier par an. Nous voyons progressivement apparaître un nouveau papetier, Julien Guingouin qui déclare *« être propriétaire dans les vieux moullins à papier de Bras une faillye pille à faire papier dont il la fait valloir quelquefois en indigence de toutes réparations qu'il estime luy produire de revenu annuel la somme de sept livres n'étant propre qu'à faire du papier plier et autres semblable mauvais*[41]*»*. De la même façon, et dans le même document, Julien Lochet déclare *« posséder et jouir d'une mauvaise pille à faire papier à plier et cartron seullement dans le vieux moullin à papier de Bras [...] de revenu annuel neuf livres attendu les réparations urgentes de la pille à papier »*. Roue du haut ? Le vieux moulin ? Les vieux moulins ? Dans les années 1750, les deux moulins de Brais fabriquaient-ils du papier ? La réponse nous vient d'une transaction entre les exploitants de ces deux moulins [42]. La production était impérativement dépendante du débit de l'eau des rivières qui les alimentaient, et nous avons vu que certains d'entre eux chômaient en hiver et en été. L'acte cité consigne la réglementation pour l'utilisation de l'eau du Couesnon entre, d'une part, Pierre Barbe afféagiste d'avec le marquis du Tiercent du moulin à fouler de Brais et, d'autre part, François Lochet fils Pierre, autre François Lochet fils Jean, Gilles Morel, Jean Lochet, Julien Guingouin, Charles Fougerai, Julien Lochet, et Pierre Morel, tous afféagistes du moulin à papier de Brais. Il y a donc huit exploitants de ce moulin à papier qui doivent être propriétaires (ou copropriétaires) de piles. L'acte précise *« que dans les temps de sécheresse et lorsque les deux moulins ne pourront pas avoir ensemble leurs opperations, l'eau sera partagée de la manière qui suit, scavoir le moullin à fouller dudit Barbe ou représentants proffitera seul de l'eau les lundy, mardy et mercredy de chasque semainne sans que les autres parties puissent en aucunes façon en proffiter ny lever leur bonde et les autres parties afféagistes dudit moulin à papier proffitteront egallement et à leur tour de toutte l'eau de la mesme façon que devant les jeudy, vendredy et samedy, et à l'égard du dimanche, l'eau appartiendra une semainne audit Barbe, et la semaine suivante aux autres parties »*.

Les propriétaires de piles se succèdent. Charles Fougeré (Fougerai) vend sa pile à Christophe Fougerai en 1760 pour la somme de 367 livres [43]. Julien Guingouin loue sa pile du grand moulin de Brais sur la roue d'en bas à son fils Noël, car il n'est plus personnellement en état de l'exploiter [44]. François Lochet vend à Noël Guingouin le moulin à papier de Brais pour la somme de 533 livres [45] ; vu le montant, il ne peut

40. ADIV 2 C30 253, registre du centième denier, Vieux-Vy-sur-Couesnon, 22 octobre 1717.

41. ADIV C 4576, registre du vingtième, Vieux-Vy-sur-Couesnon, 12 avril 1753.

42. ADIV 4 E 6502, minute H. Goron, 22 janvier 1753.

43. ADIV 2 C38 230, registre du centième denier, St-Aubin-du-Cormier, 6 mai 1766.

44. ADIV 4 E 6576, minute J. Jugan, 12 novembre 1772.

45. ADIV 2 C38 233, registre du centième denier, St-Aubin-du-Cormier, 1er octobre 1772.

s'agir au mieux que de deux piles ; s'agit-il de ce qui peut être appelé moulin sur la roue du haut ? L'ambiguïté reste présente. La liste établie en 1772 indique pour le moulin de Brais deux cuves, et les propriétaires qui sont Noël Guingouin, Denis Morel, Christophe Lochet, Christophe Fougerai, Anne Lochet, plus Pierre Pilou et Pierre Morel, locataires de chacun une pile ; la production annoncée est 800 rames. Le récapitulatif de 1776 fait état de deux roues, deux cuves et huit piles, avec une production de 3000 rames ! À noter, cette différence surprenante dans l'estimation de la production. Quelques années plus tard, François Lochet (sans doute le second François) décède, et c'est à Madeleine Lochet qu'échoit sa pile [46]. La même année a lieu le partage de la succession de Gilles Morel qui possédait une pile à Brais [47] (en plus de celles du Pont-Brard) ; cette pile est coupée en deux, et comme elle comprend trois maillets, il faut un descriptif précis : dans le quatrième lot *« les deux tiers de la pille de la roue du hault du moulin de Brais au costé du nort qui est deux maillets ceux proches laditte roue avec ses droits et charges anciens et accoutumé pour ce qui est des deux tiers ; à charge d'entretenir le petit lambris proche la roue, prisé de revenu la somme de onze livres »*, lot choisi par Gilles Morel ; dans le sixième lot *« le tiers de la pille de roue du hault [...] consistant dans un maillet proche ceux employés au quatrième lot avec ses droits [...] pour ce qui est du tiers tant pour les étendeurs que dans les quaisses à l'ouvrage egalement que dans les pourisseux pour les chiffes, prisé de revenu trois livres dix sols »*, lot qui échoit à Marie Morel.

Quand on en arrive à découper un moulin et ses piles en une multitude de propriétaires, comment imaginer que l'on puisse aisément assurer l'entretien global du moulin, chaussée et autres parties communes, malgré les engagements pris devant notaire à chaque partage ? Surtout si des querelles interviennent entre les copropriétaires qui entraînent des plaintes et coûtent très cher en comparaison du revenu d'une pile. C'est ainsi que Noël Guingouin et Julien Damy déposent plainte *« pour injures et maltraitements reçus au moulin de Brais »* par Christophe et Charles Fougerai frères (ces Fougerai sont enfants de Perrine Morel). La plainte ne traîne pas et quelques jours plus tard il est reconnu que *« c'est à tort que ces derniers injurièrent et maltraitèrent lesdits Guingouin et Damy au moulin de Brais, qu'ils s'en repentent et renoncent à leur mal faire ny médire à l'avenir [...] s'obligent de payer tous les frais de laditte instance criminelle qui se sont trouvés monter à la somme de cent soixante deux livres un sol trois deniers compris ceux du procès verbal de maltraitance et celle de trente livres pour traitement de médicaments dus au sieur Hubert chirurgien traitant et de plus la somme de quinze livres en nature qui sera comptée au sieur curé de la paroisse de Vieux Vy pour être par luy distribuée aux pauvres de laditte paroisse [48] »*. Plus de deux cents

46. ADIV 4 E 6455, minute J.-A. Biguer, 17 et 23 juin 1780.

47. ADIV 4 E 6455, minute J.-A. Biguer, 19 et 22 décembre 1780.

48. ADIV 4 E 10339, minute Louis Serisier, 24 décembre 1786.

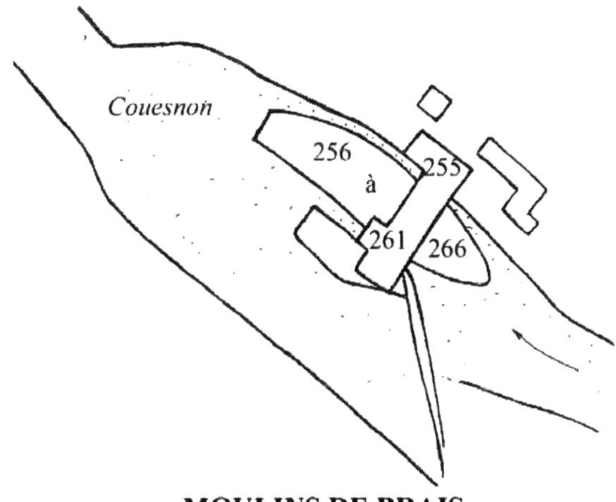

MOULINS DE BRAIS

livres à débourser quand une pile est de rapport annuel environ dix livres, voilà qui ne doit pas faciliter les relations de copropriété.

Julien Guingouin décède (1788) et c'est son fils Pierre qui hérite de *« la pille à papier du milieu de dessous la roue d'en bas qui est celle de dehors avec quatre pieds trois pouces dans l'étage ordinaire en commun et indivis avec les autres pilles du moulin [...] le fond de laditte pille avec ses ustancilles et droit de communauté estimé de revenu annuel douze livres* [49]». La même année, Marie Morel vend sa pile à Gilles Morel pour 136 livres 40 sous [50] et un peu plus tard, c'est Noël Guingouin qui vend la sienne à Julien Damy [51]. L'activité papetière des Morel, Fougeray, Damy se poursuit jusqu'au début du XIXᵉ siècle, mais on voit apparaître aussi de nouveaux copropriétaires. L'état des sections de Vieux-Vy établi en 1827 recense deux moulins à papier de Brais, mais plus de moulin à foulon (voir plan). Les matrices cadastrales reportent que le premier moulin à papier, référencé B 261, a été acquis par François Briand, papetier en 1831, revendu à la veuve Hue (Hus) fabricante de papier à Beliard en 1833, puis cédé à Louis Bossard marchand à Rennes, apparemment en 1849. Il aurait été démoli en 1855 et une nouvelle construction aurait eu lieu en 1862 suite à l'acquisition par Julien Barbe. Le second moulin à papier référencé B 255 est propriété de Gilles Morel et consorts ; les mêmes matrices indiquent une vente en 1838 par parties. Les différents propriétaires relevés sont :

- Gilles Morel 1/8 du moulin, revendu en 1877 à Jean Duhil, toujours indiqué papeterie (mais n'est-ce pas une appellation générique qui n'a peut-être plus de rapport avec l'activité de fabrication ?),

49. ADIV 4 E 6592, minute J. Jugan, 9-21 mai 1788.

50. ADIV 2 C[38] 242, registre du centième denier, St-Aubin-du-Cormier, 25 décembre 1788.

51. ADIV 2 C[38] 243, registre du centième denier, St-Aubin-du-Cormier, 1ᵉʳ mars 1790.

- Guillaume Denis 1/8 du moulin, cédé en 1845 à Armand Beshand papetier,
- Julien Damy 1/8 du moulin,
- Michel Fougerai 1/8 du moulin, mutation en 1845 et vente en 1850 à Guy Seigneur ; démolition en 1864,
- Charles Fougerai 2/8 du moulin, cédé en 1841 à Michel Guilloux,
- Gilles Battais 1/8 du moulin en 1838 ; démoli en 1867,
- Jean Morel 2/8 du moulin,
- Gilles Morel fils 1/8 acquis en 1840.

La totalité fait 10/8 de moulin, mais nous n'avons pas pu établir en toute certitude qui était vendeur et qui était acheteur, et les noms ci-dessus correspondent à une partie des propriétaires successifs. La multiplicité des parcelles (jardins) qui constituent l'ilôt (B 256 à B 266) traduit bien le nombre important des copropriétaires. Nous pouvons conclure cette étude sur le moulin à papier de Brais en relevant qu'il a fonctionné pendant plus de deux siècles, essentiellement entre les mains de la famille Morel et de papetiers apparentés par mariages.

III.1.7. Moulin du Gué-Morin

Ce moulin n'a été répertorié dans aucune des enquêtes citées ; très certainement son activité a dû cesser à la fin du XVIIe siècle. La première preuve de son existence que nous ayons relevée se trouve dans un aveu présenté en 1679, pour la réformation du domaine du Roi, par Eusèbe de Porcon, *« recteur de la paroisse de Saint André près Rouan, et y demeurant, province de Normandye »*[52]. Trois ans plus tard, c'est Renault de Porcon, sieur de la Harcherye, de Brais, etc., qui, dans un nouvel aveu au roi, détaille un peu plus : *« Tient et appartient au dit sieur de la Harcherye, dans le mesme fief, un moulin à grain nommé le Gué Morin sur la dite rivière de Couasnon, avecq droit de chaussée, pescherye, refoul et denay diceluy, et au joignant un moulin à papier appartenant à Charles de la Seille, sieur de la Seardais et consorts qui le tiennent en juvergnerie d'aisné dudit sieur de la Harcherie ; les dites choses situées en la paroisse de Vieuvy.*[53]*»* À la fin du XVIIe siècle, les moulins du Gué-Morin appartiennent au fief de Brais, et sont donc situés en aval des moulins de Brais qui relèvent de la Sénéchaussière, comme en témoigne l'aveu de Gilles de Ruellan de 1678. Nous ne possédons aucun détail sur l'implantation du moulin à papier qui ne figure plus au cadastre ; seul le moulin à grain est encore référencé (B 33) avec Julien Ferré, meunier propriétaire.

---

52. *Mémoires et Conclusions pour la commune de Vieux-Vy*, 1869, pièce justificative n° 7.

53. *Ibidem*, pièce justificative n° 8.

III.1.8. Moulin du Pont-Brard

Ce moulin est situé sur la rivière Minette, peu avant son confluent avec le Couesnon. Il relève comme le précédent de la Baronnie du Tiercent. Au début du XVIIIe siècle, son propriétaire est messire Pierre Lemarchand recteur de la paroisse de Vieux-Vy, et un premier acte nous apprend qu'il a cédé la jouissance d'une pile à papier à Vincent Guespin et femme [54]. Est-ce la fin de la ferme de Guespin ? En 1728, c'est Michel Dupré qui est le papetier actif avant de rejoindre en 1732 le moulin de Guémain. C'est donc l'activité de Michel Dupré que le subdélégué d'Antrain indique en 1729 en parlant d'une production de 140 rames. Dans les années suivantes, le fermier est René Farcy, maître-papetier, en compagnie de son épouse Julienne Prioul, tandis que Jean-François Chatel y est compagnon avant de partir à son tour au moulin de Guémain. Mais manifestement, soit le bailleur (Pierre Lemarchand), soit les fermiers souhaitent changer, car nous retrouvons de nouveau Michel Dupré dans ce moulin à papier en 1741.

Le décès en 1743 du recteur de Vieux-Vy fait changer les choses car un de ses héritiers, Pierre-Paul Lemarchand, sieur de la Vallerie, vend le moulin à papier du Pont-Brard à Gilles Morel, acquéreur pour la somme de 1650 livres de principal [55], ce Gilles qui est en même temps afféagiste d'une partie du moulin de Brais. Et c'est le début d'une longue période d'activité Morel dans ce moulin, Gilles fils succédant à Gilles père. Dans le récapitulatif de 1776, le père est toujours seul propriétaire, mais il est vrai que si le moulin possède quatre piles et une cuve, il ne travaille que six mois de l'année (la Minette est une rivière qui a un faible débit en été et qui présente par contre des crues violentes en hiver) pour une production de 300 à 350 rames. La succession de Gilles Morel père nous fournit quelques détails sur le moulin [56]. Il n'y a en fait que trois piles à maillets et une pile à affleurer, et cette observation nous laisse à penser que dans les déclarations effectuées à la suite des enquêtes et dans les récapitulatifs, il y a eu parfois certaines confusions sur le nombre des piles ; en effet dans les partages, ce sont les piles à maillets servant au défibrage qui sont redistribuées, celle à affleurer restant à l'usage commun. Il y a donc ici trois piles qui, contrairement au moulin de Brais, contiennent chacune quatre maillets ; cela rend le partage plus simple puisque les enfants, par la voix de Vincent l'aîné, choisissent le premier lot qui comprend *« la pile de roue avec la moitié de la pile du milieu consistant en deux maillets les plus proches de la pile ci-dessus »*, tandis que reste à la veuve, Françoise Greslé, la pile proche celle à affleurer avec la moitié de la pile du milieu ; pour chacune des parties « *droit de communauté à la pile à affleurer et*

54. ADIV 2 C38 11, contrôle des actes des notaires, St-Aubin du Cormier, 23 octobre 1727.

55. ADIV 2 C13 19, contrôle des actes des notaires, Feins, 16 décembre 1743.

56. ADIV 4 E 6455, minutes J.-A. Biguer du 13 au 22 décembre 1780.

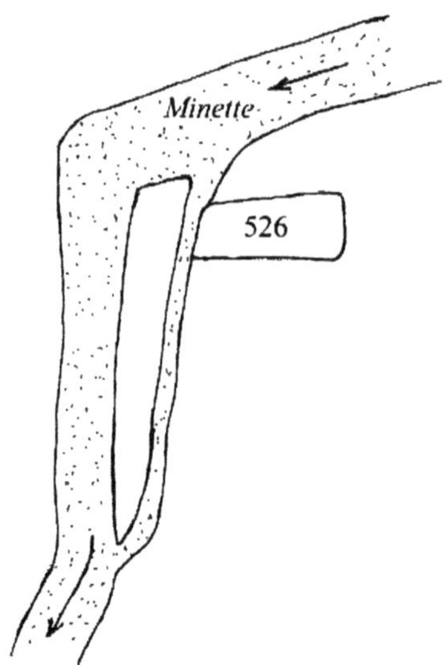

MOULIN DU PONT-BRARD

généralement à tous droits et facultés du moulin comme à la cuve, la presse et autres choses ». En outre, les réparations des murs, chaussée, portages, planchers et bondes, également que la charpente, l'arbre, roue, piles, cuves et presses seront rétablies en commun. Le problème, c'est que les enfants Morel sont nombreux, et la pile et demie qui leur échoit doit faire l'objet d'un nouveau partage ; elle est donc divisée en trois fois deux maillets ; les deux premiers maillets proches de la roue (située vers le midi) sont pris par Jean Morel, les deux autres maillets de la même pile pris par Madeleine Morel, et les deux maillets de la pile du milieu choisis par Joseph Morel. Le moulin fonctionne ainsi avec la veuve et trois des enfants, mais au décès de Françoise Greslé, ce sont ses propres enfants qui héritent de la pile et demie correspondante [57], à savoir pour Jean Morel deux maillets dans la pile proche celle à affleurer, ceux proches de la pile du milieu, plus les deux maillets de la pile du milieu, et pour Marie Morel les deux derniers maillets de la pile proche la pile à affleurer. Bien entendu, dans cet acte de partage figurent également les pourrissoir, étendeurs, immeubles et terres de la succession, mais il nous semble inutile d'en relater ici les détails. Marie Morel ne va pas garder longtemps son bien puisqu'elle revend non seulement sa demi-pile, mais aussi les biens immobiliers, à son frère Joseph [58] qui l'exploite quelques années jusqu'à son décès en l'an XII.

57. ADIV 4 E 6641, minute J.-P. Faucheux, 2 et 8 octobre 1786.

58. ADIV 4 E 6625, minute P. Hodouin fils, 3 juillet 1792.

À partir des années 1800-1805, ce sont les enfants de Jean Morel, Joseph et Vincent, qui ont acquis le moulin en indivis et qui le font rouler. Joseph décède en 1817 ; Vincent continue l'activité jusqu'à son décès fin 1826 - début 1827. Le règne Morel s'arrête à cette date, car les matrices cadastrales de Vieux-Vy nous apprennent que le propriétaire du moulin à papier du Pont-Brard, cadastré B 526 (maison et moulin dans le même bâtiment), est Pierre Baudry le père, puis ensuite Pierre Baudry fils qui l'aurait acquis en 1843 (peut-être restructuré car marqué moulin à papier neuf, avec une augmentation de l'impôt foncier), la dernière cession intervenant en 1882, mais sans que l'on puisse préciser ici l'acquéreur ni le devenir du moulin.

III.1.9. Moulin du Chemin ou de la Bedouandière

Ce moulin, écrit sous le nom de Bedhaudière dans le récapitulatif de 1776, mais appelé moulin du Chemin dans l'état de 1772, paraissait jusqu'à présent un peu mystérieux. Il était décrit comme relevant de Sens, possédant une roue, deux cuves et quatre piles à maillets, avec une production de 1000 rames par an (en 1776), alors que l'état de 1772 indique que *« Mathurin Toutan en fait valoir un tiers, le surplus est abandonné, et il ne travaille que trois ou quatre mois par an »*, ce qui paraît incompatible avec la production annoncée plus haut. Concernant sa localisation, le dernier document à ce sujet dû à Kemener ne peut la préciser, l'auteur indiquant seulement que ce lieu-dit (Bedhaudière) n'existe même pas sur le vieux cadastre communal. Or, si l'on se réfère au procès-verbal du 25 janvier 1827 fixant les limites de la commune de Vieux-Vy avec celle de Sens, on y relève que cette limite *« est formée 1° par la grande route de Rennes à Antrain vers cette dernière ville, jusqu'au Pont du Gué Morel où flüe le ruisseau des vallées de Ribote, 2° par le ruisseau des vallées de Ribote en le descendant jusqu'à sa jonction avec celui des vallées d'Hervé, ce qui a lieu à environ 90 mètres au dessous du Pont Gomery, 3° par le ruisseau des vallées d'Hervé jusqu'à sa*

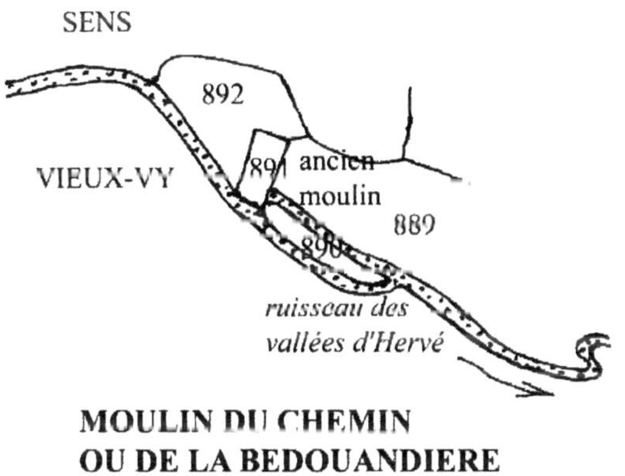

**MOULIN DU CHEMIN
OU DE LA BEDOUANDIERE**

jonction avec la rivière de Couesnon ». Si l'on suit dès lors cette limite sur le cadastre de Sens-de-Bretagne, section A4 de la Porte, nous retrouvons non seulement le village du Chemin, mais également la parcelle 891 référencée Ancien moulin du Chemin (voir plan page précédente). Quant à Bedhaudière, qui est sans doute une mauvaise transcription de Bedouandière, ce nom est également retrouvé en Sens, à quelque distance du moulin du Chemin, sous le numéro 542, dans un acte de succession de l'an XIII : « *Une pièce de terre nommée la Bedouandière avec le port à l'occident [...] joint d'orient Julien Houitte, du midy le sieur Louis Piette, d'occident ledit port de servitude pour le pièce dudit Piette, et du nord ledit Houitte.*[59] » Coïncidence où non, il s'agit de la succession de Jeanne-Marie Blanchard, en son vivant veuve de François Guillaume Jouslain de Lepinay, celle-là même qui en l'an XI vend les Grands Moulins de Vieux-Vy à Roussin ! Le moulin à papier est donc bâti sur la commune de Sens, avec roue sur le ruisseau des vallées d'Hervé, mais ses exploitants demeurent en Vieux-Vy.

Le moulin n'est pas mentionné dans l'état de 1729. Il est pourtant probable qu'il fonctionne déjà. En effet, dans le registre du dixième établi en 1735 pour Vieux-Vy que nous avons déjà mentionné à propos du recteur de la paroisse, il apparaît que Pierre Toutan (parfois écrit Toutemps) émarge pour dix livres ; or ce Pierre Toutan est propriétaire partiel du moulin. Il déclare en effet quelques années plus tard *« posséder en laditte paroisse [...] deux mauvaises pilles à faire du gros papier à plier et cartron seullement sittuée dans le moullin à paptier du Chemin sur le cours d'un ruisseau qui ne peut travailler que viron la moittié de chasque année*[60]». Il y a donc d'autres copropriétaires. Ceux-ci sont à rechercher dans la famille Lochet, alliée à Pierre Toutan qui a épousé en 1717 Jacquette Lochet. De fait, dans le même registre du vingtième de Vieux-Vy, nous relevons la déclaration de François Lochet qui déclare possèder ses biens au Bourguel (village proche du moulin du Chemin) et une vieille pile à faire du papier à plier, et celle de Jean Lochet : *« Je possède la moitié d'un moulin à papier [...] cités sur un petit russo qui ne vat a tout le plus anviron six mois par an qui ne ser qua fairre du cartron et du gro papier.* » Il signe jan lochet charris, et bien qu'il ne précise pas le nom du moulin, le descriptif qu'il en fait désigne clairement celui du Chemin. Quant à François, il a acquis sa *« pille de moulin à papier sittuée en Vieux Vy relevant en roture de Sens »* du précédent propriétaire Pierre Lonfier pour la somme de quatre-vingt livres[61]. Ce Pierre Lonfier était-il apparenté à Ambroise Longfief (autre orthographe possible) qui était l'un des exploitants du moulin à papier du Pont de Vieux-Vy en 1725 ? Nous serions tentés d'opérer le rapprochement, mais sans argument décisif puisque nous n'avons pas effectué de recherches sur cette famille.

---

59. ADIV 4 E 6652, minute J.-P. Faucheux, 21 nivôse an XIII.

60. ADIV C 4576, registre du vingtième, Vieux-Vy, 8 avril 1753.

61. ADIV 2 C38 207, registre du centième denier, St-Aubin-du-Cormier, 7 décembre 1741.

Après les décès de François Lochet et Angélique Crespin sa femme, intervient le partage de leurs biens entre les héritiers [62]. Ce François Lochet dit Harcherie, propriétaire d'une pile, était le fils de Jean Lochet (qui en 1753 signait Charris) ; il s'était marié le 13 janvier 1767 avec Angélique Crespin, originaire de Romazy. Des cinq lots constitués, le premier comprend une maison et terres au Bourguel plus, sur la commune de Sens, *« la quatrième partie du moulin à papier de la Bédouandière ou du Chemin avec le droit d'avoir le foin de la cour dudit moulin de moitié avec François Le Bel ; prisé de revenu un franc »*. Lors du choix, ce premier lot est pris par Anne Lochet ; un second lot, sans partie de moulin, est choisi par Marguerite Lochet et Armel Toutan son mari qui demeurent à la Monnerais en la commune de Sens ; les autres lots sont pris par les héritiers Lochet qui demeurent tous à Romazy. Nous n'avons pas retrouvé d'autre élément concernant le moulin du Chemin, dont l'activité a dû cesser à la fin du XVIIIe ou au tout début du XIXe siècle, puisque le tableau indicatif des propriétés foncières de Sens établi en 1828 indique que si les héritiers de Pierre Toutan sont propriétaires, le moulin lui-même est qualifié de masure.

III.2. Moulins de Chauvigné et de Saint-Christophe-de-Valains

L'étude de ces moulins revêt une difficulté particulière ; à cela trois raisons principales : 1. ils ont été oubliés par le subdélégué d'Antrain dans sa réponse à l'enquête de 1771, et ils n'apparaissent donc pas dans le récapitulatif de 1776 ; certes Bourde de la Rogerie a corrigé cette omission dans son document de 1911, mais il n'a fait que reprendre les noms qui étaient cités dans l'enquête de 1729 sans apporter la moindre information complémentaire ; 2. nous avons identifié 7 moulins à papier sur une distance d'environ 250 m le long de la rivière Minette, à proximité d'un lieu-dit appelé la Sourde (voir plan page 103), raison pour laquelle les principaux documents d'état civil et de notaires font référence à ce nom générique en citant les moulins *« à la Sourde »* ou *« sous la Sourde »*, voire parfois sans aucun autre nom que celui de la paroisse, voire même en mentionnant uniquement celui de la Seigneurie dont ils relèvent ; 3. la collection des registres paroissiaux concernant St-Christophe-de-Valains est extrêmement clairsemée avec plusieurs dizaines d'années manquantes en fin XVIIe et début XVIIIe siècles, et les minutes de nombreux notaires ayant exercé en ce lieu sont actuellement introuvables. Nous pouvons cependant dissocier ce qui relève de Chauvigné de ce qui appartient à St Christophe, et nous analyserons successivement l'évolution des moulins à papier de ces deux paroisses. Étant très proches les uns des autres, nous avons indiqué leur implantation respective sur le même plan, en tenant compte des éléments fournis par les deux cadastres.

62. ADIV 4 E 6647, minute J.-P. Faucheux, 3 au 5 frimaire an VII.

III.2.1. Moulin de la Sourde en Chauvigné (Brimblin 1)

Il n'existe au XVIIIe siècle qu'un seul moulin à papier en la paroisse de St-Georges-de-Chauvigné, sur la rive droite de la Minette, celui appelé Brimblin (Brinblain, Brinblin) ou la Sourde en Chauvigné, pour le distinguer des moulins de la Sourde en St-Christophe. Il s'agit du seul moulin à papier seigneurial en ce lieu, qui a donc fonctionné avec des papetiers professionnels sous forme de contrats de ferme. Le premier document explicite est un bail consenti par Louis Leroy, seigneur de Brinblain, propriétaire du moulin à papier, à Denis Chatel et Julienne Houitte sa femme, qui demeurent alors au village de la Hommays en Saint-Ouen-la-Rouerie. Ce bail est de 6 ans, et bien que signé en mai, il ne commencera qu'à la Saint-Michel, c'est-à-dire environ quatre mois plus tard. La raison en est simple : le moulin est ancien et nécessite d'importantes réparations à l'occasion du changement de fermier (l'acte ne cite malheureusement pas le fermier sortant). Ainsi *« s'oblige ledit sieur Le Roy bailleur faire mettre ledit moullin à papier de Brinblain en bonne et suffisante réparation de touttes ustancilles ordinaires et necessaires pour faire travailler ledit moullin à papier à l'usage et qualité des autres moullins à papier de ce pays icy*[63] *»* ; ce moulin existait donc, mais rien ne prouve qu'il était jusqu'à cette date affecté à la fabrication du papier car *« le sieur bailleur fera faire par les charpentiers de sur les lieux tels qu'il souhaittera les jambes de presses les cuves la roue et autres ustancilles qu'ils pourront bien faire, mais à l'egard du battans duquel moullin ledit Chatel s'oblige aller chercher et faire venir les charpentiers de normendye qui travaillent d'ordinaire auxdis moullins a papier »*. Manifestement il s'agit d'une transformation, et c'est le propriétaire bailleur qui paiera tous les frais y compris les journées et nourriture des ouvriers pendant tout le temps qu'ils passeront aux travaux. Elément important : alors que les charpentiers locaux sont compétents pour la réalisation d'un moulin en général, ce sont des charpentiers normands, probablement de la vallée de la Sée, très proche et très riche en moulins à papier, qui semblent appropriés pour concevoir et réaliser les piles et les maillets. Louis Leroy, qui était marchand, ne résidait pas en ce lieu mais dans la paroisse de Plerguer, et il affermait l'ensemble des moulins relevant de son domaine, notamment les deux moulins à blé de Brimblin (200 m en amont du moulin à papier) et de Boismine (environ 500 m en aval)[64]. Louis Leroy avait acquis ce dernier moulin à blé quelques années plus tôt de la marquise de Coesquen, demeurant à son château de Bonnefontaine, avec circonstances et dépendances relevant du Roi, pour la somme de 3800 livres[65]. Le bail pour Denis Chatel inclut, outre le moulin, un jardin à pot et à chanvre contenant environ 30 cordes et

63. ADIV 4 E 6426, minute Jean Boivent, 24 mai 1721.

64. ADIV 4 E 6528, minute Nicolas Taslé, 15 mai 1714.

65. ADIV 2 C^2 76, registre du centième denier, Antrain, 24 septembre 1712.

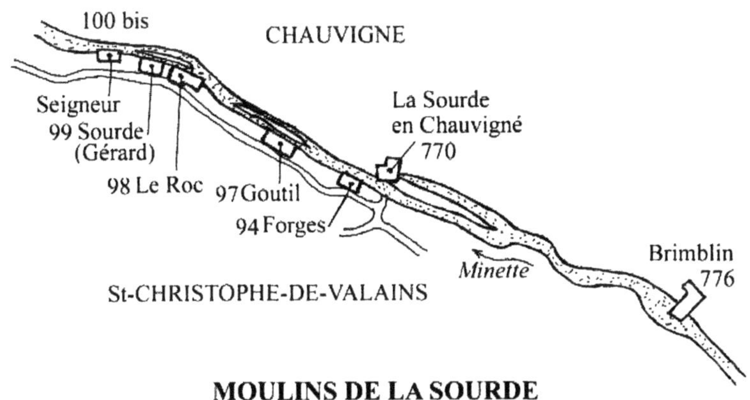

MOULINS DE LA SOURDE

40 cordes de bois taillis au devant du moulin ; ils auront aussi une coupe du petit islet en taillis au devant du moulin enclos par les rivières, le tout pour le prix de 150 livres par an plus les rentes seigneuriales. Ce bail est prévu pour durer jusqu'à la Saint-Michel 1727 ; manifestement il n'est pas prolongé car Denis Chatel loue un autre moulin dès septembre/octobre de cette même année.

Nous ne connaissons pas le fermier qui lui a succédé, le subdélégué d'Antrain s'étant contenté de nommer le moulin dans sa réponse à l'enquête de 1729 ; la production paraît faible avec 200 rames annuelles. Pourtant, le fermier doit payer en 1740 cinq livres pour droit d'attache de chaussée au seigneur comte de la Belinaye qui possède la rive gauche de la Minette. Le papetier actif en 1753 est Joseph Gardais qui demeure au moulin, marié à Françoise Jo(u)sset. Ce n'est qu'à partir de 1780 qu'apparaissent de nouveaux éléments : en effet, Michelle Leroy, épouse de maître Pierre Fleury, procureur fiscal, vient de décéder et il va y avoir quelques problèmes de succession. Un premier partage entre les héritiers de Louis Leroy avait eu lieu en mai 1742, devant Rétif, notaire à Châteauneuf, dont nous n'avons pas le détail. Après le décès de Michelle Leroy, le sieur Pierre Hodouin et consorts vendent la huitième partie de la terre et seigneurie de Brimblin incluant les deux moulins à blé et à papier à Anne Anger, veuve de maître Julien-François Guérin de son vivant avocat au Parlement et Sénéchal des Baronnies de Chauvigné et Bonnefontaine, pour la somme de 3400 livres de principal *« sans vins ny denier à Dieu ny commissions* [66]». Le même jour, mais par un acte distinct du même notaire, il vend *« à haute et puissante dame Anne Thérèse du Fresne dame de Lesnage, Saint Suliac, Bonnefontaine et autres lieux, et comme telle propriétaire de la terre et Baronnie de Chauvigné »*, le moulin à blé de Boismine pour 10 000 livres. Manifestement, cette dame du Fresne n'apprécie pas les acquisitions faites par Anne Anger, car elle exerce plusieurs fois son droit de retrait féodal sur d'autres biens acquis par cette dernière (cf minutes de ce

66. ADIV 4 E 6469, minute A.F. Tyson, 4 octobre 1782.

même notaire en 1782 et 1783). Pourtant, Anne Anger prend possession du huitième qu'elle a acquis ; ce document revêt une grande importance, car il constitue une description complète en 14 pages de l'ensemble des biens dont maison principale, maison de demeurance, les fermiers, les bois, les terres, les moulins, avec également indication des autres fiefs et vassaux. En ce qui concerne le moulin à papier *« vulgairement nommé le moulin de la Sourde où nous avons trouvés Julien et Mathurin Gerard fermiers [...] les avons fait rentrer dans une salle où ils collent leur papier [...] de là passé en deux greniers a costé l'un de l'autre servant à tendre et à sécher le papier où il y avoit du papier à sécher [...] descendus dans un embas en lequel sont cinq pilles et la roue et arbre qui tournoient et faisoient mouvoir les pilons pour piler la matière à faire du papier, entrés en un petit appartement au deriere en lequel est la cuve, la vice et la presse à presser le papier [...] sortis sur la chaussée, ladite dame acquéreur et procureur de possession ont levés la bonde et fait tourner ledit moulin et rabattu ladite bonde* [67]». Le lendemain, c'est Anne du Fresne qui prend possession du moulin à blé de Boismine, dont le descriptif nous apprend en outre que dans le jardin bordant la rivière, *« il y a une mazière d'un moulin à foulon »*.

À coup sûr, Anne du Fresne a réussi à récupérer l'intégralité des biens acquis par Anne Anger, car c'est elle qui décide de céder par pur et perpétuel féage roturier le moulin à papier de Brimblin à Michel Morcel, fabricant de papier demeurant au Guélandry en Lécousse. Les termes de l'acte sont explicites : *« Dame Anne Thérèse du Frêne dame de Lesnage veuve de haut et puissant seigneur messire Pierre Jan Vincent de la Motte de la maison de Dinan, vivant Chevalier Seigneur de Lesnage, Saint Suliac, Baron des Baronnies de Chauvigné, Bonnefontaine et autres lieux, et comme telle dame propriétaire de la dite Baronnie de Chauvigné, de la Seigneurie de Brinblain qui y est à présent réunie et consolidée [...] a cédé, délaissé et transporté [...] un moulin à papier nommé le moulin de la Sourde [...] en la paroisse de Chauvigné.* [68] » Suit le descriptif détaillé que nous reportons en note [69], car il constitue l'un des éléments utiles pour localiser les moulins à papier de St-Christophe-de-Valains. L'afféagement pour Michel Morcel commence à la Saint-Michel prochaine, celui-ci devant payer annuellement et à perpétuité la somme de 90 livres tournois de rente féodale et

67. ADIV 4 E 6469, minute A.F. Tyson, 17 octobre 1782.

68. ADIV 4 E 6470, minute A.F. Tyson, 20 mars 1784.

69. *Ibidem*, *« La maison principale d'icelui moulin à papier contenant de longueur en costale vers midy quarante pieds et le batiment en croizée contenant aussi de longueur en costale vers orient vingt un pieds et demi, consistant par embas en une battrie à cinq piles compris celle à affleurer, l'ouvreux où est la cuve à faire le papier, un cellier ; par en haut dans la chambre de demeure, les grands et petits etendeurs et les lisseux, dont les planchers de la chambre et etendeurs sont en planches, les murs dudit moulin en massonail de pierres, couverts de tuilles et essanves, exposé le devant au midy, joint partie de la fassade vers orient, celle au midy et partie de celle vers occident la riviere de Minette et ressoul et par autres endroits le bois de Brinblain, petit deport à l'orient proche la bonde, un petit jardin au nord dudit moulin et y joignant contenant avec le fond du moulin et le petit deport à l'orient quatre cordes ; autre petit jardin au dessous du précédent nommé le jardin du Bois à prendre à sa pointe vers occident à l'endroit de l'echaussée et attache du moulin du Goutil*

seigneuriale ; mais il y a également des clauses très restrictives : 1. en cas de retrait lignager du tout ou d'une partie de la terre et Seigneurie de Brimblin, le présent acte d'afféagement demeure nul et de nul effet sans que la dame du Fresne soit tenue à aucun dédommagement ; 2. Michel Morcel est tenu à porter son blé à moudre au moulin de Brimblin que ce moulin soit transporté ailleurs sous la banlieue ou qu'il reste en l'endroit où il est ; 3. il est aussi obligé de payer à perpétuité la rente de 5 livres 4 sols due à la Seigneurie de la Belinaye pour le droit d'attache du moulin à la rivière ; 4. il a cette fois un droit, celui de passage par le charroy qui est entre le moulin et le bois de Brimblin, mais la dame de Lesnage ne sera en aucun cas tenue à la réparation du chemin ; 5. clause classique, au cas où Morcel laisserait dépérir le moulin, elle pourrait soit le faire contraindre aux réparations, soit récupérer l'ensemble afféagé. La clause numéro 2 peut paraître quelque peu surprenante par son éventuel transport du moulin à blé. En fait, un acte de l'année suivante la justifie pleinement ; en effet un nouveau contrat de ferme du moulin à blé de Brimblin est signé au bénéfice de Pierre Anger et Anne Julienne La Volé, son épouse, pour une durée de 9 ans ; mais ces derniers sont tenus de *« faire transporter à leurs frais les dedans, tournants, moulants et ustanciles duquel moulin sous le toit de celui de Boismine et de le mettre en état de réparations de manière qu'il soit tournant, moulant et faisant farine pour le jour de Saint Georges prochain* [70] » ; de plus, les dits Anger et femme preneurs feront faire et placer à leurs frais une paire de meules au moulin de Brimblin. Ces conditions impliquent nécessairement une période d'interruption du fonctionnement du moulin à blé de Brimblin, et peut-être Michel Morcel a-t-il été obligé de porter pendant un temps son blé à moudre à Boismine.

Quoiqu'il en soit, Michel Morcel a accepté, et l'acte d'afféagement a été suivi d'effet, sans retrait lignager puisque la mutation est enregistrée dans le registre des mutations acquéreurs d'Antrain en mars 1784. Il a fabriqué son papier pendant quinze ans, puis a revendu son moulin à papier de Brimblin à Jean Morel [71]. En l'absence des minutes du notaire impliqué (Duval) nous ne connaissons pas les conditions précises, mais le registre nous indique que la vente a lieu pour la somme de 1766 livres, bien qu'un renvoi de Bazouges signifie à charges de rentes montant en principal à 1904 livres plus 1760 livres, soit un montant total du contrat de 3664 livres.

---

appartenant à François Ruaux et autres, joint du midy la riviere de Minette et par autres endroits le bois de Brinblain, contenant quatre cordes dix pieds de corde. Un petit islet au midy du ressoul dudit moulin qui commence à peu de distance de la bonde et qui se termine au gatouer du ressoul, dans lequel il y a des brosailles et pierres, joint du costé vers nord le ressoul et du coste du midy la riviere de Minette ; autre petit islet qui commence à la fin du précédent vers orient à l'endroit du gatouer et qui finit à l'endroit du gué du moulin à bled de Brinblain, déborné du costé vers nord d'un ancien petit lit qui parroit avoir été autres fois pratiqué pour conduire les eaux du gué du moulin à grain à la bonde de celui à papier et qui est devenu inutille, et du costé du midy par le cours de la riviere dans lequel dernier islet il y a aussi des brosailles et pierres, contenant les deux petits islets ensemble dix sept cordes. »

70. ADIV 4 E 6470, minute A.F. Tyson, 22 juillet 1784.

71. ADIV 2 C^2 131, répertoire mutations acquéreurs, Antrain, 19 germinal an VI.

Les affaires vont bien pour Jean Morel et son épouse Michelle-Louise Rimasson, puisque six ans après avoir acquis le moulin, ils achètent deux maisons et de nombreuses terres pour la somme de 4000 livres tournois *« donnant en francs celle de trois mille neuf cent cinquante francs soixante deux centimes de principal et accessoire en numéraire métallique* [72] ». Michelle Rimasson décède en 1807 et un inventaire des meubles et effets mobiliers dépendant de sa communauté avec Jean Morel est établi [73], François Roussin fabricant de papier aux Grands Moulins de Vieux-Vy étant présent comme priseur. Nous apprenons tout d'abord qu'en la demeure, dans un appartement nommé le cabaret et dans les greniers, ne se trouvent que des meubles, vêtements et réserves alimentaires. De l'autre côté de la rivière, le moulin des Forges en Saint-Christophe sert de réserve ; on y trouve en effet, outre quelques outils, une cuve et ce qu'il y a de chaux, ce qu'il y a de rognures de papier pour 52 francs, ce qu'il y a de chiffe pour 212 francs et enfin ce qu'il y a de matière propre à fabriquer du papier pour 248 francs. C'est bien sûr dans le moulin de la Sourde que se trouve l'essentiel du matériel ; en globalisant, nous relevons :

- ce qu'il y a de matière travaillée propre à la fabrication du papier 252 francs,
- ce qu'il y a de chiffe 233 francs,
- ce qu'il y a de papier travaillé en carré bulle et batard fin pour 680 francs,
- 118 rames de papier carré d'impression, batard et batard commun, petit raisin, grand raisin, boite et pot pour 558,50 francs,
- ce qu'il y a de papier bleu et rose 28 francs,
- ce qu'il y a de papier cassé pour 45 francs,
- deux paires de formes de grand raisin, deux paires de formes de batard, une de cornet, une d'écu, une de carré et une de petit raisin, pour 94 francs,
- une posse de fautre de carré plus trois mauvaises posses de fautre pour 300 francs.
- ce qu'il y a de colle 60 francs.

Le total de l'estimation après inventaire s'élève à 3755,90 francs ; mais il y a aussi des actifs en créances échues et à terme : 1338 francs, et des dettes qui s'élèvent à 1078 francs. Ces dernières sont intéressantes car elles se rapportent notamment à des gages : 150 francs à Jean Martin, 170 francs à Jean Morin et 111 francs à Renée Prodhomme ; en outre, Jean Morel utilisait les services de Jean Seigneur comme voiturier et lui devait 90 francs. L'acte précise également que les biens réels de Michelle Rimasson consistent en totalité en acquêts réalisés pendant la communauté, à savoir le moulin à papier de la Sourde en Chauvigné et le moulin à papier des Forges en Saint-Christophe-de-Valains.

72. ADIV 4 E 6651, minute J.-P. Faucheux, 22 thermidor an XII.

73. ADIV 4 E 6654, minute J.-P. Faucheux, 24 juin 1807.

Jean Morel se remarie avec Marie Boulé et continue d'exploiter le moulin de la Sourde ; il en est toujours le propriétaire lors de l'établissement du cadastre de Chauvigné et de l'état des sections en 1823, bien qu'il habite à St-Christophe-de-Valains. Il possède les parcelles cadastrées 768 à 773 dans la section C de Brimblin dont le moulin au n° 770, ce qui est en accord avec le descriptif de 1784 cité précédemment. C'est ensuite sa fille Guyonne Morel, associée à son mari Pierre Fleury, fabricant de papier, qui exploite en 1824, Jean Morel étant alors qualifié d'ancien fabricant de papier. Le moulin va continuer à rouler pendant quelques années, mais les matrices cadastrales relèvent une démolition partielle en 1843 suivie d'une mutation l'année suivante à Jean Bouvet, meunier.

III.2.2. Moulin de Brimblin 2

Il s'agit du moulin à papier cadastré n° 776 dans la section C2 de Chauvigné en 1823 (voir plan page 103). Le propriétaire en est à cette date René Martin Jean Pichot Champfleury, docteur médecin demeurant en la commune d'Antrain. Ce moulin est qualifié de moulin neuf dans les matrices cadastrales ; il est en effet construit en 1823-1824 par ce propriétaire sur l'emplacement de l'ancien moulin à grain de Brimblin [74]. L'acte cité en référence porte règlement à l'amiable d'un différend qui s'était élevé entre Pichot Champfleury et Jean Morel, propriétaire du moulin de la Sourde en Chauvigné, suite à des travaux d'aménagement des deux moulins à papier. Bien que cette transaction soit très détaillée, elle n'est pas encore suffisante, car il faut préciser les modalités pratiques de réalisation, ce qui est fait

74. ADIV 4 E 6679, minute M.F. Faucheux, 22 avril 1824 : « *Transaction finale et irrévocable suivante : 1° à la première réquisition de Mr Pichot Champfleury, lesdits Morel et Fleury* [son gendre] *abaisseront de deux cent quarante quatre millimètres le déversoir ou la vanne de décharge de leur moulin et maintiendront ainsi ce déversoir sur une largeur de sept mètres quinze centimètres claire et débarassée en avant [...] ; 2° Mr Pichot Champfleury pourra élever dans le bief de son moulin la surface des eaux à huit cent soixante six millimètres au dessus de la seule existant à l'entrée de l'ancien coursier de son moulin [...] ; 3° Le même Sr Pichot Champfleury s'engage à ne pas élever la chaussée du bied de son moulin plus qu'elle n'était anciennement et qu'elle ne l'est aujourd'hui ; le même sieur Pichot Champfleury continuera de jouir du même droit de barrage et attache à la rive gauche de son moulin [...] ; 4° Mr Pichot Champfleury aura la faculté (sans pouvoir y être contraint) de faire quand il le voudra curer la rivière depuis son moulin jusqu'à la vanne de décharge du moulin desdits Morel [...] ; 5° Le même Sr Pichot Champfleury aura droit de passage à toute servitude sur le pré et sur la vallée des Forges desdits Morel ; à cet effet Mr Champfleury pourra pratiquer à ses frais et par l'endroit qu'il trouvera le plus commode un chemin suffisant et commode qui partira du bout de la chaussée de son moulin et débouchera dans le port de servitude qui aboutit au chemin conduisant au village de la Haie ; 6° Les dits Morel et Fleury auront aussi droit de passage à toutes servitudes au travers du bois de Brimblin du Sr Champfleury, mais seulement par le chemin que celui-ci établira à ses frais dans le délai d'un an entre les deux collines partant du moulin de Brimblin et conduisant ainsi à l'avenue des Vaugodes pour aboutir au chemin de Boismine ; 7° Les mêmes Morel et Fleury seront libres de transporter leur chaussée au-dessous de l'endroit où elle existe actuellement mais à charge à eux [...] de rétablir leur déversoir à la hauteur et largeur ci-devant fixées ; 8° Mr Champfleury sera libre d'abaisser ou d'exhaucer les vannes de son portage [...], il en sera de même du coursier de son moulin ; [...] ; 10° Le chemin que Mr Champfleury pratiquera sur le pré et la vallée des dits Morel aura deux mètres quatre vingt douze centimètres de largeur.* »

dans un document suivant ; nous n'en transcrivons en note [75] que les éléments les plus importants. Les deux moulins à papier peuvent alors fonctionner conjointement, mais probablement pour quelques dizaines d'années seulement ; les matrices cadastrales font état d'une mutation en 1854 puis d'une démolition en 1875, le moulin étant déclaré inoccupé depuis de longues années.

Moulins de la Sourde en Saint-Christophe-de-Valains

Six moulins à papier ont fonctionné sous ce nom ou sous des noms divers, tous situés en aval du moulin de la Sourde en Chauvigné, construits sur la rive gauche de la Minette (voir plan page 103). L'ensemble des documents consultés nous permet de les préciser en fonction des numéros de parcelles du cadastre établi en 1833 ; il s'agit du moulin des Forges (n° 94), le Goutil (n° 97), le Roc (deux moulins dans le même établissement, n° 98), le moulin de Gérard (ou de la Sourde, n° 99), et le dernier sans nom spécifique (n° 100 bis). Dans sa réponse de 1729 à l'Intendant, le subdélégué d'Antrain n'en mentionne que trois qui sont le moulin de la Sourde, le moulin de sous la Sourde et le moulin du Rocq ; comme nous possédons des informations antérieures à 1729 pour le moulin du Goutil, celui-ci correspond sans doute à celui nommé « *de sous la Sourde* ». Nous pourrions en conclure que le moulin des Forges n'existait pas, mais rien n'est moins sûr à cause des omissions. Nous examinerons donc ces moulins en descendant le cours de la Minette.

III.2.3. Moulin des Forges

Nous en trouvons la première mention dans une déclaration d'aveu au Roi par messire Armand de la Belinaye, chevalier seigneur comte dudit lieu, fils aîné principal et noble d'autre messire Charles de la Belinaye ; elle concerne les héritages tombés en rachat au Roi sous son domaine de Fougères par le décès du sieur de la Belinaye le 4 janvier 1740. La liste des biens et fiefs est considérable, et nous n'en citons en

75. ADIV 4 E 6679, minute M.F. Faucheux, 7 mai 1824 : « *3° la surface de la chaussée du moulin de Mr Pichot Champfleury se trouve à un mètre six cent vingt millimètres au dessous du niveau d'un point de repaire tracé avec la pointe d'un marteau sur la seconde pierre de coignage au dessous de la sablière à l'angle sud-est dudit moulin, lequel point de repaire est de niveau avec le dessous de la pierre de couverture de la croizée existant dans la cotale orientale à six cent quatre vingt cinq millimètres de la partie supérieure du jambage vers midi de l'entrée du coursier. 4° le déversoir du moulin des dits Morel et Fleury se trouve à deux mètres deux cent soixante trois millimètres au dessous du niveau de la surface d'une grosse pierre ou rocher, entamé par la mine, existant au côté nord du chemin qui conduit de Brimblin à la Sourde, à peu près en face de la chaussée des dits Morel, sur lequel rocher a été gravée à la pointe du marteau, la lettre P à l'endroit d'où l'on a pris le niveau. En sorte qu'après l'abaissement du déversoir des dits Morel, ce déversoir devra se trouver à deux mètres cinq cent six millimètres au dessous du niveau de la surface dudit rocher.* »

note [76] que les éléments qui nous concernent. Il apparaît donc que tous les moulins à papier avaient déjà fait l'objet d'afféagements, ce qui explique que contrairement à celui de Chauvigné, nous ne trouvons pas de contrats de ferme, et donc pas d'état des lieux. Les moulins sont divisés en fonction des successions et ventes. Le moulin des Forges est exploité partiellement par plusieurs membres de la famille Chevrel : Noël Chevrel et son épouse Jeanne Briand ont acquis en 1747 une portion de pile de François et Marguerite Briand qui l'avaient reçue en héritage, mais qui ne l'exploitent pas car ils demeurent à Sens [77] ; Joseph Chevrel reçoit la portion de pile qui appartenait à sa sœur Guyonne après le décès de cette dernière [78] ; ce même Joseph revend 1/8 de pile à Noël [79] (comme nous le verrons plus loin, une pile de ce moulin comprend seulement trois maillets ; on imagine bien alors l'éclatement du moulin en une multitude de petits propriétaires qui pour la plupart ne doivent pas exploiter eux-mêmes, mais simplement recevoir quelques revenus du membre de la famille qui fabrique et commercialise le papier !). La succession de Noël Chevrel et de Jeanne Briand est assurée par Marguerite Chevrel, alors mariée à Bertrand Lerbré (Lherbré), qui rachète également la part et portion indivise de sa sœur Françoise Chevrel [80]. Les Briand étaient aussi alliés aux Guespin, et de la succession directe de Jean Guespin et Perrine Briand, Joseph Guespin reçoit « *un maillet dans le moulin des Forges, dans la troisième pile de la Roue, celuy vers nord avec le fond desdittes chose etages et les autres droits y attachés circonstances et dépendances prisés au revenu annuel quatre livres* [81] ». Une quinzaine d'années plus tard, Joseph Guespin revend son « *tiers de pile à trois maillets* » à Pierre Chevrel et son épouse Françoise Le Camus [82]. Que se passe-t-il ensuite ? C'est Jean Morel et sa femme Louise Rimasson qui sont devenus propriétaires du moulin des Forges, après avoir acquis en l'an VI le moulin de la Sourde en Chauvigné (il suffit de traverser la Minette pour passer de l'un à l'autre) ; au décès de Louise Rimasson en 1807, le moulin des Forges est encore dévolu au papier. La fille de Jean, Guyonne Morel, a épousé un papetier, Pierre Fleury, et le couple a pris la succession au moulin de la Sourde en Chauvigné. Très vite cependant Pierre Fleury modifie l'affectation du moulin des Forges, et les matrices de St-Christophe-de-Valains le déclarent en 1834 comme moulin à fouler.

76. ADIV 4 E 9824, minute Julien Delaunay, 7 mars 1740. Les biens comprennent « *le moulin à bled de la Servais ; le fief de Saint Christophle contenant 160 journeaux de terre ou environ s'étendant en la même paroisse sur lequel est dû au même Seigneur dix livres tournois de rente feodalle seullement attendu le convertissement des poulles et rente de papier ; est dû sur le moullin à papier de Brinblin cinq livres pour droit d'attache de chaussée ; d'avantage pour un affeagement de quattre moullins à papier sur la même rivière et paroisse qui se nomme le Roc, le Goutil, Forge et Gérard ; la terre et Seigneurie d'Orange ; le moullin à bled d'Orange ; le moullin de Belliard à fouller des draps* ».

77. ADIV 2 C38 212, registre du centième denier, St-Aubin-du-Cormier, 15 février 1747.

78. ADIV 4 E 10279, minute A. Fouasse, 13 mai 1762.

79. ADIV 2 C38 228, registre du centième denier, St-Aubin-du-Cormier, 11 août 1764.

80. ADIV 2 C39 123, registre du centième denier, St-Brice-en-Cogles, 28 juillet 1779.

81. ADIV 4 E 10282, minute A. Fouasse, 1er novembre au 31 décembre 1779.

82. ADIV 4 E 10341, minute Louis Serizier, 22 thermidor an II.

III.2.4. Moulin du Goutil

Ce moulin est situé une trentaine de mètres en aval du précédent, et il correspond à la parcelle cadastrée n° 97. La première mention que nous trouvons sous ce nom se trouve dans un contrat d'acquêt fait par Guillaume de Rennes, acquéreur d'avec Christophe Gérard et Catherine Prioul sa femme, vendeurs, « *d'une pille au moulin à papier nommé le moulin du Gouttil dessous la Sourde avec une mazière au dessous tenue de la Seigneurie de la Blinaye pour la somme de quatre vingt livres en principal et de six livres en vins et despense* [83] ». Or, dans le même registre mais à la date du 14 mars 1716, soit 30 mois plus tôt, nous constatons que Christophe Gérard avait récupéré pour ce même montant la portion de pile de ce moulin, suite à une transaction sur procès entre lui-même et Perrine Couard, veuve de Michel Prioul. Ce moulin fonctionnait donc déjà au début du XVIIIe siècle, mais nous n'en connaissons pas les autres copropriétaires. En 1729, le subdélégué d'Antrain indique qu'il produit annuellement 40 rames de papier, ce qui est une production très faible. Ce moulin arrive-t-il déjà en fin d'activité ? En 1753 Anne Gérard, femme et séparée de biens de Pierre Durocher, vend à François Ruaux « *une mazière servante autrefois à moulin à papier située sur la rivière de Minette relevant roturièrement de la Belinaye* » pour la somme de 63 livres de principal [84]. En 1776, les enfants de Noël Brouas et de Anne de Rennes vendent à ce même François Ruaux et Marguerite de Rennes sa femme « *tout ce qui peut appartenir dans une mazière de maison servant autrefois à moulin à papier en quantité scituée sur la rivière de Minette dont il n'y a plus que les vestiges appelé le moulin du Goutil au proche et y joignant toutes quantités des acquéreurs yceux herittages echüe aux vendeurs tant de la succession de Anne de Rennes leur mère que d'acquests faits d'avec Jan de Rennes son beau père le tout scis et scitué au moulin du Goutil de la Sourde [...] pour et moyennant le prix et somme de deux cent cinquante six livres de prix principal et vin* [85] ». François Ruaux a donc acheté l'ensemble des biens en deux temps ; est-ce pour faire reconstruire le moulin du Goutil ? La réponse apparaît plus complexe, car il n'est pas encore le seul et unique propriétaire ; il complète son patrimoine en achetant à Anne Gérard, alors veuve de Pierre Durocher, « *le fond et édifice d'une pille à papier dans le moulin du Goutil [...] qui est l'étage proche la cheminée du côté du couchant qui joint de toutes parts l'acquéreur avec tous ses droits de propriété dans et aux environs dudit moulin [...] le prix de la présente vente réglé entre parties la somme de trois cent vingt et une livres de principal et vin [...] ladite Gerard s'est dès à présent dessaisie et dépossédée de la propriété et jouissance de laditte pille, maison et terre [...] en ce qu'ils luy étaient échus de la succession de feu*

83. ADIV 2 C38 253, registre du centième denier, Vieux-Vy, 20 septembre 1718.

84. ADIV 2 C2 90, registre du centième denier, Antrain, 6 juillet 1753.

85. ADIV 4 E 10285, minute Julien Loysance, 31 janvier 1776.

Jullien Gérard son père [86]». Dans la réalité, la vente n'est pas suivie d'effet, car Julien Gérard, cartonnier demeurant à Rennes, a exercé un droit de retrait et récupéré ces biens ; sans doute ne peut-il les exploiter à sa convenance car cinq ans plus tard, il accepte de les revendre non à François Ruaux, mais au fils de ce dernier, Louis Ruaux [87]. Le moulin du Goutil a donc été remis en état de fonctionnement par les Ruaux père et fils, et ce dernier revend le moulin le 4 messidor an X à Mathurin Prenveille, en précisant dans un contrat annexe [88] que la maison de demeure située au pignon occidental du moulin était bien comprise dans la vente du moulin. Mathurin Prenveille (il signe Pranveille) exploite le moulin du Goutil en compagnie de son épouse Jeanne Foubert, puis Mathurin Prenveille fils prend la succession, ainsi qu'il apparaît dans les matrices cadastrales de St-Christophe-de-Valains.

III.2.5. Moulins du Roc

La première référence portant clairement les noms des propriétaires de ce moulin est un acte assez particulier de 1740. Pierre Morel et son épouse Perrine Briand d'une part, Paul Briand et son épouse Guyonne Jucaut d'autre part, étaient redevables d'une rente de 18 livres au sieur Berthelot prieur de Saint-Christophe ; comme ils ne peuvent payer celle-ci, ils font offre au prieur de lui céder *« le fond et superfice d'une pille à papier sittuée au moullin du Rocq lorsqu'elle sera en estat de réparation* [89] » pour être quittes de la rente, ce qu'accepte ce dernier. Suivant le subdélégué d'Antrain, ce moulin fonctionnait en 1729 ; or nous constatons en 1727 la vente d'une pile de moulin à papier par Charlotte Chevrel, veuve de Julien Briand, au profit de Denis Chatel [90] ; le nom du moulin n'est pas précisé, mais comme nous retrouvons plus tard les Chatel au moulin du Roc, nous pouvons en déduire que la pile vendue par la veuve Briand était située dans ce moulin. La famille Briand semblait donc tenir, au moins partiellement, le moulin du Roc au début du XVIIIe siècle. Or les Briand papetiers à St-Christophe étaient nombreux dans la seconde moitié du XVIIe siècle ; on relève ainsi en 1672 Michel Briand et son épouse Mathurine Galesne, ainsi que Julien Briand et son épouse Julienne Gérard, et Pierre Briand fils de Michel et Marguerite Morel sa femme en 1689. Bien que ces derniers ne soient pas déclarés demeurant au moulin, mais dans des villages situés à moins de 2 km (la Haye, la Servais), on peut émettre l'hypothèse que certains d'entre eux

86. ADIV 4 E 10339, minute Louis Serizier, 2 mars 1785.
87. ADIV 4 E 7212, minute Pocquet le jeune, 14 janvier 1790.
88. ADIV 4 E 6651, minute J.-P. Faucheux, 1er Thermidor an 12.
89. ADIV 2 C^{38} 205, registre du centième denier, St-Aubin-du-Cormier, 25 juin 1740.
90. ADIV 2 C^{38} 11, contrôle des actes des notaires, St-Aubin-du-Cormier, 9 octobre 1727.

travaillaient au moulin du Roc, sans oublier comme nous l'avons vu le moulin des Forges. Ce n'est que par un acte de 1755 que nous pouvons affirmer que le moulin du Roc était double [91] ; Joseph Coire (Couaire) et son épouse Jeanne Lochet, qui demeurent en Vieux-Vy, vendent à Vincent et Joseph Chevrel frères, domiciliés en Saint-Christophe, *« une pille proche la roue d'abas et au pignon du nord du moulin à papier du Rohc de la Sourde [...] avec moitié de l'étage du pignon de la cheminée de sus l'ouvreux, avec ses ustancilles ses places à pourir le linge en cabaret [...] et autre proche Jean Lochet fils Mathurin et partie de la chambre d'en haut et generallement ce qui peut en apartenir auxquels vendeurs du chef de laquelle Lochet [...] pour la somme de cent sept livres de principal »*. Ces mêmes Lochet et Couaire cèdent l'année suivante une seconde pile à Julien Chevrel [92]. C'est à la même époque que Gillette Chatel cède, par contrat de licitation, une portion dans le moulin à papier du Roc à Denis Chatel [93] ; les minutes étant malheureusement absentes, nous ne pouvons préciser de quelle pile il peut s'agir. La succession directe de Jean Guespin et Perrine Briand en 1779, déjà citée pour le moulin des Forges, nous informe que Julienne Guespin, femme de Julien Louazance, choisit le second lot qui comprend *« au moulin à papier du Roc sous la Sourde en la paroisse de St Christophe de Vallains sous la juridiction de la Belinaye en roture deux pilles à papier scittuées sous la roue d'abas dudit moulin avec le fond des dittes pilles, étages et les autres droits de propriété y attachés circonstances et dépendances prisés au revenu annuel cinq livres »*.

Les propriétaires du moulin du Roc sont amenés à se réunir en 1781 pour signer un acte de transaction suite à un incendie [94] ; il s'agit de Vincent Chevrel (demeurant au bourg de St-Christophe-de-Valains), Denis Chatel (demeurant à la Pertais en Chauvigné), Julien Louazance (demeurant au village des Petus en St-Ouen, procureur de Julienne Guespin) et Jean Morel, mari de Françoise Couaire (demeurant à la Bretonnière paroisse de Vieux-Vy). Une remarque s'impose, c'est qu'aucun des propriétaires ne réside au moulin, mais ils y travaillent comme en témoignent les

91. ADIV 4 E 10249, minute V. Chevetel, 9 avril 1755.

92. ADIV 2 C[39] 112, registre du centième denier, Saint-Brice, 4 mai 1756.

93. ADIV 4 E 6718, répertoire des minutes de Augustin Greslé, 10 décembre 1756.

94. ADIV 4 E 6456, minute Jean Anne Biguer, 10 août 1781 : *« Ayant arivé incendye dans le dit moulin le vingt trois de janvier, laquelle a arivé par megard et occasionnée par ledit Morel [...] ledit Jean Morel s'est ce jour obligé et s'oblige de retablir et faire reconstruire en neuf la charpente et couverture en paille, poutreaux sablière, collombages et autres choses nécessaires à la reconstruction d'un petit edifice scitué au levant dudit moulin à papier du Roq allellé le cabaret faisant partye dudit moulin [...] et sur ce que les dittes partyes nous ont représenté que les murs dud. moulin etoient sur le point d'ecrouler les dittes partyes consentent qu'ils soient faits en commun [...] et sur ce que dans cette incendie il s'est trouvé que il a été brulé deux journées de façon de gros papier collé en page seche, onze rammes de papier de boite etendue, douze livres de chanvre et cordage appartenant audit Chastel,[...] et à l'egard de ce qu'il a été brulé de papier, cordage, draps de faute et autres choses appartenant à Vincent Chevrel et consort, il nous a déclaré se contenter de la somme de vingt huit livres pour tout dédommagement [...] et à l'egard de tout ce qui a été brulé de cordage et autres choses appartenant audit Louazance il s'est arrangé avec ledit Morel à vingt sols [...] ils déclarent renoncer à inquiéter ledit Morel à l'égard dudit évenement. »*

termes de la transaction dont nous donnons les extraits en note. Si quatre copropriétaires se sont réunis suite à l'incendie, ils ne sont probablement pas les seuls, car Jeanne Lochet, qui avait déjà vendu deux piles aux Chevrel en 1755 et 1756, est toujours copropriétaire comme en témoigne l'acte de partage après son décès [95] ; Jeanne Lochet, épouse de Joseph Couaire, possédait la pile du moulin du Rocq dessous la Sourde *« sur l'arbre du dedans proche la roue avec tous ses droits, prisée de revenu dix livres »* ; il s'agit donc d'une pile du deuxième arbre ou deuxième moulin du Roc. Dans la succession, cette pile échoit à sa fille, Anne Couaire, mariée à Pierre Baudry. Après le décès de Denis Chatel en l'an VII, son épouse Catherine Louazance se démet de tous ses biens en faveur de ses enfants contre une rente en nature, et le partage des biens intervenant quelques années plus tard [96] permet à Denis Chatel fils, époux de Guillemette Ory, de reprendre à son compte les deux piles de son père. Nous n'avons pas trouvé traces des autres successions et ventes, mais en 1834, lors de l'établissement des matrices cadastrales, il y a globalement trois propriétaires déclarés pour les moulins de la parcelle n° 98 : Jean Morel et René Seigneur possèdent chacun la moitié du premier moulin de revenu cadastral 15 francs ; René Seigneur possède 2/3 et Joseph Chevrel 1/3 du second moulin de revenu 7,50 francs. Les moulins sont indiqués démolis ou en ruines dès 1855, sauf la fraction que René Seigneur a cédée à Zacharie Prenveille en 1847 et qui a fonctionné jusqu'à sa démolition en 1867.

III.2.6. Moulin de la Sourde (ou de Gérard)

Ce moulin serait celui qui correspond à la parcelle n° 99. La meilleure description que l'on en possède relève du partage en sept lots des héritages provenant des successions de défunts Michel Guépin (Guespin) et Julienne Gérard sa femme [97] en 1726. Le moulin possède quatre piles à maillets ferrés et une pile à affiner ; il est distribué dans quatre des sept lots. Le cinquième lot comprend *« la pille a papier de contre la roue avec cinq pieds d'emplacement presque au desriere destines pour mettre l'ouvrage battu de la ditte pille aboutissant à la porte de desriere de la batterye avec quattre pieds trois poulces de long dans le pourissouer à drapeau de l'ouvreur aboutissant au pignon occidental ou est la cheminée et un etage dans l'etandeur contre le pignon vers orient de dix pieds de laise depuis le milieu du truit qui fait la séparation d'entre le présent* [lot] *et celuy de la seconde pille à condition de communer egallement avec les propriétaires des autres pilles à la pille a affiner, à la cuve, chaudière et presse et qu'il*

95. ADIV 4 E 6456, minute J.-A. Biguer, 22 au 25 février 1786.

96. ADIV 4 E 6650, minute J. P. Faucheux, 5 nivôse an XII.

97. ADIV 4 E 6494, minute J.-M. Herbert, 1er juillet 1726.

contribuera de sa quattrieme partye à l'entretien de la pille marbre roue cuve et chaudière et presse [...] prisée six livres cinq sols ». Ce lot est choisi par Pierre Guespin. La seconde pile avec toutes les remarques précédentes échoit à Michelle Guespin ; la troisième à Julien Guespin et la quatrième à Christophe Guespin. Chacun ayant cinq pieds d'emplacement de long pour mettre l'ouvrage battu à la queue des maillets, nous en déduisons que la batterie avait une longueur minimum de vingt pieds, sans compter bien sûr la place pour la pile à affiner. Le moulin était donc bien fonctionnel au début du XVIIIe siècle, et le subdélégué d'Antrain indiquait une production annuelle de 60 rames. Rappelons aussi qu'avant sa mort en 1724, Michel Guespin possédait également une fraction du moulin à papier du Pont de Vieux-Vy, qui est passée entre les mains de sa petite fille Julienne Laurent, femme de Pierre Ory (cf. ce moulin). Michelle Guespin revend sa pile à Julien Ory [98]. Il semble que le moulin soit surtout exploité par Pierre Guespin et son épouse Perrine Le Camus, puis par leurs enfants Jean et Julien ; cependant, Vincent et Joseph Chevrel, apparentés aux Guespin, avaient acquis deux piles du moulin ; deux autres piles reviennent à Joseph Guespin de la succession de son père Jean [99]. C'est dans ce dernier acte qu'il est clairement précisé qu'il s'agit du moulin à papier *« appelé le moulin Gerard ou aux Guespins ».* Lorsque Julien Ory décède, sa veuve, Jeanne Fontaine, cède les biens de la succession à ses enfants, et la pile à papier du moulin de Gérard est reprise par sa fille Guillemette Ory [100]. Joseph Guespin avait revendu les deux piles qu'il possédait à son neveu Joseph Louazance en l'an XI, mais ce dernier s'en dessaisit aussitôt au bénéfice de René et Marie Guespin [101] (il s'agit de la deuxième et de la troisième piles à partir de la roue), la quatrième pile appartenant déjà à Marie Guespin. Jusqu'à quelle date les Guespin sont-ils exploitants du moulin de Gérard ? Il ne nous est pas possible de le préciser ; en 1834, ce moulin est devenu la propriété de Jean Morel (Frechet) pour les 3/4 et de Julien Chobé pour le 1/4 restant. En 1856, c'est Jean Morel fils qui est devenu propriétaire de la fraction que détenait son père, et qui rachète aussi en 1859 la fraction de Julien Chobé. Le moulin continue à rouler au moins jusqu'en 1882.

III.2.7. Moulin de Seigneur

À notre connaissance, ce moulin n'a pas reçu de nom spécifique ; localisé n° 100 bis sur le cadastre, il est le dernier des moulins de la Sourde en St-Christophe.

98. ADIV 2 C[39] 106, registre du centième denier, Saint-Brice, 23 décembre 1746.

99. ADIV 4 E 10282, minute A. Fouasse, 1er novembre-31 décembre 1779.

100. ADIV 4 E 6643, minute J.-P. Faucheux, 22 et 23 mai 1793.

101. ADIV 4 E 6651, minute J.-P. Faucheux, 17 thermidor an XII.

Il s'agit en fait d'un moulin très récent qui n'a fonctionné qu'une cinquantaine d'années. René Seigneur, né à Vieux-Vy en 1777, qui a exercé initialement son métier de papetier au moulin d'Ardenne en Tremblay, mais qui est venu travailler au moulin de la Sourde en St-Christophe (probablement au moulin du Roc dont il est déclaré copropriétaire en 1834), décide de se faire construire son propre moulin. Cependant, il est nécessaire qu'il obtienne un droit d'attache de la chaussée de ce moulin à la rive droite de la Minette. C'est René Pichot Champfleury qui vend à René Seigneur ce droit *« d'attacher la chaussée du moulin à papier que ledit Seigneur fait construire actuellement au dit lieu de la Sourde [...] à l'endroit du bois de Brinblin [...] vis à vis la portion du pré des communs qu'il a acquise de Pierre Levannier, et encore parce que cette chaussée sera construite de manière à ce que les eaux ne puissent nuire au bois des vendeurs ou au pré qu'ils se proposent de faire dudit bois [...]. Il est expressément convenu que Seigneur sera tenu de clore le bout de sa chaussée et d'entretenir cette clôture à perpétuité de manière qu'en aucun temps ni bêtes ni gens ne puissent passer par cette chaussée sur les propriétés de Mr et de Mad. Pichot Champfleury* [102] ». Seigneur fait donc fonctionner son moulin jusqu'à ce qu'il le cède en 1847 à Zacharie Prenveille ; ce dernier y a fabriqué son papier jusqu'à la démolition intervenue en 1877.

III.2.8. Indéterminations

Nous avons indiqué à propos de St-Christophe-de-Valains que les moulins n'étaient pas fréquemment identifiés dans les actes. Une de nos plus anciennes références illustre ce propos ; il s'agit d'un acte de partage en deux lots des maisons et héritages dépendants de la succession de défunts Pierre Baudouin et Renée Durocher, situés au village de la Bruslais et environs en la paroisse de Chauvigné [103]. Le premier lot qui échoit à Briande Baudouin, femme de Jacques Lendormy, comprend *« sous les seigneuries de la Louairye et de la Blinnais la quatriesme partie d'un moullin à papier de cinq pieds et demy de long en costière basti de pierre et couvert d'essanves avec la pille proche celles de Noël Moslé et droit de communier à la pille à affiner et à la cuve »* ; le second lot échoit à Georginne Baudouin et comprend exactement la même chose. Aucun autre élément ne nous permet de déterminer de quel moulin il s'agit, mais ce descriptif sommaire suggère qu'il pourrait s'agir du moulin de Gérard sous la Sourde en St-Christophe. D'autres actes plus tardifs sont aussi peu explicites. C'est ainsi que nous apprenons que Guillaume Monnier (parfois Le Monnier) et Julienne Bréchard sa femme, résidant au village de la Haye en St-Christophe, et qui font *« le traffic du papier »*, doivent procéder à une vente de biens immobiliers afin

102. ADIV 4 E 6677, minute M.F. Faucheux, 4 juin 1822.
103. ADIV 4 E 6482, minute Joseph Anger, 2 octobre 1661.

de rembourser des dettes [104] ; ils doivent en effet 202 livres 10 sols à Julien Tanier pour marchandises et sur laquelle somme *« il doit la somme de quinze livres pour la jouissance qu'il a faite d'une pille du moullin »*. D'autres actes de 1674 et 1678 nous avaient informé que Guillaume Monnier était papetier, mais aucun de ces documents ne précise le nom du moulin. Nous pouvons simplement conclure de cette étude que la Minette était une rivière très appréciée dès le XVIIe siècle pour y établir des moulins à papier, malgré ses caprices qui ne permettaient de les faire rouler que quelques mois dans l'année.

III.3. Moulins de Tremblay et du Coglais

Tous ces moulins sont situés sur la rivière Loisance et affluent, et relèvent des communes de Tremblay, Saint-Brice-en-Cogles et Saint-Jean-de-Cogles. Dans sa réponse à l'intendant de Bretagne suite à l'enquête de 1729, le subdélégué d'Antrain fait état de trois moulins à papier pour lesquels il indique les noms, mais ni les propriétaires ni les fabricants. Il s'agit du moulin d'Ardenne en Tremblay, de Roche-qui-brut en Tremblay et de la Galenais en St-Brice. L'enquête diligentée en 1771 mentionne dans une première réponse de 1772 les deux moulins d'Ardenne et de la Galenais, auxquels s'ajoute dans le récapitulatif de 1776 celui de Roche-qui-brut. Ces trois moulins sont donc les seuls répertoriés dans les divers ouvrages consacrés à ce sujet. Or d'autres moulins à papier étaient établis sur le cours de la Loisance comme nous allons le voir. Nous avons, en effet, retrouvé les traces du moulin de la Hellandière et du moulin de la Verrerie, le premier en Tremblay et le second en St-Jean-de-Cogles, mais tous deux avaient cessé de fonctionner à la fin du XVIIe siècle. Nous les étudierons comme précédemment selon leur localisation d'amont en aval.

III.3.1. Moulin de la Galenais

Le moulin à papier de la Galenais (parfois écrit Gallaisnay, Galesnaye) fonctionne au XVIIe siècle ; situé sur un petit affluent de la Loisance, le ruisseau des bas-fonds de la ferme des Echelles, proche du confluent où se situe au début du XIXe siècle la masure d'un moulin à moudre du tabac, il est cadastré sous le numéro A 970 dans les matrices de Saint-Brice-en-Cogles établies en 1830. La première mention en notre possession concerne René Georget, maître-papetier demeurant en ce moulin [105] en 1685. Il est fort probable cependant que le moulin ait fonctionné

104. ADIV 3 B 20, Insinuations de contrats, Fougères, 14 mars 1676.
105. ADIV 4 E 6485, minute André Verron, 13 décembre 1685.

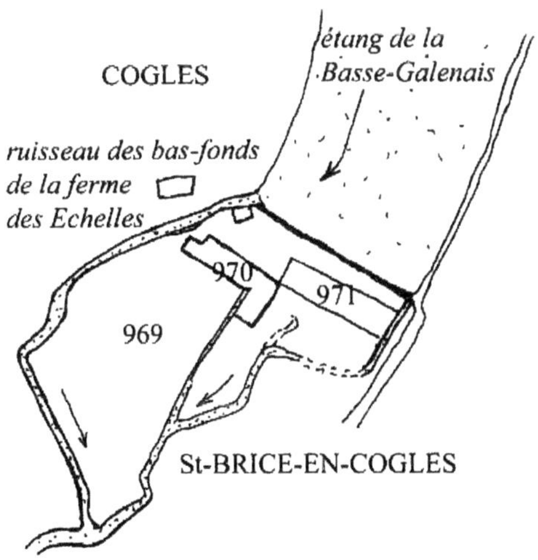

MOULIN DE LA GALENAIS

beaucoup plus tôt, car ce même René Georget est déjà papetier à Saint-Brice en 1677, et Richard Georget, son père papetier autrefois actif au moulin de la Frenais en La Bazouge-du-Désert, est lui-même bien implanté à Saint-Brice dès 1662 (mais son domicile n'est pas précisé dans le registre de cette commune). Le moulin est alors propriété de Jacques de Farcy, seigneur du Rocher, Conseiller au Parlement de Bretagne puis, à la fin du siècle, de Toussaint Auguste de Farcy, fils de Jacques. Dans son ouvrage sur le département d'Ille-et-Vilaine, Banéat précise que le manoir de la Galesnais appartenait aux de Porcon en 1513, et qu'il passa par alliance aux Paisnel seigneurs de Monthorin au XVIe siècle. Plusieurs propriétaires se succèdent alors, et en dernier lieu les Barrin, seigneurs de la Galissonnière, qui vendent, en 1653, la Galesnais avec le Rocher Sénéchal à François de Farcy, seigneur de Saint-Laurent, père de Jacques.

Lequel de ces propriétaires fit-il construire le moulin correspondant ? Les documents de vente n'étant pas en notre possession, nous ne pouvons le préciser, mais il remonte au moins au milieu du XVIIe siècle. On ne connaît pas l'état précis du moulin, mais on apprend qu'il a nécessité des réparations en 1696, réparations du noc et chaussée réalisées par Jean Gabillard, charpentier, pour la somme de seize livres [106]. Ces réparations ont entraîné un chômage de quarante-six journées, et le manque à gagner a dû être suffisamment important pour que René Georget intente le 24 juillet 1696, soit une semaine après les réparations, une action en justice pour obtenir une diminution de sa ferme contre maître Jean Fournier, commissaire aux saisies réelles à Fougères, et contre Olivier de Grosmer, chevalier seigneur tuteur de

106. ADIV 4 B 5396, Juridiction de la Baronnie de St-Brice, 3 février 1698.

Toussaint Auguste de Farcy. Une première sentence de février 1698 lui donne raison et lui accorde une diminution de *« deux cent soixante et seize livres pour lesd quarante et six jours du chommage dudit moulin »* ; après expertise par deux maîtres-papetiers, Jacques Farcy et Jacques Baron, la sentence est confirmée en juillet de la même année. René Georget décède en 1699 et la succession étant abandonnée, un nouvel adjudicataire de la terre et seigneurie du Rocher Portal avec jouissance du moulin, René Le Cocq, sieur de la Martinayes, est nommé. Le fermier fabricant suivant est Jean Roussin. Mais les conditions de travail ont dû être difficiles ; un procès-verbal établi en 1706 fait *« l'état des réparations et dégradations arrivées par l'impétuosité des vents et dernier houragan qui se fit sur la fin du mois de décembre* [107]*»* ; suit une très longue description des réparations entreprises par Toussaint Auguste de Farcy au manoir seigneurial du Rocher, aux différents moulins, métairies et dépendances. Le moulin à papier a dû être réparé très vite, car *« avons remarqué qu'il est en bon état de réparation de couverture, maçonnail et charpente, leq sieur du Rocher l'ayant fait recouvrir depuis peu et fait employer un millier et demy d'essenves, cinquante lattes et deux milliers de clous »* ; dans un procès-verbal de décembre suivant, il est précisé que le moulin est en bon état de réparation *« hors quatre ou cinq journées d'homme qu'il reste encore à faire sur laditte couverture »*.

Après le décès de Jean Roussin, vers 1716, le bail du moulin est repris par Alexandre Boulmer, son fils Alexandre et Jeanne Levazeux sa belle-fille. Manifestement le moulin n'est pas en très bon état de fonctionnement. Toussaint Auguste de Farcy avait pris des engagements vis-à-vis de Boulmer, mais il décède au début de 1717. Ses héritières sont Marie Charlotte de Farcy, Suzanne de Farcy et Modeste Marguerite Félicité de Farcy. Les dettes du père de Farcy devaient être particulièrement élevées et les créanciers actifs, car tous ses biens meubles sont vendus aux enchères (linge, mobilier, bestiaux, céréales...) ; la vente a duré 5 à 6 jours et a rapporté 4171 livres [108]. Les demoiselles de Farcy font dresser procès-verbal *« pour état des indigences et réparations qui peuvent estre nécessaires à la maison seigneuriale du Rocher, aux autres maisons des métairies et moulins* [109]*»* ; les travaux à réaliser sont énormes dans leur globalité, mais il y a quand même assez peu de réparations au moulin de la Galenais sur le plan de l'immobilier ; tout au plus quelques planchers, portes et fenêtres, rien en maçonnerie ; il faut par contre revoir la toiture et recouvrir le moulin de sept milliers d'essentes. Les réclamations d'Alexandre Boulmer portent plutôt sur les ustensiles du moulin ; il faut refaire *« un maillé ou pilon, un petit tremiage et cinq grands [...] les quatre platainnes ne vallent plus rien, et le feu seigneur du Rocher leur avoit promis lorsqu'il entra à son moulin d'y en faire mettre »*.

107. ADIV 4 B 5394, Juridiction de la Baronnie de St-Brice, 9 mars 1706.

108. ADIV 4 B 5409, scellés après décès, St-Brice, juin 1717.

109. ADIV 4 B 5409, scellés après décès, St-Brice, 25 et 26 août 1717.

On en déduit aisément que sans platines correctes, les quatre piles à maillets ne peuvent pas fonctionner efficacement. Les réparations ont-elles été faites ? Probablement, mais les relations entre la famille Boulmer et les de Farcy ont dû se ressentir des réclamations formulées, et Alexandre Boulmer préfère ne pas renouveler son bail pour se rendre à un moulin apparemment beaucoup mieux entretenu et plus fonctionnel, le moulin d'Ardenne.

Qui reprend le bail du moulin de la Galenais ? Nous n'avons trouvé aucun document à ce sujet ; tout au plus peut-on noter que Michel Dupré y est compagnon papetier en 1726, que François Hamon et Michel Hamon, enfants de défunt François Hamon et de Renée Georget, y sont journaliers en 1729 [110], et que ce même François Hamon y demeure en 1737, en étant probablement le fermier. D'autres membres de la famille Georget travaillent encore à ce moulin, dont Madeleine (en 1741), ses frères Jean et Michel (1747, 1750). C'est Jean Georget, sieur de la Binetière, et son épouse Gillette Simon qui sont les fermiers à la fin des années cinquante, mais la faillite en est déclarée en 1759, et un nouveau bail de six ans est consenti par la demoiselle de Saint-Laurent (une fille de Farcy) au profit de Joseph Greslé et femme, demeurant alors à Fougères [111]. Au terme de celui-ci, Michel Tricar et Geneviève Morcel sa femme, demeurant également à Fougères, prennent un bail de neuf années pour la somme de 230 livres par an [112] ; ce bail est renouvelé en 1775, également pour neuf ans et au même prix que le précédent. Les minutes du notaire (Chevalier, notaire à St-Brice) étant absentes des Archives, nous ne disposons malheureusement d'aucun détail concernant les actes, ni du procès-verbal de l'état du moulin rédigé en 1765. Le dernier bail de Michel Tricar va à son terme, et les papetiers fabricants suivants sont issus de la même famille, puisque l'on y retrouve Joseph Roussin, époux de Geneviève Tricar, puis Jean-François Hus, fils de Marie Tricar et de François Hus, au moins jusque vers 1800. Les enfants de Jean-François Hus sont également papetiers, mais les documents ne nous indiquent pas s'ils travaillent toujours au moulin de la Galenais. Le moulin est devenu propriété de Louis Humbert, comte de Sesmaisons, qui le vend à Hyacinthe Forget en 1851, qui à son tour le revend à Julien Dubois, meunier à la Galenais [113]. Le moulin à papier de la Galenais aurait donc été transformé en moulin à grain au milieu du XIXe siècle.

110. ADIV 4 E 6448, minute Jean Coconnier, 16 juillet 1729.

111. ADIV 2C39 63, contrôle des actes des notaires, St-Brice, 20 juin 1759.

112. ADIV 2C39 63, contrôle des actes des notaires, St-Brice, 25 décembre 1765.

113. ADIV 3 P 2390 et 2391, matrices cadastrales de St-Brice, 1830 et années suivantes.

III.3.2. Moulin de la Verrerye

Le moulin à papier de la Verrerye (Vesrerye, Vairie) dont nous rapportons l'existence est situé dans la paroisse de Saint-Jean-de-Cogles qui allait devenir Cogles à la Révolution. Il se situe sur la Loisance, entre la Galenais et Roche-qui-brut, et donc sur la rive droite. Il relève du domaine du Trouainson (Trouenson) dont le propriétaire est à la fin du XVIIe siècle un Le Gall de Cunfiou, comte de Ménoray. Peut-être correspond-t-il au moulin à papier de la Daye situé dans la Vairie de Tremblay mentionné par Maupillé [114], qui relève de la Maison de Saint-Brice au même titre que le lieu et moulin du Trouenson ? La première mention que nous en avons correspond à l'activité en 1666 de deux papetiers cousins, Guillaume et Jacques Durand, qui travaillaient précédemment au moulin d'Ardenne (voir à ce moulin). Quelques années plus tard, après le décès de Guillaume en 1679, le fermier du moulin est Charles Legendre en compagnie de son épouse Perrine Petitpas ; il prend en apprentissage Guy Richard, fils de Michel et de Julienne Petitpas, donc probablement son neveu [115]. Si Charles Legendre est toujours exploitant en 1684, c'est Jacques Baron, maître-papetier, qui est le fermier du moulin en 1686 ; la ferme lui avait été consentie par Agathe Bertin, demoiselle de Saint-Thomas, qui résidait alors au manoir du Trouainson et devait en être la fermière générale. Marie Feillet, épouse de Jacques Baron, décède en décembre 1686, mais celui-ci continue l'activité ; il fait néanmoins réaliser l'inventaire et prisage des biens dépendants de sa communauté, les priseurs étant Fiacre Clinet qui demeure au lieu de Roche-qui-brut et Fanton Laisné, compagnon papetier du moulin de la Verrerye [116]. Contrairement aux moulins précédemment décrits, celui de la Verrerye ne devait avoir qu'une activité assez limitée ; en effet, le fermier ne possède que trois paires de formes et seulement deux posses de feutre ; les stocks de papier sont faibles : *« vingt quattre rames de papier de fin non collé estimé vingt quattre livres, soixante rames de papier non collé de comte et quinze rames de collé »*. Curieusement, la cuve à faire le papier avec les coucheux lui appartiennent, alors que la cuve est habituellement un élément du moulin appartenant au propriétaire, mais l'ensemble ne vaut que cinq livres. Etant probablement à court de ressources, Jacques Baron a été contraint de vendre les vêtements de sa femme, un cheval et du foin, une vache, et *« recognoit aussy avoir faict louer troys peticts bœufs, quattre vaches et deux cochons qui ont esté depansés pour faire travailler au moullin »*. Il a en outre de très fortes dettes : 300 livres à la demoiselle de St-Thomas pour jouissance du moulin, 80 livres au sieur de Pallevard (le propriétaire) pour les meubles que ce dernier a achetés quand Jacques Baron est entré dans

114. Maupillé L., Bull. Soc. Arch. Ille-et-Vilaine, 1879, XIII, p. 221-251.

115. ADIV 4 B 5393, Juridiction de la Baronnie de St-Brice, 25 janvier 1681.

116. ADIV 4 B 5402, Juridiction de la Baronnie de St-Brice, 18 mars 1688.

le moulin, 54 livres aux compagnons papetiers, et 83 livres à ses fournisseurs de chiffes, Pierre Gaultier et A. Le Nouyoux, qualifiés d'amasseurs de drapeaux. Il est évident que Jacques Baron ne pouvait continuer dans ces conditions.

Sans doute l'état du moulin laissait-il à désirer ; deux documents le donnent à penser. En 1690, Gilles Boscher est fermier du lieu du Trouainson et il s'engage à réparer à ses frais la chaussée du moulin de la Verrerye dans tous les endroits nécessaires, de raccommoder les berges et les deux côtés du portage [117], ce qui montre déjà que l'accès en était très dégradé. Le second document est plus explicite en ce qui concerne le moulin lui-même, puisque Jean Le Rocquais – probablement un charpentier – avait passé acte avec Agathe Bertin pour remettre de neuf l'arbre, roue ou pile dudit moulin [118]. Entre-temps, nouveau bail manifestement provisoire (un an et un mois) avait été signé pour René Gesbert jusqu'au 31 octobre 1691. Apparemment, le moulin à papier de la Verrerye cesse alors son activité. Dans le contrat de fermage signé par Guillaume Le Gall de Cunfiou en 1703 au bénéfice de François Bonamy et Jean Caillé, dont nous avons extrait les conditions au moulin de Roche-qui-brut (voir ce moulin), il était écrit que le bail comprenait les moulins à papier (ce dernier terme rayé comme nul et remplacé par à tan et à grain) de la Vairie. Nous pourrions en conclure que réparations avaient été faites avant modification d'activité. Or le procès-verbal de l'état des lieux établi quelques jours plus tard précise : « *Après quoy nous serions transportés dans les moulins à tan et à bled etant dans un mesme corps de logis [...] nous auroient fait remarquer la chaussée où sont les portages dudit moulin entièrement ruinée etant besoin de la rétablir de neuf, dix huit pieds ou environ de la costière dudit moulin tombée le costé vers St Brice joignant le moulin à bled ; et s'est ledit moulin à bled trouvé en aucun estat de moudre d'autant que les meules sont presque de nulle valleur, et de là sommes montés dans la chambre dudit moulin où il s'est trouvé un méchant bois de couchette, un méchant gomas, une paire de presse attachée avecq la muraille du costé de Roche qui Brut [...] quelques paquets de tan [...] et se sont trouvés les planchers dudit moulin en très meschant état.*[119] »

Bien que les preneurs aient eu l'intention de remettre non seulement le moulin de la Verrerye en état, mais aussi tous les autres bâtiments du domaine du Trouainson, il semble bien que l'ouragan de décembre 1705 ait finalement ruiné leurs espoirs, et dans un acte ultérieur de 1712, il est écrit pour la Verrerye « *partie des poutres, solliveaux, planchers sont ruinés et pourris, et sans aucunes portes ny fenestres, et ayant seulement encore deux meules en existences, la couverture presque tombée et les eschaussées ruinées aussy bien que les portages* ». Tous ces évènements nous confirment bien la disparition du moulin à papier de la Verrerye à la fin du XVIIe siècle ; les traces

117. ADIV 4 E 6518, minute Jacques Anger, 29 mai 1690.

118. ADIV 4 E 6518, minute Jacques Anger, 28 août 1690.

119. ADIV 4 E 6525, minute Nicolas Taslé, 7 novembre 1703.

de son existence ne figureront même pas au cadastre de Cogles établi en 1829. L'ensemble des informations ci-dessus rapportées nous permet cependant de le situer approximativement légèrement en amont du moulin de Roche-qui-brut, vers les parcelles cadastrées 109 à 112 de la section D1 Plaisance (voir page suivante), toutes parcelles dénommées Verrerie et qui appartiennent alors à Humbert de Sesmaisons au même titre que le moulin de la Galenais.

III.3.3. Moulin de Roche-qui-brut

Le moulin à papier de Roche-qui-brut est situé en Tremblay, sur la Loisance. L'état des sections du cadastre indique qu'il correspond à la parcelle n° 914, c'est-à-dire le plus en aval des deux moulins de Roche-qui-brut. Situé juste en contrebas du village de la Daie, il pourrait également correspondre au moulin de la Daye dans la Vairie de Tremblay cité plus haut. Comme ceux précédemment décrits, son activité a commencé très tôt puisque l'on trouve la trace de son fonctionnement au milieu du XVIIe siècle. En 1655, le fermier en est Jean Gallouin, beau-frère de Marguerin Durand, fermier du moulin d'Ardenne. Il passe contrat avec Raoul Lemonnier, marchand d'Antrain, pour fourniture de deux charges de vieux linges par semaine « *pesant chascune cent soixante livres poix du roy d'Antrain la moittyé de fin et l'austre de gros à livrer auquel moullin [...] ledit Gallouin paisra auq Lemonnier lors de la livraison la somme de vingt cinq livres [...] qui est pour lesq deux charges ou baillera auq Lemonnier de la marchandise à proportion* [120]». Ce contrat fait suite à celui signé avec un précédent marchand, Vincent Ruault décédé, aux héritiers duquel Gallouin reste redevable du « *nombre de dix rames de papier bon et competant loyal et marchand pesant sept livres au poix du roy ou leur payer quatorze livres* [121] ».

Il nous faut attendre le début du XVIIIe siècle pour trouver une nouvelle trace précise du moulin à papier. En effet, un contrat de fermage établi par Guillaume Le Gall de Cunfiou, chevalier comte de Ménoray, Conseiller du Roy à son Parlement de Bretagne, au bénéfice de François Bonamy, premier huissier à Antrain, et à Jean Caillé, marchand, stipule que le bail est pour le lieu et manoir seigneurial du Trouainson, métairies, moulins à tan et à grains de la Vairie, mais « *se réserve expressement led seigneur bailleur à jouir par ses mains comme il voira du moulin à papier et de la maison de Roche qui Bruct avecq ses despandances comme en jouit actuellement le nommé Farcy aux fins de sa ferme* [122] ». Ce document présente un autre élément d'intérêt : il renseigne sur les conditions climatiques qui doivent parfois être difficiles ;

120. ADIV 4 E 6512, minute Jacques Anger, 17 août 1655.

121. ADIV 4 E 6512, minute Jacques Anger, 12 septembre 1655.

122. ADIV 4 E 6525, minute Nicolas Taslé, 5 novembre 1703.

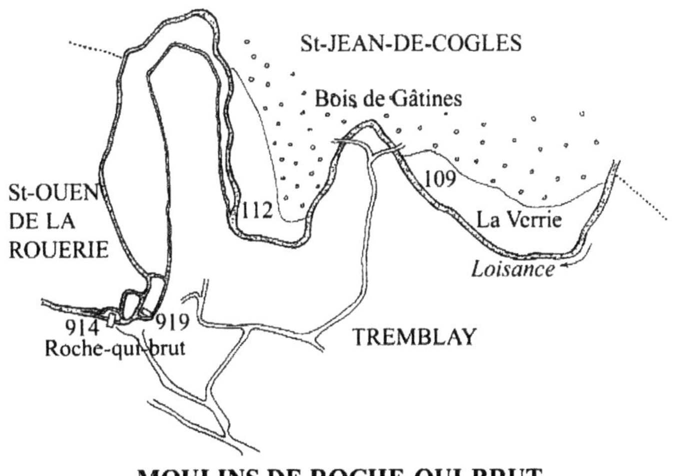

MOULINS DE ROCHE-QUI-BRUT

en effet, il est précisé : « *Auront yceux preneurs les arbres qui pourront tomber par l'impétuosité des vents* », et plus loin « *si par l'impétuosité des vents les maisons et moulins viendroient à tomber, lesd preneurs ne seront tenus aucunement aux réparations* ». Prémonition ? Cet acte était rédigé deux ans avant l'ouragan de décembre 1705.

Le moulin de Roche-qui-brut, mais aussi toutes les terres et dépendances du manoir seigneurial du Trouainson, vont changer de propriétaire. En 1710, le seigneur de Ménoray, faisant tant pour lui que pour Marguerite Renée Benard son épouse, vend tous ces biens à Jean-Baptiste Benard, sieur de la Harpe, lieutenant général « *garde coste en Bretagne* [123]». La vente a lieu moyennant la somme de quinze mille livres. Ces héritages avaient été acquis en 1660 du sieur de Trouainson par le grand-père du seigneur de Ménoray. Nous apprenons également qu'au moment de la vente, les fermiers généraux du domaine étaient depuis 1707 Jean-Louis Roussin, sieur de la Croix, et Marie Cha(s)tel son épouse. Le 7 juillet 1712, Jean-Baptiste Benard prend possession des biens qu'il a acquis [124] après que la ratification du contrat de vente par Louis Le Gall de Cunfiou, chevalier seigneur de Pallevard, père de Guillaume, soit enfin intervenue en juillet 1711. Ce document constitue en fait un état des lieux de la maison principale du Trouainson et dépendances, du moulin à papier de Roche-qui-brut et des métairies relevant du contrat d'acquêt, ainsi que de la maison de la Vairie. L'ensemble des immeubles est en très mauvais état : la maison principale en indigence de couverture, les planchers des greniers et des chambres presque de nulle valeur, les fenêtres et portes toutes cassées et rompues, les murailles en plusieurs endroits pourries et en mauvais état, attendu que faute de

123. ADIV 4 E 1134, minute Poirier, 27 juin 1710.
124. ADIV 4 E 6527, minute Nicolas Taslé, 7 juillet 1712.

couverture, les eaux tombent et découlent le long des murailles ; la maison de la Vairie *« dans laquelle sont quelques ustancilles de moulin tant à bled qu'à tan presque de nulle valleur »* ; seul le moulin à papier de Roche-qui-brut semble encore fonctionnel puisque lors de cette prise de possession *« avons fait battre et tourner ledit moullin à papier »*. Que se passe-t-il après ce changement de propriétaire ? Le contrat d'acquêt est-il annulé ? On ne retrouve plus trace de Jean-Baptiste Benard après octobre 1713, date à laquelle il signe la prolongation d'un bail à ferme pour la métairie de la Dais, Jean-Louis Roussin ayant terminé son propre bail de fermier général. Cinq ans plus tard, c'est à nouveau Guillaume Le Gall de Cunfiou, présent à son manoir du Trouainson, qui signe un bail pour le moulin à papier de Roche-qui-brut [125] au bénéfice de Richard Georget, papetier demeurant au moulin de la Galenais, pour succéder au précédent fermier Jean-Louis Roussin, sieur de la Croix. Le bail est de six ans et comprend le moulin et la maison de Roche-qui-brut plus dépendances ; le montant en est de 200 livres par an, plus deux rames de papier commun et une rame de papier fin *« livrable à la vollonté dudit seigneur bailleur »*.

Bien évidemment ce nouveau bail ne va pas sans procès-verbal des réparations à faire au moulin, établi à la demande de Richard Georget Binetière, fermier entrant, en présence du fermier sortant [126]. Chacun d'eux a nommé comme expert un maître-papetier de son choix : respectivement, Michel Laisné du moulin de la Panisselais en La Bazouge-du-Désert et Alexandre Boulmer du moulin de la Galenais en Saint-Brice-en-Cogles. Un élément intéressant de ce procès-verbal consiste dans le fait que ces experts, avant d'apprécier l'état du moulin, estiment nécessaire de faire *« dénomination de tous les materaux qui rendent un moulin à papier en estat de faire du papier »* ; suit donc la liste des divers éléments qui permet d'apprécier ultérieurement l'état d'usure des mêmes éléments du moulin expertisé. Nous apprenons ainsi que l'arbre, la roue, et les quatre piles à drapeaux sont en état de servir ; des seize maillets ferrés il faut en changer cinq, mais il faut surtout changer douze des seize queues ; la pile à affleurer est également bonne, de même que la cuve de l'ouvreux. La presse doit être réparée ; dans les étendeurs au-dessus du moulin, il y a quatorze perches dont les cordes sont à demi usées. Dans la maison de Roche-qui-brut à côté du moulin, il y a des étendeurs dont les perches sont aussi à demi usées ; la presse à papier et la chaudière à colle sont en état de servir. Le moulin est donc globalement en bon état, et Jean-Louis Roussin s'engage comme fermier sortant à faire les quelques réparations lorsqu'on lui donnera les bois et matières nécessaires à pied d'œuvre. Le bail qui était initialement de six ans a été reconduit, puisque Richard Georget reste maître-papetier du moulin de Roche-qui-brut jusqu'à son décès intervenu vers 1732.

---

125. ADIV 4 E 6529, minute Nicolas Taslé, 24 août 1717.

126. ADIV 4 E 6529, minute Nicolas Taslé, 14 octobre 1717.

Le moulin reste en exploitation par Jeanne Laisné, veuve de Richard Georget, et par Julien Georget sieur de la Rivière, frère du précédent. Après le décès de Julien vers 1739, sa veuve Madelaine Laisné reste fermière du lieu du Trouainson et du moulin à papier, mais en 1747 ses enfants consentent un bail à ferme du moulin sous seing privé au profit de François Hamon, pour une durée de cinq ans huit mois [127]. Ce dernier ne va pas à son terme et dès 1749, un nouveau bail de neuf ans pour le moulin et dépendances est signé par le nouveau propriétaire, Louis Le Gall de Cunfiou, lui aussi seigneur comte de Menoray et Conseiller du Roy en son parlement de Bretagne, au bénéfice de Michel Georget et Jean Georget, enfants de Richard [128]. Le montant annuel du bail est de 210 livres plus deux rames de papier bastard ou pantalon « *du plus fin qu'ils factureront dans lequel moulin, le tout rendu à Rennes à l'hôtel du seigneur de Menoray* ». Il ne paraît pas cependant que les deux frères aient eux-mêmes fabriqué du papier à Roche-qui-brut, car ils sont déjà au moulin de la Galenais. Un nouveau bail pour Michel Dupré a été signé en 1754. L'exploitation du moulin de Roche-qui-brut est alors poursuivie par Michel Dupré et son épouse Jeanne Petitpas, et par leur fils Adrien et Gillette Lecomte, sa femme, au moins jusqu'en 1783 [129]. Lorsque ces derniers se retirent de l'activité papetière, en 1784, le moulin de Roche-qui-brut est repris à ferme par Pierre de la Touche (parfois écrit Delatouche ou Latouche, mais lui-même signe en un seul mot à la fin du XVIIIe siècle, cf. annexe 3). Celui-ci va ensuite se porter acquéreur du moulin et dépendances par un acte du 14 juin 1788 d'avec Marie-Jeanne Jaquelot, épouse de François Claude de Kermarec, au moyen d'une rente perpétuelle et foncière de 200 livres par an et de deux rames de grand papier fin cornet et bâtard, le tout faisant au principal la somme de quatre mille cent-vingt livres. N'ayant pu retrouver l'original de cet acte, nous ne pouvons préciser comment le moulin est passé des mains de Louis Le Gall de Cunfiou à Marie-Jeanne Jaquelot. L'état des lieux est établi lors de la prise de possession du moulin par Pierre de la Touche. Il concerne une maison servante à demeure, une autre maison à côté de la précédente servant à lisser et accommoder le papier, avec chambre au-dessus servant de séchoir, et le moulin à papier qui consiste « *en deux aitres par embas dans l'un desquels au Nord est la Roue et la Batterie composée de cinq pilles, dans l'autre est la cuve presses et autres ustancilles propres à fabriquer le papier, ledit moulin tournant et disposant la mattiere pour laditte fabriquation [...] montés par un escallier de pierre dans les chambres au-dessus, la première donnant sur le tournant et batterye servante de sechouer et la seconde nommée la chambre d'eliseux sur laquelle est une atente de grenier [...] busty de pierre couvert d'essenves, joint du bout vers midy, le costé vers occident aux vallées de la Dais, d'autre*

127. ADIV 2 C39 38, contrôle des actes des notaires, Saint-Brice-en-Cogles, 24 juillet 1747.

128. ADIV 4 E 2171, minute Louis Coconnier, 15 mars 1749.

129. ADIV 4 E 6587, minute J. Jugan, 5 août 1783.

bout vers nord à la rivière de Loyzance, et d'autre costé au ruisseau de la Dais [130]». Suit la description des divers terrains et prairies compris dans l'acquêt, dépendant tant de la baronnie de Saint-Brice en la paroisse de Tremblay et en celle de Cogles, que de la juridiction et comté de la Rouerie, en la paroisse de Saint-Ouen-la-Rouerie. Mais avant signature, il est fait remarquer l'état actuel des maisons et logements dudit moulin de Roche-qui-brut qui « *sont en très grandes indigences de réparation, tous les murs en massonail commun et particulièrement ceux dudit moulin etants prest d'assoler, que les charpentes sont en mauvais état, que les planchers portes et fenestres sont de nulle valleur fors deux croizées vitrées qui sont en bon état que l'acquéreur a déclaré avoir fait faire luy mesme à la cuisine et à la salle à costé, et que les couvertures sont pareillement en indigences de réparation, pour quoi il est nécessaire et même indispensable que le tout soit réparé et fait de neuf pour la majeure partie pour pouvoir en jouir commodément. Ces réparations sont d'autant plus pressantes que la fabriquation du papier en souffre et est gesnée par le deffaut de planchers, la poussière et les ordures tombants dans la cuve, sur le papier et dans les pilles au travers des planchers qui existent qui sont faits de mauvaises planches jettées sans estres jointes ny embousselées* ». La comparaison entre cet état des lieux et celui de 1717 révèle donc une très grande dégradation du moulin, les propriétaires successifs s'étant manifestement désintéressés de son état.

Le nouveau propriétaire entreprend-t-il les réparations ? Nous ne pouvons l'affirmer, mais il continue à fabriquer du papier, au moins jusqu'au décès de son épouse Brigitte Pottier en l'an II (16 décembre 1793). Le citoyen Pierre Delatouche fait réaliser l'inventaire et estimation des meubles et effets mobiliers dépendants de sa communauté [131] ; concernant son activité papetière, on y relève qu'il possède alors :

« - *Une presse à couper du papier prisée vingt livres,*
- *trente rames de papier carré p. quatre cent cinquante livres,*
- *soixante douze rames de papier bâtard commun p. huit cent vingt quatre livres,*
- *douze rames de bâtard gris p. soixante douze livres,*
- *trois rames d'écu gris p. trente livres,*
- *quatre rames de toisan moyen p. soixante douze livres,*
- *trois rames de pot p. vingt-une livres,*
- *un cent de casse p. vingt livres,*
- *cinquante livres de casse de mauvais gros p. cinq livres,*
- *dix paires de formes p. cent quarante livres,*
- *quatre cent de colle p. cent livres,*
- *cinq rames de papier bâtard commun p. quarante livres,*
- *vingt quatre rames de bâtard commun p. quatre vingt quatorze livres,*
- *onze rames de quarré en page p. cent quarante trois livres,*

130. ADIV 4 E 6593, minute J. Jugan, 29 juillet 1789.

131. ADIV 4 E 6644, minute J.-P. Faucheux, 9 messidor an II.

- vingt deux rames de bâtard fin en page p. deux cent quarante deux livres,
- huit autres rames du même p. quatre vingt huit livres,
- trante six rames toiseaux en page p. sept cent vingt livres,
- trante rames de bâtard commun en page p. cent quatre vingt quinze livres,
- sept rames de bâtard fin en page p. soixante dix sept livres,
- quatre cent livres de papier jeanne p. cent livres,
- une posse de faute de quarré p. deux cent livres,
- une posse de faute de bâtard p. deux cent livres,
- une posse de faute de grand raisin p. deux cent livres,
- une posse d'écu p. soixante livres,
- onze rames d'écu fin en page p. deux cent vingt livres,
- quarante huit rames de bâtard commun en page p. trois cent douze livres,
- seize rames de bâtard fin en page p. cent soixante seize livres,
- une somme et demie de chiffes fines p. quatre vingt dix livres,
- quinze autres sommes de chiffes p. six cent livres,
- cinq sommes de mauvaises chiffes p. soixante livres,
- cinq sommes de bon gros p. cent vingt livres,
- trois bancelles et les faux à trier la chiffe p. six livres,
- quinze sommes de chiffes p. sept cent cinquante livres,
- deux livres et demie de bleu de prusse p. vingt quatre livres. »

Il y a donc dans le moulin et les séchoirs 342 rames de papier de qualités diverses en attente de commercialisation, ainsi que 36,5 sommes de chiffes. Quelques mois après son veuvage, Pierre Delatouche se remarie avec Marie Collin, marchande originaire de Saint-Sulpice-de-Fougères. Il ne semble pas avoir poursuivi longtemps son activité au moulin à papier, et on ne retrouve sa trace qu'en l'an XIII, où, demeurant alors à Rennes, il consent un bail de neuf années à Louis Berthelot pour l'exploitation du « *moulin à bled en construction que ledit bailleur s'oblige de tenir prêt à recevoir les tournans et moulans à l'époque de l'entrée en jouissance [...] pour la somme de cinq cents francs chaque année plus un quintal de farine de froment estimé dix francs* [132]». Ce moulin à farine fonctionne parallèlement au moulin à papier ; en 1814, ce dernier est exploité par Jean Pelé, marchand papetier, alors marié à Julienne Jeanne Blin. Jean Pelé en est encore déclaré propriétaire dans le registre de l'état des sections de Tremblay établi en 1826, bien qu'il soit décédé en 1825 ; Augustin Blin y travaille également comme papetier avec son épouse Françoise Roussin. Les matrices cadastrales de Tremblay établissent que le moulin à papier de Roche-qui-brut est démoli en 1838 et transformé en moulin à tan, alors que le moulin à eau (sans doute celui à grain) continuera à fonctionner.

132. ADIV 4 E 6634, minute J.-B. Hodouin, 30 vendémiaire an XIII.

III.3.4. Moulin d'Ardenne

Le cadastre établi en 1824 pour Tremblay, section A1 de la Beucheraie, situe le moulin à papier et ses bâtiments annexes sur les parcelles 109 à 112, au cœur d'une boucle de la rivière Loisance (voir plan). D'après Banéat, le Manoir d'Ardenne dont relève ce moulin à papier appartenait aux de Langan en 1428, à Jeanne du Pontavice en 1494, aux Liger en 1513 ; il fut vendu judiciairement au XVIIe siècle aux de la Cornillère qui en étaient encore propriétaires au milieu du XVIIIe siècle. Le plus ancien document original relatif à ce moulin est une convention établie devant notaire en 1642 entre « *Claude Morin sieur de la Pierre fermier de la traicte morte de la coustume transchante de la chastelainye d'Antrain et Bazouges et Marguerin Durant maître-papetier fermier du moullin à papier d'Ardanne* [133]» ; elle stipule que Durant portera du papier de son moulin à St-Malo ou ailleurs en Bretagne et rapportera des marchandises à son moulin, la date d'effet étant le Noël précédent, ce qui signifie que Marguerin Durant était déjà fermier en 1641. La convention est signée des deux parties, et notamment très bien par Durant, révélant ainsi qu'il savait écrire. Il travaille en compagnie de son fils Guillaume et de son neveu Jacques dans ce moulin qu'ils avaient affermé d'avec Jacques de la Cornillère seigneur d'Ardenne. Au jour Saint-Michel 1666, Guillaume et Jacques Durant quittent Ardenne pour travailler et résider au moulin à papier de la Verrerye, et transaction est alors rédigée concernant leur participation aux réparations qui avaient été réalisées au moulin d'Ardenne [134].

Marguerin Durant décède en 1667. Les documents nous font alors défaut pendant plusieurs décennies, et nous retrouvons au début du XVIIIe siècle, comme priseur dans un acte de succession [135], Robert Chatel, sieur des Vallées, demeurant au moulin à papier d'Ardenne (il signe d'ailleurs robert chatel sans le s central). Le propriétaire du moulin est alors Louis-François de la Cornillère. Les fermiers en sont Robert Chatel et son épouse Gillette Houitte ; ils le demeurent jusqu'en 1717, fin de leur bail qui est repris par Jean-Louis Roussin, sieur de la Croix, et son épouse Marguerite Avril [136]. Ce bail est de six ans huit mois et il s'achèvera au 1er juillet 1725 ; le montant en est de 135 livres par an, somme payable par demi-année, plus fourniture au bailleur de « *quatre rames de papier, deux de pot et deux de bastard bon et bien conditionné* ». D'autres clauses du bail sont intéressantes ; en effet, lorsque le seigneur d'Ardenne voudra faire mettre en place de neuf au moulin les trois principales pièces qui sont les piles, l'arbre et la roue, pièces qu'il est obligé de remplacer

133. ADIV 4 E 6511, minute Jacques Anger, 22 janvier 1642.

134. ADIV 4 E 6514, minute Jacques Anger, 25 novembre 1666.

135. ADIV 4 B 5409, scellés après décès, Baronnie de St-Brice, 21 mai 1711.

136. ADIV 4 E 6529, minute Nicolas Taslé, 27 janvier 1718.

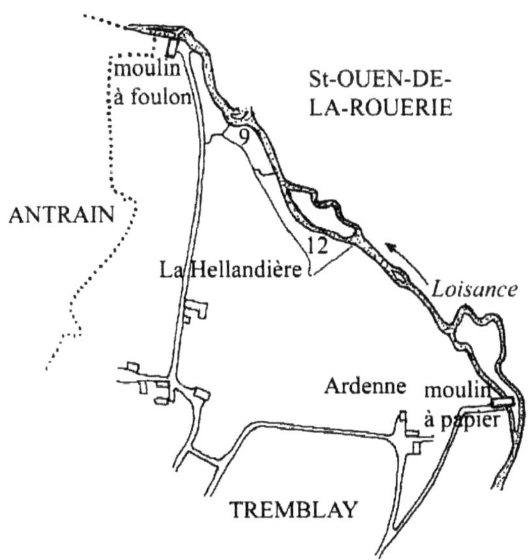

MOULINS D'ARDENNE ET DE LA HELLANDIERE

à ses frais dès lors que celles qui y sont seraient défaillantes, « *les preneurs ne pourront prétendre à aucune diminution du présent bail à l'égard du chommage* ». Il s'agit sans doute là d'un point sensible ; en effet, nous avons mentionné que René Georget, fermier du moulin de la Galenais, avait requis quelques années auparavant une diminution de son fermage pour cause de chômage du moulin suite à réparations, et qu'il avait obtenu gain de cause ; sans doute le bailleur veut-il ici se prémunir contre une éventuelle démarche de ce type. En outre, il est interdit aux preneurs de « *vandre ny debiter aucuns cildres ny autres liqueurs dans ledit moulin* », de faire du sous-fermage sans le consentement du bailleur, et en cas de « *non payement des jouissances du présent bail, le seigneur bailleur pourra faire expulser les preneurs sans aucunes formalités de justice* ».

Jean-Louis Roussin est prêt à accepter toutes ces conditions, mais en homme avisé, il assiste au procès-verbal de fin de bail entre son prédécesseur Robert Chatel et Louis-François de la Cornillère [137]. Les experts nommés pour estimation de l'état du moulin sont Alexandre Boulmer et Denis Chatel, maîtres-papetiers demeurant respectivement au moulin de la Galenais en St-Brice et au village de la Hommais en St-Ouen-la-Rouerie. Ce procès-verbal est très détaillé ; nous en extrayons plusieurs informations significatives : « *L'arbre dudit moulin lié de quatre liens de fert garni de deux tourillons qui sont à changer [...] la roux demie usée cependant en estat de servir [...] quatre pilles à drapeau, quatre grands tremiers, seize maillets et seize queues, quatre*

137. ADIV 4 E 6529, minute Nicolas Taslé, 18 octobre 1717.

petits tremieges le tout cy dessus en etat de servir, la pille a fleurer un grand tremiege, trois petits maillets, un petit tremiege, trois queues a maillets aussy en estat de servir [...] la grande goutiere qui porte l'eau aux quatre pilles tout le long de l'arbre en etat de servir [...] la cuve en quoy on fait le papier de nulle valleur [...] la presse proche la cuve [...] en etat de servir, deux jambes de presse une etant en etat de servir l'autre menaçant de ruine [...] une chaudiere à faire cuire la colle en etat de servir. » En bref, ce qui sert à faire le papier n'est pas en trop mauvais état. Il n'en est pas de même dans les étendeurs pour faire sécher le papier où « *les arbitres ont remarqué seize grandes perches dont il y en a quatre de rompues et huit travers garnis de leurs cordes au trois cart usées [...] le coulombage des grands etendeurs lesquels il faut rellater tout de neuf [...] il faut réparer les couvertures duquel moulin en différents endroits [...] les planchers des grands etendeurs qui sont de terre doivent être rechargés [...] et en cet endroit lequel seigneur d'Ardenne a promis auquel Roussin de luy faire plancher de careaux la moityé du plancher des petits etendeurs* ». La salle de demeure du moulin est en bon état, de même que toutes les portes du moulin et appartements, mais elles sont toutes sans clefs. Le seigneur d'Ardenne s'engage donc à faire procéder à toutes réparations, les plus urgentes à la Toussaint prochaine et le reste à la Saint-André, soit fin novembre. Jean-Louis Roussin accepte donc de commencer son bail au 1er novembre 1717.

Le 1er juillet 1725, fin du bail du sieur Roussin. À requête de Louis-François de la Cornillère, Julien-Michel Herbert, commis greffier des experts de la Châtellenie d'Antrain, se rend au moulin à papier pour en rapporter état et procès-verbal [138]. Les experts en sont cette fois Richard Georget, maître-papetier au moulin de Roche-qui-brut, et de nouveau Denis Chatel, maître-papetier demeurant au moulin de Brimblin de la paroisse de St-Georges-de-Chauvigné. L'expertise est faite en présence de Jean-Louis Roussin, fermier sortant, et d'Alexandre Boulmer, fermier entrant, qui connaît bien le moulin puisqu'il avait procédé à la précédente expertise de 1717. Il n'est pas utile de rapporter les détails car tout est en état de servir (roue, arbre, piles, gouttières...), sauf « *la cuve en quoy on fait le papier aux trois quarts usée* ». Le propriétaire avait donc tenu parole en ce qui concerne la remise en état des ustensiles du moulin. Il ne semble pas en avoir été de même avec l'immobilier ; en effet, « *lesquels arbitres ont remarqué que le colombage du grand etandeur qu'il faut relatter de neuf, les deux costés des petits etandeurs aussy à relatter en plusieurs endroits ; et ont lesdits arbitres remarqué la couverture du moulin bonne fors celle de la demeurance ou il manque de la paille au pignon occidental d'ycelle renversée par les grands vents et avons remarqué qu'il n'y a aucune porte entre les petits et grands etandeurs [...] les planchers des grands etandeurs de terre doivent être rechargés, le plancher des petits etandeurs aussy de terre et de peu de valleur [...] les portes du moulin sont sans clef ny claveure [...] le plancher de la salle en très grande indigence de réparation que ledit seigneur s'oblige de*

138. ADIV 4 E 6494, minute J.-M. Herbert, 1er juillet 1725.

reffaire à ses frais ». Sur ces aspects, et malgré les promesses, Jean-Louis Roussin n'avait probablement pas eu gain de cause. Quelques autres détails intéressants : dans la salle du moulin, une presse garnie de ses leviers, un lisseux à habiller le papier de 7 pieds 4 pouces de longueur ; le fond de la chaudière à faire la colle est en cuivre rouge et le tour d'airain de 2 pieds de profondeur et 2 pieds et demi 2 pouces de diamètre. En outre, Alexandre Boulmer et Jeanne Levazeux sa belle-fille ont racheté au sieur de la Croix un garde-manger et un évier pour la somme de 4 livres. Pendant la durée de son bail Roussin avait fait quelques travaux, pour lesquels le seigneur d'Ardenne lui consent donc une réduction de 45 livres, plus une déduction de 8 livres pour le reposeux (ailleurs noté reposouer) que Roussin a acheté et fait placer à ses frais. Alexandre Boulmer peut donc commencer son bail.

En fait, et selon l'habitude, le bail avait été signé quelques mois avant l'expertise du moulin [139] et avant la fin du bail du précédent fermier. Les preneurs sont *« Alexandre Boulmer et honeste femme Jane Vazeux veuve d'Alexandre Boulmer fils dudit »*. Il est pour le temps de six ans entiers. Il se rapporte au moulin à papier *« ainsy qu'il se consiste avec ses logements et etandeurs, les jardins à pot tant deriere que devant, ledit seigneur se reservant la prée au detour joignant et bornant laditte rivière laquelle etoit precedament dependant dudit moulin [...] est accordé que les dits preneurs n'auront point de passage aux chevaux sur la prée depuis la chandeleur jusques la my aoust »*. Il est également spécifié *« qu'en cas de décés d'un des dits preneurs arrivant avant que le présent bail fust expiré, celluy ou celle qui restera poura achever l'année et résillier la présente ferme avertissant ledit seigneur trois mois devant »*. Les autres clauses du bail concernant entretien et réparations du moulin sont identiques à celles décrites pour le précédent fermier. Le montant du bail n'est, par contre, plus du tout le même, puisqu'il passe à 200 livres par an au lieu de 135 en 1717 ! Belle inflation. Les preneurs doivent toujours fournir les quatre rames de papier précitées, mais en plus une autre rame de papier batard parce que *« ledit seigneur leur cède le regain de la prée à condition qu'ils cloront laditte prée, et qu'ils en auront l'émonde aussy bien que des jardins »*. Une phrase mérite encore d'être soulignée : au cours de leur bail, les preneurs devront *« faire et perfectionner le papier »* ; c'est la seule fois où nous avons vu qu'un propriétaire de moulin se préoccupait de la qualité de la production. Il faut croire que les deux parties sont satisfaites des arrangements. En 1729, soit deux ans avant la fin de ce bail, Louis-François de la Cornillère confirme sa durée jusqu'au premier juillet 1731, mais surtout, il signe pour Boulmer par anticipation un nouveau bail pour neuf ans, jusqu'au premier juillet 1740, avec possibilité de réaliser ou d'éviter une nouvelle expertise du moulin en intermédiaire. En outre, d'un commun accord, bailleur et preneur font considérer que la précédente clause concernant le décès de Boulmer ou de sa belle-fille, clause qui aurait pu entraîner la

139. ADIV 4 E 6494, minute J.-M. Herbert, 22 février 1725.

résiliation du bail en cours, soit annulée « *comme si elle n'avait été rapportée, renonçant de part et d'autre à s'en servir* ». Belle preuve de confiance mutuelle ! Toutes les autres conditions sont les mêmes, sauf que le montant annuel en est maintenant ramené à seulement 126 livres, mais toujours avec fourniture des cinq rames de papier [140].

Le bail va à son terme ; il est même renouvelé. Sans que l'on ait retrouvé trace du nouveau bail, un document de 1743 nous apprend que Jeanne Levazeux est toujours fermière du moulin [141]. Dans une ordonnance rendue le 7 juin de la même année, Louis-François de la Cornillère est condamné par le subdélégué de l'intendant de Bretagne à verser 155 livres 11 sols de droits de succession et divers, suite au décès de Renée-Jeanne de la Cornillère, sa sœur décédée sans hoir de corps. Il atourne et délègue sa fermière au paiement de cette somme qui devra être réglée en deux fois, au premier janvier et au premier juillet de l'année suivante. Sans que cela soit précisé, on peut penser que c'est le règlement du fermage qui est ainsi dévolu à l'exécution de cette condamnation. Alexandre Boulmer meurt en 1749, mais sa bru continue alors la production dans ce même moulin d'Ardenne ; dans un acte de 1750, elle y est qualifiée de maîtresse-papetière [142]. Elle y demeure avec sa famille jusqu'à sa mort en 1766.

Le fermier suivant est Pierre Roussin, sieur du Val, qui, selon l'état de 1771 transcrit dans le récapitulatif de 1776, produit 900 rames de papier avec une cuve. Il y travaille jusqu'à son décès en 1783. Le partage des meubles et effets mobiliers qui est fait après décès [143] est extrêmement intéressant car détaillé ; nous le rapportons ci-dessous car il indique les types de papier produits, les stocks de papier fini et leur prix, et les chiffes en attente. Il nous permettra ainsi d'établir une comparaison entre les deux moulins voisins d'Ardenne et de Roche-qui-brut. Le document traite la succession en deux lots, celui de l'épouse de feu Pierre Roussin, Marguerite Mahot, et celui des enfants ; nous avons globalisé les lots par souci de simplification. La succession comprend donc :

« - *Mille sept cent dix huit livres de chiffes élus poids de vingt-quatre onces, estimés deux cent vingt livres,*
- *cent soixante sept livres de chiffes fins, estimés douze livres*
- *cinquante quatre livres d'autres chiffes,*
- *mille deux cent quatre vingt-seize livres de chiffes à élire, estimés cent quarante-quatre livres*

140. ADIV 4 E 6531, minute Nicolas Taslé, 18 août 1729.
141. ADIV 4 E 6429, minute Jean Boivent, 27 septembre 1743.
142. ADIV 4 E 6442, minute Julien de Mezandré, 25 août 1750.
143. ADIV 4 E 6587, minute Julien Jugan, 21-24 mai 1783.

- cinquante cinq livres de même chiffes,
- deux cent vingt rames de papier de trois sous pour timbre estimées à raison de quatre livres la rame,
- soixante douze rames de papier de pot commun estimées à raison de quarante cinq sous la rame,
- soixante treize rames de papier bastard commun estimées à raison de quarante sous la rame,
- quatre-vingt treize rames de papier de pot fin estimées à raison de cinquante cinq sous la rame,
- six rames de papier bastard fin prisées à raison de quatre livres dix sous la rame,
- vingt-quatre rames de papier brouillard à raison de trente sous la rame,
- quarante neuf rames de papier écu gros à raison de cinquante sous la rame,
- ce qu'il y a de papier d'enveloppe estimé douze livres,
- trois rames et demie de papier à lettre estimées douze livres,
- trente et une rames de petit papier bleu bastard moyen à raison de trois livres six sous la rame,
- ce qu'il y a de reste de papier sur la planche estimé neuf livres,
- ce qu'il y a de papier cassé et non collé estimé trente livres,
- deux cent trente deux rames de petit papier à deux sous pour timbre à raison de quarante huit sous la rame,
- neuf rames de papier bastard moyen estimé vingt sept livres,
- deux vieilles formes d'écu, une autre forme de grand raisin, une troisième de pot, une autre pour Timbre à trois sous, estimés ensemble vingt-deux livres,
- une paire de formes de grand Timbre, une autre de bastard, une autre de tresse, une de petit raisin et une vieille de pot estimés vingt et une livres douze sous,
- une posse de flaude d'écu estimée soixante livres,
- une posse de flaude bastard et une autre posse de flaude en deux pacquets estimés ensemble vingt livres,
- une posse de flaude de bastard estimée cent livres,
- deux posses de flaude de pot estimées six livres. »

Ce descriptif appelle quelques remarques. Tout d'abord, le stock de papier semble énorme par rapport à la production précédemment déclarée dans l'enquête de 1771 ; en effet il y a dans le moulin 842 rames, alors que la production déclarée était de 900 rames par an en 1772 et de 1000 rames dans le récapitulatif de 1776. Il faudrait donc imaginer que les quatre-cinquièmes de la production n'aient pas encore été distribués, ce qui est peu probable, en admettant même que la livraison du papier timbré doive s'effectuer seulement à échéances fixes dans l'année. Il est fort possible également que la production déclarée aux services de l'Intendance ait été sérieusement minorée. Si on compare l'évolution de la production, on constate que, du temps de Boulmer, il était déclaré en 1729 une fabrication de 400 à 500 rames ; il y a donc eu au minimum un doublement de la production entre ces deux enquêtes ; il est vrai qu'une pile à maillets de plus a été mise en fonction (cinq déclarées en 1776 au lieu de quatre s'il n'y a pas eu confusion avec une pile à affiner). Le moulin commençait également à produire le papier bleuté, donc l'évolution technique avait lieu en fonction des recommandations de l'Académie Royale des Sciences pour tenter d'imiter les papiers de Hollande. Dernière remarque, le coût extrêmement élevé des feutres destinés à coucher le papier (posse de flaude dans ce document) ; aucun élément ne nous permet d'estimer la durée de vie de ces feutres, mais on peut espérer que la posse de flaude de bastard à cent livres devait être neuve !

À ce stade, il est tentant d'établir une comparaison entre l'activité du moulin de Roche-qui-brut et celle du moulin d'Ardenne. En effet, nous avons vu précédemment l'inventaire établi en 1793 suite au décès de Brigitte Pottier, épouse de Pierre Delatouche ; il y avait 342 rames de papier de qualités diverses en attente de commercialisation. En déduisant ici le papier fabriqué pour le Timbre, soit 452 rames, il reste 390 rames de papiers de qualités diverses, ce qui est du même ordre que la quantité décrite pour Roche-qui-brut. Il y avait en outre à Ardenne 3280 livres poids de chiffes estimées environ quatre cent livres, contre 36 sommes et demie de chiffes, soit environ 6000 livres poids, pour une valeur de mille cinq cents livres ; le stock de matière première semblait donc plus important à Roche-qui-brut, et la valeur de la chiffe paraît avoir sérieusement augmenté en une dizaine d'années, ce qui serait en accord avec la raréfaction de ce matériau.

La succession Roussin est assez complexe à régler, car si un lot échoit à la veuve Mahot qui continue à exploiter le moulin, le second lot doit être divisé entre les neuf enfants et petits enfants. Elle nécessite quelques arrangements ; d'abord *« le papier pour Timbre sera livré à Rennes ne pouvant être destiné ny vendu à des particuliers et qu'ils* [les héritiers] *en percevront le prix suivant les conventions »* ; ensuite *« ils ont déclaré ne pouvoir commodément partager la posse de flaude d'écu estimée soixante livres, que d'ailleurs elle ne peut être partagée sans quoi elle ne pourrait plus servir [...] ne peuvent commodément partager les seize cent quarante livres de chiffes qui leur sont échues attendu qu'ils sont de différentes qualités et partie mouillés »*. Le tout est donc racheté par la veuve Mahot, qui a dû en outre payer pour reste de jouissance du moulin une somme de 51 livres à Alexandre-Marie Picquet, seigneur du Bois Guy, actuel propriétaire du moulin. Margueritte Mahot exploite donc le moulin d'Ardenne en compagnie de sa fille Marie-Anne et de son gendre François Hus, papetier originaire des Loges-sur-Brecey, diocèse d'Avranches. Ce dernier vient d'obtenir à titre de féage pur et simple le moulin et ses dépendances de Joséphine-Françoise Dubois Lebon, épouse d'Alexandre-Marie Picquet, pour une rente de 120 livres par an, plus *« quatre rames du meilleur papier qu'ils fabriqueront savoir une rame de papier pot, une de batard, une autre de cornet et la quatrième de papier à lettre icelles estimées la somme de douze livres par an* [144] ». Au début du XIXe siècle, François Hus et son épouse Marie-Anne Roussin donnent l'exploitation du moulin par bail de neuf ans à leur fils François et à son épouse Henriette Depasse [145], pour la somme de 300 francs par an. Le bail est renouvelé par anticipation en 1819 avant d'arriver à son terme [146]. Au décès du père, trois mois plus tard, Marie-Anne Roussin fait une donation entre vifs au bénéfice de ses trois enfants [147]; les deux filles Révérende Hus et Marie-Anne Hus revendent leur part à François, ce qui met l'ensemble, moulin à papier, maison et jardins à 9000 francs, à charge pour les bénéficiaires d'entretenir Marie-Anne Roussin pour ses vieux jours. François Hus fils rénove et modernise le moulin ; le bâtiment est allongé et il y fait placer sept pilles en pierre dont six à maillets ferrés ; il fait construire également la maison de la chaumine. L'activité est donc importante ; malheureusement François tombe accidentellement dans le Couesnon où il décède en 1833. L'inventaire fait après décès est impressionnant [148] ; nous ne pouvons rentrer dans les détails, mais la valeur de chaque élément du moulin (hors les murs) est estimée, de la roue à 120 francs à l'auge à chaux de valeur 25 centimes. Sans compter le papier, l'ensemble des ustensiles du moulin s'élève à 2970 francs 75 centimes. Le moulin à papier continuera à fonctionner pendant quelques années, mais son activité va diminuer ; les matrices cadastrales de Tremblay font état d'une réduction d'impôt en 1852, d'une destruction en 1858, puis d'une transformation en moulin à tan.

III.3.5. Moulin de la Hellandière

Un moulin de ce nom figure toujours au cadastre de Tremblay ; il s'agit cependant du moulin à foulon bien connu et décrit dans d'autres ouvrages sur les moulins. Il ne provient pas d'une transformation antérieure du moulin à papier, car les deux ont coexisté au XVIIe siècle. Le propriétaire en était alors René de la Hellandière. Bien que nous n'ayons pas retrouvé d'acte de ferme, un document de 1655 nous apprend que l'exploitant en est Gabriel Ganné. Pour dette de 100 livres envers Vincent Ruault, marchand demeurant en la ville d'Antrain, *« lequel Ganne s'oblige fournir livre auquel Ruault le nombre de cent charges de papier bon et competant pesantes sept livres poix du Roy la ramme pour la somme de quarante et une livres douze souds la charge a livrer auquel Ruault dans deux ans et demy qui font dix charges par cart d'an* [149]».

---

144. ADIV 4 E 9954, minute Armand Caillière, 7 avril 1787.

145. ADIV 4 E 6666, minute J.P. Faucheux, 16 décembre 1814.

146. ADIV 4 E 6674, minute M.F. Faucheux, 3 mars 1819.

147. ADIV 4 E 6674, minute M.F. Faucheux, 14 juin 1819.

148. ADIV 4 E 6692, minutes M.F. Faucheux, 6 et 7 septembre, 9 novembre 1833.

149. ADIV 4 E 6512, minute Jacques Anger, 7 février 1655.

Or, trois mois et demi plus tard, un nouveau document [150] nous apprend que pour dette de 100 livres envers Raoul Lemonnier, marchand demeurant en la ville d'Antrain, le même Gabriel Ganné *« s'oblige faire et fournir le nombre de cinquante charges de papier bon et competant loyal et marchand pesant sept livres poix la ramme a livrer auquel Lemonnier dans un an trois mois qui commencera au premier jour de juillet prochain et finira du jour St Michel mil six cents cinquante six, a livrer de trois mois en trois mois dix charges par trois mois [...] en prenant lesquels papiers auquel moullin de la Hellandierre a raison de trente et deux rames par charge »*. La similitude des deux contrats est troublante, et pose la question de l'importance de la production papetière du moulin de la Hellandière. Si l'on s'en tient aux deux compromis signés, Ganné s'engageait à livrer deux fois dix charges par trimestre ; une charge contenant environ trente-deux rames, cela nous amène à une production de 2560 rames de papier par an. Il s'agirait d'une production énorme pour la région ; en effet, l'enquête de 1729 (dans laquelle le moulin de la Hellandière ne figure pas puisqu'il a cessé son activité) indique qu'à Ardanne et Roche-qui-brut, on produit quatre à cinq cents rames de papier par an. Qu'en déduire ? Que le moulin de la Hellandière était très important au milieu du XVIIe siècle ? Que le nommé Ganné s'engageait pour une production supérieure à ce qu'elle était ? Que les papetiers exploitants qui ont répondu à l'enquête royale de 1729 avaient tendance, pour des raisons fiscales que l'on imagine très bien, à minorer leur production ? La réponse nous vient en fait d'un document concernant le moulin de Roche-qui-brut que nous avons déjà signalé (voir page 122). Nous y apprenons que quelques mois après avoir signé avec Ganné, ledit Ruault est décédé ; son contrat a donc été résilié et la même fourniture reprise par Lemonnier. Dans ce cas, la production annuelle du moulin de la Hellandière se trouve ramenée au total plus raisonnable, quoique toujours important, de 1280 rames par an.

Quelques années plus tard, les fermiers exploitants sont Jacques Leprince et Gabriel Davy [151]. Manifestement ces deux hommes sont en désaccord, le dénommé Leprince ayant présenté réquisition en la juridiction royale d'Antrain pour faire saisir les meubles et marchandises de Davy pour défaut de paiement de la ferme au sieur de la Hellandière ; fort heureusement, un accord intervient avant d'aller plaider, et Leprince disposera du papier et des marchandises de son associé, moyennant quoi il paiera une partie des dettes de celui-ci. Les fermiers changent encore et c'est Jean Macheffert, marchand papetier, qui exploite le moulin [152] en 1676. Nous ne disposons malheureusement d'aucun acte de ferme ni de procès-verbal de l'état du moulin. Sans doute n'est-il plus en très bon état à la fin du siècle car nous ne notons

150. ADIV 4 E 6512, minute Jacques Anger, 30 mai 1655.

151. ADIV 4 E 6514, minute Jacques Anger, 7 juillet 1663.

152. ADIV 4 E 6519, minute Julien Taslé, 8 avril 1676.

aucun fermier suivant. L'information la plus importante concernant ce moulin à papier est contenue dans le partage des héritages provenant des successions de Guillaume Marc et de Georgine de la Hellandière, sieur et damoiselle des Muretz [153] ; Gabriel Marc, sieur de la Chesnardais, choisit le quatrième et dernier lot qui comprend entre autres biens :

« - *Une maison de vingt sept pieds de costière servante à moulin à fouleur [...] avec les piles, pilons et autres ustensiles dudit moulin,*
- *la vallée du moulin à papier au bout oriental de laquelle sont les mazières et emplacement d'un moulin à papier, pasturail et jaunay joignants le bois normand, les biez, eschaussées et portage dudit moulin,*
- *le tout des maisons et heritages dudit lieu de la Hellandière dans un pourprix et enclos joignant vers orient la rivière de l'Oysance, vers midi à terres du lieu noble d'Ardennes et autres particuliers et vers occident et septentrion à terre de Vincente Jugan veuve de Jullien Fesnoux l'Escottay.* »

Le moulin à papier de la Hellandière a donc cessé son activité à la fin du XVIIe siècle. Sans pouvoir le localiser avec précision, les indications ci-dessus nous laissent supposer qu'il se situait sur la rive gauche de la Loisance, au niveau des parcelles cadastrées 9 (pré des vallées) ou 12 (vallée de la Hellandière), soit légèrement en amont du moulin à foulon (voir plan page 129).

153. ADIV 4 E 6490, minute Louis Louge, 15 février 1710.

CHAPITRE IV

Dynasties papetières

Ce chapitre est consacré aux familles qui ont exercé une forte activité papetière du XVIIe au XIXe siècle dans le Pays de Fougères. Sont illustrées par un tableau généalogique celles qui y ont contribué par trois générations au minimum, et pour lesquelles un tel tableau paraît utile à la compréhension du texte. En effet, au sein de chaque famille, certains prénoms étaient largement privilégiés : Denis, Jean, Joseph, Vincent, etc. ; le même pouvait servir au père, fils, petit-fils, oncle. Il en résulte parfois une certaine confusion entre homonymes lors de l'étude de divers actes lorsque la qualité de la personne présente n'est pas clairement précisée. Exceptionnellement, quelques familles de moindre importance numérique, mais qui ont fortement participé au développement de la papeterie dans cette région, pourront recevoir une attention particulière. Il ne s'agit pas ici de réaliser une étude de tous les descendants au sein d'une même famille, mais uniquement de décrire ceux qui ont eu une activité dans le domaine, qu'ils soient propriétaires de moulin, fabricants, marchands, ouvriers, formaires. Les familles n'ont été classées ni par ordre d'importance numérique ni par ordre d'apparition dans l'activité papetière, mais simplement par ordre alphabétique. Pour autant que les documents consultés l'aient permis, nous avons relevé tous les descendants masculins et féminins, mais la liste complète n'en sera pas rapportée dans ce travail. L'objectif de cette recherche étant de mettre en évidence les nombreux croisements entre familles de papetiers, les descendances des hommes apparaîtront au sein d'un même tableau, tandis que les descendances issues des femmes apparaîtront dans les tableaux des conjoints, sauf si la famille du conjoint correspondant n'a pas eu une importance suffisamment grande pour justifier la rédaction d'un paragraphe spécifique ; dans ce cas, elle sera poursuivie au sein du tableau principal. Ces tableaux sont conçus par colonnes de générations, généralement de G1 à G5. Les dates de naissance et décès sont indiquées quand elles sont connues, en italique lorsqu'elles sont déduites d'un acte différent de celui auquel elles se rapportent (exemple : personnage décédé en 1732, âgé de 56 ans environ ; l'année de naissance déduite, 1676, sera indiquée en italique).

IV.1. Familles

IV.1.1. Blin (Belin, Bellin)

Ces trois orthographes sont fréquemment utilisées dans les actes de la fin du XVIIe et du début du XVIIIe siècle, et parfois dans le même acte. La contraction de Belin en Blin devient de plus en plus fréquente à partir des années 1730-1740, au point que les intéressés eux-mêmes modifient leur propre signature. Il en est ainsi pour Jean Blin, sieur de la Maisonneuve, qui signe d'abord Belin puis Blin, alors que son fils Jean Blin Criberie a toujours signé Blin. Cette famille semble essentiellement originaire de la province du Maine, notamment de la paroisse de Landivy ; la première trace dans les registres paroissiaux de La Bazouge-du-Désert figure à l'occasion du mariage de Philippe Belin en 1676 avec Thomasse Fouillard, alors jeune veuve de 26 ans [1] ; le mariage a lieu en présence de Thomas Fouillard, père de la mariée. Cette dernière est, avec ses frères, propriétaire du moulin à papier de la Gobtière, et il semble bien que cette union Blin-Fouillard constitue le point de départ de la branche papetière des Blin en Pays de Fougères, branche qui ne cesse de se développer jusqu'au milieu du XIXe siècle sur au moins six générations (cf. tableau Blin p. 182), tant par les hommes que par les femmes. En effet, par mariages, les Blin se retrouvent parents non seulement des Fouillard, mais également des Roussin, Lochet, Guérin et autres familles de papetiers.

Philippe Belin et Thomasse Fouillard sont papetiers au moulin de la Gobtière. En 1678 ils ont un fils, Jean, qui en 1692 est le seul enfant vivant du couple après le décès du père. La mère cède les biens immobiliers que Philippe Belin détenait aux environs des lieux de la Chatteignère et Mettairie, paroisse de Landivy, contre une rente foncière de 45 sols ; quelques années plus tard, Jean Belin devenu marchand papetier accepte à la demande de Robert Couasnon, bénéficiaire de la fieffe, l'extinction et amortissement de la rente moyennant le prix de 45 livres [2]. Ce document révèle que Jean Belin, alors âgé de 22 ans, est doué d'une belle écriture ainsi qu'en témoigne sa signature ; particularité de cette dernière, elle s'enrichit systématiquement du millésime placé en indice du nom (cf. annexe 3). Dès le début du siècle,

1. ADIV 5 MI 18 R1116, registres paroissiaux, La Bazouge-du-Désert.

2. ADM 3 E 54 125, minute Charles Hossard, 22 février 1700.

alors marié avec Suzanne Jouin, il accole à son patronyme le qualificatif de sieur de la Maisonneuve ; résidant en La Bazouge-du-Désert, le couple met en fermage ses biens immobiliers en Saint-Ellier, notamment les lieux et terres de la Criberie et de la Bourdonnière [3]. Jusqu'à son décès en 1766, Jean exerce son activité de marchand papetier, d'abord au moulin de la Gobtière, au moins jusqu'en 1728, puis au moulin de la Panisselais où il demeure en 1734, et il continue à signer sans oublier la date en indice, même si la signature est un peu tremblée en fin de vie. Parmi ses nombreux enfants, deux seulement ont continué la tradition papetière : son fils Jean Blin Criberie et sa fille Françoise.

Jean Blin fils a épousé Jeanne Heurtier. En compagnie de son beau-frère Louis Roussin, il exploite comme fermier une partie du moulin de la Panisselais dont son père est propriétaire. Il n'est pas certain cependant qu'il ait eu lui-même une longue activité de fabricant car plusieurs documents le déclarent laboureur demeurant dans la paroisse de Fleurigné, et il a quelques ennuis avec un propriétaire qui le traîne en justice. En effet, Jean-Baptiste Voisin de la Ménardière, notaire au duché du Maine, avait acquis en 1738 un moulin à papier au lieu de la Gobtière à la suite de la succession abandonnée de Guillaume Fouillard. Jean Blin Criberie et son épouse souhaitent l'exploiter, et ils signent avec ce notaire un acte sous seing le 14 décembre 1746 à cet effet. Nous n'avons pas retrouvé l'acte original et nous ignorons les conditions acceptées par les parties. C'est au début de 1752 qu'une transaction intervient entre le notaire et son fermier à la suite d'un début de procès : Jean Blin était condamné au paiement des arrérages de rentes de 75 livres, mais il protestait, estimant que l'acte sus-nommé ne constituait qu'une promesse, et *« que d'ailleurs le moullin à papier de la Gobtière donné à laquelle rente et dont était question au procès n'avoit pas été muni en réparation* [4] *»*. Sans doute ne sentait-il pas sa cause très solide, surtout contre un notaire, car dans la transaction, il abandonne le moulin au sieur Voisin, moyennant quoi lui et son épouse sont déchargés de la rente des 75 livres, mais ils doivent payer 500 livres de dommages et intérêts à raison de 25 livres par an, et *« au regard des reparations qui reste a faire auq moullin lesq Blin et femme les paracheveront pour le rendre tournant virant et battant »*. Jean Blin décède au moulin de Lange en 1787 à l'âge de 72 ans. Trois de ses fils, Pierre, Antoine et François, et trois de ses filles, Julienne, Catherine et Jeanne, vont constituer de façon directe ou indirecte la quatrième génération de papetiers.

Pierre-Augustin Blin est marchand fabricant au moulin de la Bécassière, âgé déjà de 44 ans lorsqu'il épouse sa jeune femme de 22 ans Anne Deschamps, originaire de Brouains en Normandie, elle-même alors papetière au moulin de la Basse-Panisselais. Pierre reste exploitant de la Bécassière jusqu'à son décès en 1829, et la fabrica-

3. ADM 3 E 54 135, minutes Charles Hossard, 8 juillet et 9 novembre 1737.

4. ADM 3 E 54 141, minute Guillaume Hossard, 14 août 1752.

tion est poursuivie par Anne Deschamps, puis par leur fils Jean-Baptiste. Ce dernier a épousé Angélique Hesloin, et de leur union est née en 1837 une fille, Anne-Marie, qui travaillait à la fabrique du papier lors de son mariage en 1856 avec Félix Le Fizelier, cultivateur. Dans le registre des matrices cadastrales de La Bazouge-du-Désert établi en 1835, on peut constater qu'Anne Deschamps, veuve Blin, possède un patrimoine foncier important, bien réparti de part et d'autre de la Bignette, autour du moulin de la Bécassière [5]. Elle décède à La Bazouge en 1862 à 92 ans en présence de son fils Maximilien déclaré papetier. Son autre fils, Augustin-François, également papetier, assure par son mariage en 1816 à Cogles avec une papetière de 18 ans, Françoise Roussin, fille de Joseph et Anne-Geneviève Tricar, papetiers au moulin de la Galesnais en Saint-Brice-en-Cogles, la liaison avec une autre grande dynastie de papetiers, les Roussin.

Antoine Blin et son épouse Marie Voisin, également papetiers, achètent le moulin de la Basse-Panisselais en 1791 aux héritiers Fouillard [6], après avoir travaillé depuis leur mariage en 1784 au moulin de Lange. La vente est conclue moyennant une rente annuelle et perpétuelle de 60 livres, à laquelle s'ajoutent diverses charges, ce qui met le prix du moulin calculé sur vingt ans à 1904 livres 6 sols et 8 deniers. Leur première fille Marie-Antoinette Cécile, également papetière, qui avait épousé en 1815 Louis Collin, meunier au moulin de Roche-qui-brut en Tremblay, épouse en secondes noces Hyacinthe Forget, papetier de Saint-Brice. Félicité-Véronique, leur seconde fille, également née au moulin de Lange, épouse à son tour en 1812 un papetier originaire de Vieux-Vy-sur-Couesnon, Julien Lochet. Ce couple continue pendant quelques années son activité au moulin de Lange, puis rejoint celui de la Panisselais. Les quatre enfants Lochet, tous papetiers, prennent également pour conjoints des papetiers de La Bazouge-du-Désert. Ils assurent l'activité du moulin de la Basse-Panisselais jusqu'à son terme. Une troisième fille d'Antoine Blin, Rosalie-Thérèse, est aussi papetière ; elle épouse en 1827 Joseph Guérin, tisserand. Outre les filles, deux fils d'Antoine Blin et Marie Voisin sont également papetiers. Tandis qu'Alexandre-Antoine continue son activité à la Panisselais après avoir épousé Jeanne Elie, papetière de Louvigné-du-Désert, on ne peut affirmer, faute d'éléments d'information, qu'Adrien-Augustin ait fait de même après avoir épousé en 1832 Jeanne Levayer ouvrière en linge.

Le troisième fils de Jean Blin et Jeanne Heurtier, François-Jean, marié à Marie Guillard, n'est pas papetier : plusieurs actes le qualifient de charpentier et de cultivateur ; il a cependant un fils, François-Marie, qui prend pour épouse une papetière, Jeanne Colette Pelé native de Lécousse.

---

5. ADIV 3 P 238, propriétés foncières, La Bazouge-du-Désert.

6. ADM 3 E 54 174, minute Joseph Hossard, 9 juillet 1791.

Outre ces trois fils, trois filles de Jean Blin et Jeanne Heurtier épousent des papetiers et prolongent ainsi la tradition. Julienne se marie en 1785 avec un marchand papetier, Jean Pelé, qui exerce son activité au moulin de Roche-qui-brut en Tremblay et dont il va devenir propriétaire ; Catherine épouse Mathurin Guérin de la Basse-Panisselais, fils de Jean-Baptiste Julien Guérin, sieur de la Benaruais, maître-papetier, et de Thérèse Fouillard ; cette union crée un nouveau point d'ancrage entre les familles Blin et Fouillard. La dernière fille, Jeanne-Françoise, épouse Jean-Baptiste Renard, papetier à La Bazouge, originaire de Landivy en Mayenne.

La très nombreuse descendance de Jean Blin Criberie, fils de Jean Blin Maisonneuve, ne doit cependant pas masquer celle issue de sa sœur Françoise. Elle a épousé en premières noces Mathurin Josset en 1741. Celui-ci décède quelques années après son mariage, et il reste un seul héritier vivant, Jean-François Josset, né en 1744. En 1763, ce dernier est compagnon papetier aux moulins de la Panisselais puis de la Basse-Panisselais. Il épouse Françoise Moreau en 1770, union dont est issue Marie-Jeanne Josset qui épouse à son tour en l'an V Joseph-Louis Pelé, autre papetier de La Bazouge-du-Désert. Veuve de Mathurin Josset, Françoise Blin se remarie en 1748 avec un membre d'une autre famille de papetiers, Louis Roussin (fils de François). Elle décède à son tour prématurément, et de cette seconde union il semble n'y avoir eu qu'un garçon, Louis-François Roussin, décédé à 4 ans. La branche de papetiers issue de Françoise Blin ne s'est donc prolongée que dans la lignée Josset-Pelé.

IV.1.2. Boulmer

La famille Boulmer (quelquefois écrit Boullemer) est sensiblement réduite puisqu'elle ne comprend que le père Alexandre, le fils Alexandre, et la femme de ce dernier, Jeanne Levazeux (Vazeux, Vaseul, Le Vazeulx, Vaseüe). L'influence de ses membres a cependant été importante, et de nombreux documents ont été rédigés ou imprimés sur des papiers issus de leur production ; c'est la raison pour laquelle nous consacrons exceptionnellement un paragraphe à cette famille. La provenance de Boulmer n'est pas connue avec précision et on ne rencontre aucune trace de ce nom dans les registres de Tremblay ou de Saint-Brice-en-Cogles avant les années 1700 ; il est vrai que les documents relatifs à ces communes sont rares pour le XVIIe siècle et la première moitié du XVIIIe siècle. Les deux Alexandre père et fils sont présents à Saint-Brice en 1716, comme en témoigne la signature du fils (le père ne sait pas signer). Le 31 juillet 1717, le fils épouse Jeanne Levazeux originaire d'Averton dans l'évêché du Maine ; mais il a besoin d'une dispense de Rome, étant donné que les époux sont parents au troisième degré de consanguinité, ce qui nous laisse supposer que Boulmer doit venir lui aussi de la province voisine. Alexandre Boulmer est fermier du moulin de la Galenais, mais comme indiqué à la rubrique correspondante, les conditions de travail ne doivent pas lui convenir ; la famille se déplace jusqu'à Tremblay, et c'est au moulin d'Ardenne qu'elle assure tout le reste de sa production papetière.

Manifestement, la famille est non seulement compétente en fabrication du papier, mais elle a aussi un grand sens des affaires. Dès 1721, elle prend solidairement à ferme de Guillaume Le Gall de Cunfiou, comte de Menoray, l'ensemble des terres, maisons, métairies et moulins de Trouainson, de la Days et de Roche-qui-brut et dépendances pour la somme de 620 livres par an, tout en demeurant au moulin de la Galenais [7]. Dès le lendemain, les nouveaux fermiers généraux sous-afferment pour neuf ans la métairie de la Days 175 livres *« le tout payer en argent sonnant, réel et effectif et non en billets de banques »*. Hélas Alexandre fils décède ; contrairement à ce que nous observons fréquemment en cas de décès prématuré, Jeanne Levazeux, bien que mère d'au moins quatre enfants mineurs, ne se remarie pas. Et c'est avec son beau-père qu'elle devient fermière du moulin d'Ardenne en 1725 ; ils y resteront jusqu'à leur décès respectif, 1749 pour Alexandre et 1766 pour Jeanne. Le bail de fermier général du Trouainson est renouvelé de 1730 à 1739 pour la somme de 650 livres, soit une augmentation relativement faible. C'est à cette occasion qu'Alexandre Boulmer sous-afferme le moulin de Roche-qui-brut à Richard Georget, pour la somme de 300 livres par an [8] ; il sous-afferme également la métairie de la Days pour 200 livres plus *« un pot de bon beurre de douze livres »*, la métairie du Trouainson pour 40 livres en espèces d'argent, et pour lequel bail les preneurs devront lui nourrir une vache et lui fournir *« soixante quinze boisseaux de blaterye mesure d'Antrain [...] scavoir vingt cinq boisseaux de saigle, vingt cinq boisseaux d'avoinne et vingt cinq boisseaux de bled noir [...] et vingt quatre livres de beurre »* ; il afferme également *« l'herbe à faire foing de la grande prée de la Vairrerye [...] sans que le preneur puisse rien prétendre dans l'émonde ny regain d'ycelle »* pour 60 livres par an ; compte tenu qu'il se réserve l'utilisation de bois, taillis, fruitier, on comprend aisément que les revenus de ses fermes assurent la subsistance de sa famille, et que les revenus de son activité papetière lui permettent d'accroître son patrimoine. De fait, dès l'année suivante, Alexandre Boulmer et sa bru achètent au village des Fossés, paroisse de Tremblay, deux maisons plus jardins, plus terres, le tout pour la somme de 1550 livres tournois de principal, *« donnent tout de suite quatre cents livres et donneront les mille cent cinquante livres restantes quand ils se seront approprié les héritages concernés* [9]*»*. Et les acquisitions ne s'arrêtent pas là : ils continuent d'acheter des terres à Tremblay en 1734 pour 290 livres, une autre maison et des terres en 1736 pour 400 livres *« laquelle somme a été tout présentement réellement etant veu de nous notaires comptée en pièces de six livres et louis d'or par lesdits*

7. ADIV 4 E 6530, minute Nicolas Taslé, 12 novembre 1721.

8. ADIV 4 E 6531, minute Nicolas Taslé, 18 août 1729.

9. ADIV 4 E 6496, minute J.-M. Herbert, 12 novembre 1731.

acquéreurs [10]». De plus, ils prêtent de l'argent et se constituent de nombreuses rentes. Et lorsque Boulmer décède en 1749 à l'âge de 88 ans, Jeanne Levazeux continue la même démarche ; qualifiée de maîtresse-papetière (c'est la seule fois où nous avons relevé cette expression dans un document de notaire), elle achète « *un journail de terre en pré [...] dans le grand pré en hache avec ce qu'il y a de haye en dépendant et le droit d'avoir son cours d'eau le mercredy, jeudy, vendredy et samedy le long de la haye [...] la demoiselle Boulmer aura la liberté de prendre pour l'accroissement du ruisseau pour la conduite des eaux dans la quantité du pré* [11]» et elle prête de l'argent en s'assurant des rentes ; elle décède à Tremblay âgée de 68 ans. Tous ces documents laissent penser que la compétence professionnelle associée à un sens inné des affaires permettaient à un papetier de s'enrichir, ce qui ne fut pas le cas de tous les fabricants.

On ne connaît guère les conditions matérielles mais surtout humaines dans lesquelles s'effectuait la fabrication du papier. Contrairement aux autres familles de papetiers, il n'y a pas de descendant mâle ni de frère ou autre parent pour assurer le travail : le seul fils Guy Marin Boulmer, né en 1719 à Saint-Brice, a reçu de l'instruction et signe fort correctement les actes notariés pour sa mère ou pour son grand-père dès l'âge de 14 ans ; il n'est jamais mentionné comme papetier, et il n'apparaît plus dans les registres ou actes divers à partir de 1736. Il en résulte qu'Alexandre et sa belle-fille doivent travailler avec des ouvriers et des apprentis : on relève quatre contrats d'apprentissage au moulin d'Ardenne entre 1727 et 1746 avec Alexandre Boulmer et Jeanne Levazeux (cf. chapitre I). Quant aux filles Boulmer, Yvonne épouse René Louiche, un marchand originaire de Normandie qui prend pour résidence le moulin d'Ardenne (sans qu'aucun élément nous indique s'il est ou non marchand de papier), tandis que Noëlle-Anne épouse Jean Galle, sieur de Panlivard, qui paraît également étranger à la profession papetière.

IV.1.3. Chatel

Ce patronyme est très largement répandu en Bretagne, comme dans d'autres régions. Plusieurs membres de cette famille ont de ce fait été déjà répertoriés comme papetiers depuis le XVIIe siècle dans les différents ouvrages dont nous avons fait mention, quoique leur localisation soit la plupart du temps incertaine. Ainsi, Gaudriault en mentionne plusieurs ayant exercé soit dans la Généralité de Bretagne, soit dans celle de Normandie ; un seul d'entre eux, Pierre Chatel, est signalé actif près de Morlaix entre 1675 et 1688. Nous ne nous intéresserons ici qu'à ceux ayant exercé en pays de Fougères. Citons simplement pour mémoire Marie Chatel, mariée

10. ADIV 4 E 6440, minute Julien de Mezandré, 24 mai 1736.

11. ADIV 4 E 6442, minute Julien de Mezandré, 25 août 1750.

à un papetier, Jean-Louis Roussin, sieur de la Croix ; elle décède au début du XVIIIe siècle en laissant un fils qui va assurer la descendance papetière au sein de la lignée Roussin ; nous ne pouvons préciser son lien de parenté ni avec Pierre Chatel précédemment nommé, ni avec Robert et Denis Chatel, les deux frères qui ont eu une très forte activité à Tremblay, Chauvigné, Vieux-Vy et Saint-Christophe-de-Valains (voir tableau Chatel p.183).

Robert Chatel, qui prend le qualificatif de sieur des Vallées, a épousé Gillette Houitte, fille de Louis Houitte, sieur de la Hommays, et de Julienne Avril, demeurant en Saint-Ouen-la-Rouerie. Le couple est fermier au moulin à papier d'Ardenne en Tremblay dès 1711. Son bail se termine en 1717, et nous constatons, à l'examen du procès-verbal de l'état du moulin, qu'il signe tout à fait correctement (cf. annexe 3). Bien que Robert Chatel soit qualifié de papetier lors de son décès en 1721, nous ne savons pas où il a exercé lors des quatre années qui ont précédé sa disparition. Son épouse Gillette ne poursuit pas l'activité ; elle retourne vivre dans la maison familiale de la Hommais en Saint-Ouen où elle se préoccupe sérieusement de son après-décès. Par un acte devant notaire de 1736 rappelé dans un document ultérieur [12], elle avait légué au recteur et prêtres de Saint-Ouen une somme de 72 livres pour être employée au repos de son âme et celles de ses père et mère et de Gabrielle Houitte, sa sœur ; dans l'acte de 1750, la somme étant devenue insuffisante, elle y joint une somme de 18 livres et fait préciser *« veut de plus laditte Houitte que son decez arrivé les habits et linges à son usage de moindre valeur soient distribués aux pauvres de cette paroisse »*. Toutes ces précautions étant prises, elle ne décède qu'en 1758 au domicile de son fils, c'est-à-dire au moulin de Guémain. Un garçon était né de l'union de Robert Chatel et Gillette Houitte, Jean-François (plus généralement appelé Jean dans les divers documents, quoique l'on trouve parfois seulement François ou François Jan) et qui a pris plus tard le qualificatif de sieur de la Croix. Il a appris le métier, et lors de son mariage en 1737 avec Renée Damy, il est qualifié de compagnon papetier au moulin du Pont-Brard en Vieux-Vy. Jean et son épouse vont à leur tour prendre à ferme en 1747 une portion de moulin, celui de Guémain où ils exercent leur activité jusqu'à leur décès, en 1757 pour Renée Damy et en 1761 pour Jean Chatel. De leur union sont nés au moins huit enfants, dont quatre morts en bas âge. Parmi les survivants, un premier garçon, Denis, décède prématurément au moulin en 1762 à l'âge de 20 ans, donc sans postérité. Un autre garçon, François né en 1753, paraît avoir continué l'activité à Guémain avec son épouse Jeanne Moreau, bien que le bail du moulin ait été repris par Jean Roussin ; nous n'avons pas retrouvé de papetiers dans leur descendance. C'est avec la fille aînée de Jean Chatel et Renée Damy, Gillette, que se poursuit l'activité, mais dans la lignée de son mari, Joseph Greslé, épousé en 1757 à Vieux-Vy. Le couple reste travailler à Vieux-Vy, à Grands

12. ADIV 4 E 2171, minute Louis Coconnier, 5 janvier 1750.

Moulins, tout au moins jusqu'au décès de Joseph en 1781, âgé seulement de 48 ans. Plusieurs enfants sont issus de Gillette Chatel et Joseph Greslé, notamment Denis né en 1763, papetier domicilié à Chauvigné au moment de son mariage en l'an V avec Jeanne-Julienne Chantoux, qui a près de seize ans de moins que lui. Sans doute est-ce ce qui explique sa très nombreuse descendance, et notamment qu'il soit encore père à 60 ans ! Denis, qui est fréquemment qualifié de compagnon papetier, exerce son activité à Vieux-Vy, probablement à Grands Moulins où travaille également Jean Greslé. L'un de ses fils, Prosper-Hippolyte né en 1818, a lui aussi embrassé la profession de papetier, et il épouse en Vieux-Vy en 1846 une lingère, Emilie-Louise Lendormy. À partir de Robert Chatel, sieur des Vallées, il y a donc eu cinq générations de papetiers, trois de Chatel et trois de Greslé, la jonction s'étant effectuée à la troisième (Gillette Chatel et Joseph Greslé).

L'un des frères de Robert Chatel est Denis Chatel, également papetier (un autre est Gilles Chatel, marié à Gillette Rossignol, qui est devenu marchand forain, nous ne mentionnerons donc pas sa descendance). Denis a lui aussi épousé une fille Houitte, Julienne, sœur de Gillette, femme de son frère. Malheureusement, Julienne décède prématurément en 1721, quelques mois après avoir pris à ferme le moulin de Brimblin en Chauvigné, et Denis se remarie avec Marie Labrousse dont il aura un fils, Denis (Vincent) Chatel né en 1725 environ. C'est ce dernier qui, avec son épouse Catherine Louazance, va engendrer plusieurs papetiers. Le couple demeure au village de la Prêtais en Chauvigné, mais il fabrique son papier au moulin du Roc en Saint-Christophe-de-Valains jusqu'au décès de Denis (Vincent) en l'an VII. Parmi leurs enfants, trois au moins (Bertrand, Luc et Anne) se retrouvent actifs dans les moulins à papier, et par leur mariage, assurent des liens avec d'autres familles papetières de la région. Le premier, Bertrand-Denis Chatel, est né en 1766 ; il exerce d'abord son métier de papetier à Tremblay où il se marie en 1793 avec Guillemette Ory (originaire de Chauvigné), qui vient juste d'hériter de son défunt père, Julien Ory, une pile au moulin de la Sourde en Saint-Christophe-de-Valains (voir ce moulin). Après le décès de son père Denis (Vincent) et le partage qui a lieu en l'an XII, Denis (Bertrand) reçoit une fraction du moulin du Roc (voir ce moulin) ; la famille poursuit donc son activité, mais il semble qu'aucun des enfants du couple ne soit devenu papetier. Un frère de Denis (Bertrand), Luc est également compagnon papetier, et il demeure aussi à Chauvigné en compagnie de son épouse Michelle Ory, mais pour combien de temps ? Après le décès de son père, Catherine Louazance, sa mère, se démet en faveur de ses enfants de tous ses biens [13] (maisons, logements, terres...) contre une rente annuelle qui comprend en nature *« sept décalitres (un bouisseau) de bled seigle mesure d'Antrain, trois décalitres cinq litres (un demeau) de bled seigle, un kilogramme cinq hectogrammes (deux livres) de beurre frais »* ; or, à la date de

13. ADIV 4 E 6650, minute J.-P. Faucheux, 23 germinal an XI.

rédaction de l'acte, son fils Luc est déclaré en démence et interdit, Joseph Louazance étant curateur comptable ; pourtant, il est encore mentionné comme compagnon papetier au moulin de Beliard chez Levannier en l'an XIV. Quant à Anne Chatel, elle a épousé en l'an XIII Louis-François Ruaux qui exploite le moulin du Goutil, également en Saint-Christophe-de-Valains.

L'étude de la famille Chatel ne serait pas complète sans Françoise Chatel mariée avec le papetier Michel Dupré (voir plus loin). Nous ne connaissons pas avec précision ses origines ; cependant, un document mentionnant son frère Jean Chatel d'une part, et une inscription au registre des baptêmes de Vieux-Vy d'autre part, dans laquelle Anne Dupré, nièce de Jean Chatel, est marraine de Pierre Chatel, fils de Jean et de Renée Damy, suggèrent qu'elle était également fille de Robert Chatel. Cette famille a donc été au cours du XVIIIe siècle un important nœud du réseau de papetiers incluant les Dupré, Greslé, Ory et Ruaux.

IV.1.4. Dupré

Si les Dupré étaient nombreux en Tremblay et environs au début du XVIIIe siècle, ce n'est que dans la descendance de Thomas Dupré que nous trouvons les papetiers. Le premier d'entre eux est Michel Dupré, d'abord compagnon papetier au moulin de la Galenais (1726), puis au moulin du Pont-Brard (1728, 1741) ayant entretemps effectué un bail comme maître-papetier au moulin de Guémain (1732). Nous le retrouvons pendant quelque temps (1746) au moulin du Pont-aux-asnes en Lécousse et enfin au moulin de Roche-qui-brut à partir de 1754 où il travaille jusqu'à son décès en 1761. Mentionnons que lui aussi sait signer très lisiblement (cf. annexe 3). Son jeune frère Gilles a également été papetier en même temps que Michel au Pont-Brard (1728), mais il semble n'être resté que compagnon, appellation qui lui est donnée dans un acte de 1738. Il exerce toujours à Vieux-Vy en 1752 en compagnie de son épouse Marie Dartais. Il semble que son frère Adrien ait également été papetier, mais nous manquons d'informations à son sujet. L'inventaire des biens, fait après le décès de Michel, révèle incontestablement une certaine aisance [14]. L'ensemble est évalué à 1664 livres 14 sols, et il n'y a que peu de créanciers. N'étant que fermier du moulin, il ne possède que quelques ustensiles qui sont localisés dans sa demeure au village des Coudereaux en Saint-Ouen-la-Rouerie : une presse, son couteau, son marteau, quatre paires de formes à faire le papier, deux paires de paniers à chevaux, un marbre de moulin, la grande cuve à colle et une petite cuve à colle, plus 289 livres de rames de papier et 274 livres de chiffe. L'essentiel des réserves de papier se trouve au moulin, et après avoir globalisé une longue liste, nous pouvons

14. ADIV 4 B 5419, Juridiction de St-Brice, scellés après décès, 11 février au 5 juin 1761.

les décrire comme suit : 10 rames de gros papier, 119 rames de pot, 74 rames d'écu, 20 rames de batard, 28 rames de raisin, 40 rames de tresse et 7 rames de papier bleu, soit environ 300 rames plus un peu de papier non encore conditionné. Il faut ajouter à cette énumération le papier qui est en dépôt chez deux marchands de Rennes, Jean Braux (169 rames toutes catégories confondues) et chez la dame Fontaine (62 rames de batard). Michel Dupré s'est marié avec Françoise Chatel, issue de cette autre famille de papetiers actifs dans la région. Il en a eu un minimum de huit enfants, mais des quatre enfants vivants lors du partage des biens de leur père (Adrien, Pierre, François et Anne), seul Adrien (né en 1729) est devenu maître-papetier. Après le décès de son épouse en 1741, Michel Dupré s'est remarié avec Jeanne Petitpas en 1745 ; il en a eu une fille, Françoise, mineure de 13 ans lors du partage, dont la mère veut *« lui faire apprendre mettier de couturriere jusqu'à l'âge de quinze ans »*. Adrien Dupré demeure au moulin de Roche-qui-brut en compagnie de son épouse Gillette Lecomte (Le Compte) ; son frère François demeure également au moulin, mais nous n'avons aucune évidence qu'il y ait travaillé comme papetier. Adrien et Gillette ont eu au minimum neuf enfants, mais il semble bien que les garçons soient décédés en bas âge, et après leur cessation d'activité papetière à Roche-qui-brut vers 1783, aucun de leurs descendants n'est répertorié comme papetier dans la région.

IV.1.5. Fouillard (Fouillart)

Cette famille constitue probablement l'une des plus anciennes dynasties de papetiers dans le Petit-Maine. Dès le début du XVIIe siècle, les registres paroissiaux de La Bazouge-du-Désert mentionnent de nombreuses naissances de Foullard, Foulart, Fouillart et plus tard de façon régulière, Fouillard (voir tableau p. 184). Certes ils ne sont pas tous papetiers, mais dès le premier quart de ce siècle, deux branches Fouillard se partagent les moulins en activité : celle de François Fouillard et de Perrine Le Taillandier son épouse qui, lorsqu'elle est veuve, rachète la fieffe de la Gobtière incluant le moulin à papier du même nom, et celle de Michel Fouillard et son épouse Perrine Lebreton, qui sont propriétaires aux moulins à papier *« soubz la forest de Glannes »*. Nous ne possédons pas d'indication certaine concernant la relation familiale entre ces deux branches.

De François Fouillard, nous ne retiendrons que deux fils, Patrice et Thomas, qui sont à la base d'un fort développement de l'activité papetière et des alliances par mariages avec d'autres familles importantes de la région. Tous les deux, en compagnie de leurs épouses, respectivement Marguerite Hamon et Françoise Pinais, sont actifs essentiellement aux moulins de la Gobtière acquis par leur mère. Aucun document ne nous permet d'apprécier leur production ; ils ne savent pas écrire et déclarent ne savoir signer.

Patrice Fouillard engendre une descendance très nombreuse puisqu'on relève onze baptêmes. Curieusement, il semble bien qu'un seul de ses fils ait embrassé la profession de papetier : Jean Fouillard, sieur de la Maisonneuve, né en 1649 et qui vécut soixante et onze ans. Il se retrouve copropriétaire des moulins de la Gobtière après les décès de son père et de son oncle, mais en compagnie de son épouse, il préfère ne pas les exploiter et s'installe plutôt au moulin de la Frenais où il travaille jusqu'à son propre décès en 1720. Tout comme ses cousins dont nous parlerons plus loin, il avait acquis une certaine instruction et était capable de signer les actes notariés auxquels il participait, quoique de façon assez laborieuse. Jean Fouillard Maisonneuve a eu deux fils qui ont continué l'exploitation du moulin de la Frenais comme marchands papetiers : Julien, dit également Maisonneuve, qui se marie avec Renée Guilloux mais qui décède relativement jeune (en 1732), et Thomas, sieur des Moulins, qui épouse Anne Blanchet.

Julien Fouillard et Renée Guilloux ne demeurent pas au moulin, mais à leur maison de la Basse-Cherullière. Parmi leurs enfants, trois poursuivent l'activité : Julien, aussi sieur de la Maisonneuve après le décès de son père, marié à Renée Lazé (Laizé), mais qui semble se cantonner à une activité de marchand puisqu'il afferme à son oncle Thomas les Moulins sa part d'héritage au moulin de la Frenais ; François, dit Cherullière, second fils clairement qualifié dans tous les actes de marchand papetier ou de maître-papetier, marié avec Françoise Roussin issue de cette autre importante famille de papetiers, et qui reprend à ferme la moitié du moulin de la Frenais, une pile à la Gobtière, une autre à la Bécassière ; les conditions de ce mariage avaient été définies devant notaire en décembre 1734 entre François Fouillard lui-même et Nicolas Roussin, compagnon papetier à Vieux-Vy-sur-Couesnon : chacun des futurs apportait 200 livres dans la corbeille [15] ; Françoise Fouillard enfin, qui se marie à un marchand papetier Michel Hamon et qui s'en va demeurer au Guélandry en Lécousse. Après les décès de Julien et François, et malgré de nombreux enfants, il ne semble pas subsister de descendants Fouillard papetiers issus de cette branche.

Thomas Fouillard et Anne Blanchet sa femme ont une fille, Jeanne-Thérèse (communément appelée Thérèse), qui à son tour épouse un papetier, Jean-Baptiste Guérin, qui fabrique son papier au moulin de la Bécassière jusqu'au décès de son épouse en 1778. On en apprend un peu plus sur le patrimoine de Thomas dans la déclaration qu'il rédige le 29 juin 1751 pour l'établissement du vingtième de La Bazouge-du-Désert, déclaration signée de sa main et écrite sur son propre papier filigrané [16]. On y lit qu'il possède :

- *« Au village de la Bécassière une maison, une boulangerie et une étable avec la cinquième partie du moulin à papier qui consiste dans une pille qui sont en indi-*

15. ADIV 2 C^{38} 21, contrôle des actes des notaires, St-Aubin-du-Cormier, 16 décembre 1734.

16. ADIV C 4514, registre du vingtième, La Bazouge-du-Désert.

gence de reffactions et réparations », plus terres labourables, pré, jardin, etc. affermés verbalement à Louis Cournée pour la somme de 70 livres par an, mais déduction faite des rentes et réparations, il ne reste de revenus que 16 livres 13 sols,

- Au moulin de la Gobtière une maison avec deux piles, les étendoirs dessus avec deux petites portions de jardins... « *le tout que je fais valloir par mes mains qui peut me produire soixante livres sur quoy il en couste année commune la somme de quarante livres et douze livres de rente fontierre dues à madame la marquise de Crecy, partant reste net et clair huit livres* »,
- Au village de la Cherullière une petite maison, jardin... affermés verbalement à Gilles Duval et Jean Gouault, de revenu net vingt livres.

Après le décès de Thomas, sa fille Jeanne-Thérèse et son gendre Jean-Baptiste Guérin poursuivent provisoirement l'exploitation du moulin de la Bécassière.

Outre ses deux fils Julien et Thomas, Jean Fouillard Maisonneuve a une fille, Marguerite, qui épouse en 1687 Michel Laisné (Lesné), sieur de Longpré, marchand papetier aux moulins du Guélandry en Lécousse. Par sa descendance, ce mariage constitue une véritable plate-forme des mariages inter-familles de papetiers : Laisné-Lenteigne-Georget-Roussin, sans oublier un membre isolé qui a cependant manifesté une très grande activité au XVIIIe siècle, Charles Jean, sieur des Vallées (voir à famille Laisné). Dans les conventions matrimoniales établies entre les deux familles [17], Jean Fouillard et Madeleine Durand son épouse, ont donné et cédé la jouissance pour vingt ans de la maison, moulin et jardin de la Gobtière à leur fille et gendre, mais ces derniers ne vont pas au terme et quittent la Gobtière au bout de dix ans pour aller demeurer à la Panisselais où ils font construire un moulin.

Comme son frère Patrice, Thomas Fouillard a eu de nombreux enfants ; et parmi ces derniers, trois ont également exercé une activité importante : la fille aînée Thomasse, Jean Fouillard sieur des Moulins, et enfin Olivier Fouillard. Ces trois frères et sœur sont donc copropriétaires des moulins de la Gobtière, mais ils font de plus construire un moulin à la Panisselais en 1693. À 16 ans (en 1666), Thomasse a épousé Jean Trohel, mais ce dernier décède après trois ans de mariage. Elle convole en secondes noces avec Philippe Belin, engendrant avec ce dernier la dynastie des Blin (voir famille Blin).

Jean Fouillard, dit les Moulins, est un homme instruit, comme tous les marchands sans doute, et sa signature est élégante. Plusieurs minutes de notaires indiquent qu'il joue le rôle de bailleur de biens ; il a été également trésorier de la paroisse. Homme probablement peu commode, il paraît plusieurs fois impliqué dans des litiges qu'il faut régler à l'amiable ; ainsi, en 1700, il a déposé plainte contre Michel Laisné, sieur de Longpré (son parent) « *au sujet de prettendües injures qu'il disoit avoir proférées*

17. ADM 3 E 54 119, minute Charles Hossard, 28 septembre 1687.

contre son honneur[18] » ; mais comme en pareil cas il faut éviter les importants frais de justice, il abandonne les poursuites contre le sieur de Longpré, ce dernier ayant reconnu *« que les injures ça n'a esté qu'après boire et par emportement »*, mais quand même contre une somme de 15 livres en argent ayant cours. Il a épousé Jeanne Jouin, et trois de leurs enfants vont assurer la continuité papetière : Françoise qui épouse Jean Guérin Benaruais, Guillaume qui épouse Michelle Alligot et Jeanne qui devient la femme de Gilles Durand, sieur de la Butte.

Il ne semble pas que Jean Guérin soit lui-même fabricant papetier ; mais avec son épouse Françoise Fouillard, il engendre Jean-Baptiste Julien Guérin qui épouse en 1751 Jeanne-Thérèse Fouillard (provoquant ainsi un croisement entre descendants des deux cousins Jean Fouillard Maisonneuve et Jean Fouillard les Moulins) et qui sera décrit ultérieurement comme maître-papetier à la Bécassière. En outre, le fils de Jean-Baptiste, Mathurin Guérin, papetier à la Basse-Panisselais, épouse en l'an II de la République Catherine Blin, fille de Jean Blin et de Jeanne Heurtier, créant ainsi un nouveau maillon du réseau Fouillard-Blin. Guillaume Fouillard dit Lamboiserie exerce son activité au moulin de la Gobtière, mais il décède prématurément en 1736. Un inventaire de ses biens est établi [19] par François Guilloux, marchand demeurant au moulin de la Gobtière, et par Pierre Guesdon aussi marchand, demeurant aux moulins à papier de la Panisselais ; celui-ci comprend :

« - Trois paires de formes tant bonnes que mauvaises estimées huit livres,
- deux mauvaises posses de fautres une de pot et l'autre de bastard estimées ensemble quatre livres,
- une somme et demie de chifes à faire du papier estimée dix huit livres,
- viron soixante livres de rongnures de papier propre à en refaire d'autre estimées le tout à trois livres,
- plusieurs morceaux de bois (queues à maillets, limandes...) estimées deux livres. »

Depuis le décès de Guillaume Fouillard, sa veuve a déclaré qu'elle a vendu une presse à couper du papier (11 livres), de la ficelle à lier du papier, et qu'elle a reçu 10 livres pour reste du papier qu'il avait vendu à Vitré lors de son dernier voyage. Compte tenu que la succession de la communauté serait plus onéreuse que profitable, Michelle Alligot renonce à cette succession. La vente des meubles et effets mobiliers a donc lieu le 12 mars ; les rognures de papier sont achetées par Jean Blin Maisonneuve pour 5 livres 2 sols, les chiffes par François Guilloux pour 21 livres 15 sols, deux paires de formes par Guillaume Guesdon pour 7 livres, le feutre bastard par Julien Fouillard pour 3 livres et les feutres de pot par Gilles Durand pour 12 sols. Jeanne Evrard, veuve d'Olivier Fouillard (donc tante de défunt Guillaume), s'oppose à la vente d'une paire de presse qu'elle déclare lui appartenir. L'acquisition de tous

18. ADM 3 E 54 125, minute Charles Hossard, 15 juillet 1700.
19. ADM 3 E 54 113, minute Guillaume Hossard, 15 février 1736.

les biens s'est donc opérée parmi les membres de la famille et parents par alliance, à des prix supérieurs à ceux de l'estimation. Le total de la vente se monte à 163 livres 19 sols, mais hélas pour Michelle Alligot, beaucoup de créanciers réclament leur dû qui est supérieur à ce total. Il est vrai que Guillaume semble avoir eu beaucoup de difficultés pour assurer ses finances. En témoigne une transaction entre Thomas Fouillard, sieur des Moulins, François Fleury meunier au moulin de la Bignette et Guillaume Fouillard [20] : Guillaume doit 98 livres à Fleury qu'il n'a pu payer, et Fleury a *« fait procéder par voie d'exécution »* dans les meubles de Guillaume, desquels meubles Jean Blin Maisonneuve est resté dépositaire volontaire. Il a fallu faire plusieurs procédures pour contraindre Jean Blin de représenter les meubles, ce qui intervient après la transaction suivante : Thomas Fouillard règle les dettes de Guillaume à Fleury, mais il récupère les meubles en garantie, et Guillaume devra le rembourser, faute de quoi les meubles resteront la propriété de Thomas ; en conséquence de cette transaction, les procédures engagées contre Jean Blin sont retirées. Le 9 novembre 1709, la seconde sœur de Guillaume, Jeanne, épouse Gilles Durand, sieur de la Butte. L'activité papetière de ce couple va alors s'exercer à Lécousse, au moulin du Pont-aux-asnes, mais dans des conditions d'extrême difficulté, jusqu'au décès de Gilles Durand en 1742 (cf moulin correspondant).

Olivier Fouillard, sieur de la Brière, frère de Thomasse et de Jean, est le plus jeune. Lui aussi est marchand papetier à la Gobtière, et signe fort élégamment les actes, tout comme son frère. Il a épousé Renée Le Pennetier, et ils ont un garçon, Julien, dit également sieur de la Brière, qui continue avec son épouse Michelle Jourdan le travail de marchand papetier. De cette dernière union naît aussi un garçon, Jean-François, qui connaîtra un destin tragique puisqu'il mourra assassiné *« étant parti pour Vannes reçut au dos un coup de fusil près Vannes, mourut de ses blessures et fut enterré à St Patern de Vannes selon l'extrait de sa sépulture »*. Mais Renée Le Pennetier décède prématurément, et Olivier Fouillard prend pour seconde femme Jeanne Evrard. Il en a également plusieurs enfants dont deux peuvent être mentionnés sur le plan professionnel qui nous occupe : Jean et Perrine. Lorsqu'Olivier décède en 1720, la succession est difficile [21] : son fils aîné Julien (qui n'est pas encore majeur) a comme curateur spécial Jean Blin Maisonneuve ; il conteste les déclarations de Jeanne sa belle-mère ; l'estimation des meubles et effets mobiliers de la communauté est réalisée par deux marchands papetiers demeurant au petit Maine, Julien Georget et Julien Noché. Outre les meubles et les vêtements, sont estimés :

« - six paires de formes propres à faire du papier, vingt et une livres,
- trois paires de posses complètes lesquelles sont d'étoffe blanche estimées cent vingt livres,

20. ADM 3 E 54 133, minute Charles Hossard, 16 septembre 1725.
21. ADM 3 E 54 131, minute Charles Hossard, 30 janvier 1720.

- *quatre charges de chiffes estimées cinquante livres,*
- *ce qu'il y a de chiffe battue en chaux pour faire du papier tant dans le moulin que dehors, cent dix livres,*
- *quarante rames de papier en page de bastard fin, quarante rames de bastard commun, soixante de pot fin, le tout en page et sans colle, cent soixante livres.* »

Le montant total des biens est estimé à 1062 livres 15 sols. Julien Fouillard engage donc une action contre la déclaration de Jeanne Evrard, action qui ne s'éteint que trente-deux ans plus tard par une transaction [22] entre les parties : Jeanne Evrard et son fils Jean la Brière (frère consanguin de Julien) doivent payer à Julien 198 livres. Les démêlés familiaux ne s'arrêtent cependant pas là, car en 1758, alors qu'elle est retirée au bourg de Montaust, la veuve a entamé une poursuite contre Julien concernant une demande de douaire, en prenant pour procureur son gendre Guillaume Guesdon la Brière, marchand papetier qui demeure au moulin à papier de la Gobtière [23].

Jean Fouillard la Brière n'a manifestement pas fabriqué de papier, bien qu'il ait été domicilié au moulin de la Gobtière. Dans l'inventaire qui suit son décès en 1754, il est décrit comme manouvrier [24]. L'un des experts désignés, Georges Dumont, est menuisier ; de fait, la liste des outils correspond bien à celle d'un homme qui travaille le bois. Cependant, une partie de cette liste révèle que nous avons affaire à un formaire, qui donc fabriquait et réparait les formes pour les papetiers du moulin de la Gobtière ; nous relevons notamment :

« - *Une livre poids de seize onces de fil de laiton jaune estimé trente sols,*
- *quarante quatre botte de manicordion propre à estre des formes à papier prisées vingt sols,*
- *une livre poids de seize onces de fil de fert tant gros que menu prisé à huit sols,*
- *deux mauvaises toille de vergurres de bastard et deux mauvaises toilles de vergurre de pot et quatres petits paquets de vergurres de fil de laiton dont trois sont de peu de valleur et l'autre neufve ensemble prisées dix sols,*
- *deux paires de formes qui sont de bois de chesne ensemble prisés trente sols.* »

À cette époque, le marquage des formes par les filigranes était obligatoire ; on peut imaginer que ces derniers étaient également réalisés et réparés par le formaire de service. Cette observation nous conforte dans l'opinion que dans les familles nombreuses, tous les postes devaient être occupés par des membres de cette famille, tant pour l'approvisionnement en chiffes et le transport du papier fini (le marchand) que pour la fabrication du matériel personnel du papetier (le formaire) et l'élaboration du papier lui-même.

---

22. ADM 3 E 54 141, minute Guillaume Hossard, 20 novembre 1752.
23. ADM 3 E 54 144, minute Guillaume Hossard, 24 août 1758.
24. ADM 3 E 54 116, minute Charles Hossard, 7 août 1754.

Le dernier enfant d'Olivier et de Jeanne Evrard est une fille, Perrine Fouillard. C'est elle qui s'allie par mariage à un membre d'une autre famille de papetiers que nous verrons plus loin, Guillaume Guesdon. Ce Guillaume et son père Jean Guesdon prennent à ferme de Guillaume Fouillard Lamboiserie un des moulins à papier de la Gobtière [25] (cf. ce moulin) ; il ne semble pas qu'ils en deviennent propriétaires car Guillaume précise bien en 1751 qu'il ne possède qu'une chambre au moulin à papier de la Gobtière et un journal de terre labourable à la Panisselais [26].

Pour en terminer avec la famille Fouillard, il importe de rappeler que Michel Fouillard et son épouse Perrine Lebreton sont propriétaires du moulin de la forêt de Glenne dans la première moitié du XVIIe siècle ; conjointement apparaissent deux frères, François Fouillard marié à Julienne Catouillet, et Antoine Fouillard, marié à Aliénor du Four. Sont-ils les descendants du premier ? Rien ne nous permet de l'affirmer en l'état de nos recherches. Ils exercent au moulin de la forêt de Glenne jusque vers les années 1660. Nous retrouvons ensuite François au moulin à papier du Guélandry en Lécousse, où il décède en 1678, tandis qu'Antoine est devenu papetier au moulin du Pont-aux-asnes, où il décède en 1677.

La famille Fouillard a donc dominé la production papetière dans le Petit-Maine pendant environ deux siècles. Il s'agissait manifestement d'une famille dans laquelle l'instruction comptait beaucoup car, dès le XVIIe siècle, la plupart de ses membres, y compris les femmes, signent de façon aisée ; nous en donnons quelques exemples dans l'annexe 3. Curieusement, dans la seconde moitié du XVIIIe siècle, les descendants mâles ont progressivement abandonné la filière. Étant donné le nombre important d'enfants, on a bien l'impression que les héritages étaient très morcelés, et que les moulins, notamment, étaient divisés en de nombreuses parts. Une telle situation, qui n'est pas l'apanage de cette seule famille, semble avoir conduit à une dilution des responsabilités dans l'entretien de ces moulins, et à un abandon progressif faute d'entreprendre les réparations nécessaires. C'est surtout par les familles alliées que la production papetière de La Bazouge-du-Désert a pu continuer, notamment avec les Blin, Laisné et Guérin.

IV.1.6. Georget

Georget est un nom que l'on retrouve dans tous les ouvrages concernant la papeterie et l'imprimerie en Bretagne ; il est exceptionnellement orthographié Gorget dans certains documents. Un seul membre de cette famille est clairement identifié

25. ADM 3 E 54 135, minute Charles Hossard, 8 juillet 1734.
26. ADIV C 4514, registre du vingtième, La Bazouge-du-Désert.

au XVIe siècle : Jean Georget imprimeur à Rennes (1535-1554) [27]. Au siècle suivant, un autre Jean Georget exploite le moulin à papier de Kersalaun en Basse-Bretagne ; mais ce moulin est en ruine dès le début du XVIIIe siècle et aucun Georget papetier n'est plus mentionné avant la fin de ce même siècle. Seul Gaudriault rapporte un R. Georget relevé dans un filigrane de 1729, dont nous reparlerons ultérieurement, car nous l'avons identifié à celui de Richard Georget. Les deux Jean Georget mentionnés ci-dessus étaient-ils membres de la même famille ? Etaient-ils apparentés directement aux Georget qui travaillent en Pays de Fougères dès le milieu du XVIIe siècle ? C'est possible, mais nous ne possédons aucune information à ce sujet.

Le premier membre de cette famille à exercer une activité papetière est Richard Georget (voir tableau p. 185). Marié à Catherine Delaunay, il exerce d'abord au moulin du Pont-aux-asnes en Lécousse (1657-1658) en même temps que Christophe Gastebois, marié à Marguerite Georget. Il passe ensuite quelques années au moulin de la Frenais en La Bazouge-du-Désert, ainsi qu'en témoigne le registre des baptêmes de cette paroisse ; en effet, deux de ses filles, Jeanne et Renée, y naissent en 1659 et 1660. Sans doute à la fin de son bail, Richard Georget et sa famille migrent jusqu'à Saint-Brice-en-Cogles où ils ont encore plusieurs filles dont Elisabeth et Perrine [28]. On ne sait pas, en revanche, s'il a repris en ce lieu une activité de papetier jusqu'à son décès survenu en 1695. Son fils René, qui est dénommé comme son père sieur de la Binetière et qualifié de maître-papetier dès 1679, exerce au moulin à papier de la Galenais ; il est alors marié à Angélique Legorgeu (parfois Gorgeu, Legovin) fille de Marin Legorgeu et d'Isabeau de la Mazurée, originaire de Saint-Christophe-de-Valains. L'un de leurs fils né en 1677, Jean, a pour marraine Marguerite de Farcy dame de Saint-Laurent, représentante de la noble famille propriétaire de ce moulin de la Galenais. Il est d'ailleurs à noter que les Georget doivent jouir d'une certaine considération, car lors du mariage de Renée Georget, sœur de René, le 7 juin 1677 avec François Hamon, de nombreux notables sont présents et signent le registre au même titre que les Georget, Richard révélant une signature aisée alors que celle de René est plus simpliste et difficile. Quant à Marie Georget, elle a épousé un marchand papetier, Jean Roussin (voir cette famille).

Maître René Georget est inhumé le 26 novembre 1699. L'inventaire de ses biens après scellés [29] révèle qu'il n'était manifestement pas riche : uniquement du mobilier, de la vaisselle et ses effets personnels ; c'est à un point tel que la succession est abandonnée et que tous les biens sont vendus aux enchères un mois plus tard [30].

---

27. Georges Lepreux, in *Gallia Typographica Bretagne*, Paris, 1914, réédition de Rennes, 1989.
28. ADIV E Dépôt EC, St-Brice-en-Cogles, 102.
29. ADIV 4 B 5403, scellés après décès, juridiction de St-Brice, 25 novembre 1699.
30. ADIV 4 B 5403, scellés après décès, juridiction de St-Brice, 29 décembre 1699.

Dans le moulin, très peu de choses, « *sept paires de formes à faire du papier, un poste de fautres [...] et est une grande chaudière dans laquelle on cuisoit de la colle pour servir ledit moulin ledit seigneur du Rocher ayant oposé qu'elle fust vendue* ». Une vente qui ne rapporte que 145 livres 4 sols, et apparemment pas la moindre rame de papier en attente ce qui révèle probablement une faible activité de fabrication ! Or, lors de ses obsèques, René Georget a bénéficié de toutes les faveurs de l'Église ; dans un troisième document de ce volumineux dossier de succession daté de 1700, messire René Denrée, recteur de la paroisse de Saint-Brice, réclame son dû :

« - *Scavoir leq sieur recteur de trois livres dix huit sols tant pour sa rétribution que celle des deux autres sieurs prestres d'avoir dit chasque deux messes lors de l'inhumation,*

- *leq Hellu* [sacristain] *de vingt cinq sols pour sallaire tant d'avoir sonné le glas duq feu Georget, fait la fosse où il fut inhumé, sonné les cloches pendant icelle inhumation,*
- *et leq Bellé* [Trésorier de la Paroisse] *pour estre payé de trante deux sols [...] pour les deux luminaires et cierges qui furent allumés et bruslés pendant les services d'inhumation et de huittaine duq feu Georget à raison de deux sols par cierge et de huit cierges par chasque service.* »

En outre, un autre document précise une demande de Jacques Benoist la Chesnaye car René Georget lui avait signé une reconnaissance de dette (elle figure au dossier) de 35 livres 10 sols pour marchandise le 4 mai 1681 qui n'a jamais été payée et doit donc être reprise sur la succession.

On peut s'interroger sur la signification de l'ensemble de ces documents : René Georget jouait-il sur la considération mentionnée plus haut pour se contenter de n'exercer qu'une activité de fabrication mineure ? Ou a-t-il eu de réelles difficultés de production ? Nous rappelons au chapitre du moulin de la Galenais que quelques années auparavant, il avait obtenu par justice une remise de sa ferme pour cause de chômage du moulin, suite à réparations. Nous ne porterons aucune appréciation, mais il est évident que tous ses enfants étant mineurs (au sens de la Bretagne, c'est-à-dire moins de 25 ans) lors de son décès, les Georget disparaissent quelque temps du moulin de la Galenais. Les six enfants vivants de René Georget et Angélique Legorgeu doivent donc être pourvus de tuteurs, ce qui est fait très rapidement [31]. François Hamon, marchand et oncle par son mariage avec Renée Georget, offre d'être tuteur de Richard âgé de 14 ans ; Julien Lhostye, sieur de Laucoendière, fait la même offre pour Julien Georget qui a seulement 12 ans ; il en va de même pour les quatre autres enfants dont Françoise (19 ans), François (10 ans), Guillaume (7 ans) et Renée (3 ans et demi). Selon nos données, seuls les trois premiers vont poursuivre l'activité papetière. Très vite l'aînée, Françoise Georget, montre « *qu'elle est recherchée*

31. ADIV 4 B 5403, scellés après décès, juridiction de St-Brice, 7 décembre 1699.

en mariage par honnête garçon Bertrand Farcy maître papetier de sa vaccation [32]» ; celui-ci exerce son activité au moulin de Roche-qui-brut pendant quelques années, puis il passe à Lécousse où son épouse Françoise décède prématurément en 1708.

Le fils aîné de René, Richard Georget Binetière, poursuit le métier de papetier et prend à ferme en 1717 le moulin de Roche-qui-brut (voir ce moulin). Il se marie en 1718 avec Jeanne Laisné fille du papetier Michel Laisné ; il fabrique du papier jusqu'à son décès fin 1732 ou début 1733. Immédiatement, son épouse rédige son testament devant Jean Roussin, prêtre curé de Tremblay, et en présence de Bertrand Farcy ; elle veut *« être inhumée dans l'église dudit Tremblay le plus proche de son feu mary [...] veut outre qu'il soit payé à Mrs les prêtres de Tremblay sur les plus clairs deniers de son bien la somme de trois cents livres pour être employée en messes basses qui seront célébrées pour le repos et salut de son âme, aussi bien que de celle de deffunt Richard Georget son mary* [33]» ; le testament est ensuite enregistré par le notaire. Nous ignorons la date précise de son décès, mais un acte de 1737 la déclare défunte. Le partage et division des biens du couple entre les cinq enfants vivants intervient en 1747 [34]; nous apprenons que les époux possédaient un patrimoine important tant en maisons qu'en terres dans les paroisses de Cogles, de St-Brice et de La Bazouge-du-Désert, outre partie d'un moulin à papier à la Basse-Panisselais par héritage Laisné. De leurs cinq enfants, seuls les deux garçons restent dans l'activité papetière, Michel Georget, dit parfois sieur de la Binetière comme son père, et parfois sieur de la Guillotière (du nom des héritages situés en Cogles), et Jean Georget Binetière. Tous deux prennent à ferme le moulin de Roche-qui-brut en 1749, puis Jean devient exploitant du moulin de la Galenais avec Gillette Simon épousée en 1753. Malheureusement pour eux, Jean ne doit pas être un bon exploitant et se désintéresse manifestement de la fabrication du papier. Il fait faillite en 1759 et les termes de l'acte sont très explicites quant à son état d'esprit : *« Jan Georget n'ayant pu payer les jouissances de ce moulin [...] et voullant aller à ses affaires il déclare donner procure généralle et spécialle à demoiselle Gillette Simon de consantir la vante des meubles sequestrés [...] aux mains des demoiselles* [du Rocher] *propriétaires duq moulin, d'affermer ses biens recevoir les jouissances et se fairre payer des rantes des constituts luy deubs maisme le franchissement en cas qu'il s'en trouve, et de consantir quittance au lieu et place duquel Georget comme il auroit droit de fairre, déclarant la louer et aprouver en tout sans jamais revenir contre.* [35]» Bien évidemment ils quittent ensuite toute activité papetière tout en continuant à résider à Saint-Brice. Ce Jean Georget semble n'avoir eu que des

32. ADIV 4 B 5425, juridiction de la baronnie de St-Brice, 24 et 30 octobre 1702.

33. ADIV 4 E 6498, minute J-M. Herbert, 12 avril 1733.

34. ADIV 4 E 2171, minute Louis Coconnier, 11-27 décembre 1747.

35. ADIV 4 E 2453, minute F. Prioul, 20 avril 1759.

déboires avec ce type d'activité : il a affermé la partie du moulin qu'il possède à la Panisselais à Richard Louis Le Chartier, et ce dernier a lui-même fait faillite dans des conditions plutôt troubles. En effet, Jean Georget a intenté une action contre le sieur Gouault et Alexis Le Chartier son gendre, prétendant « *que le dit Gouaut et ledit Le Chartier auroient favorisé la prétendue banqueroute de Richard Louis Le Chartier marchand papetier débiteur duq Georget comme ayant tenu à ferme son moulin à papier de la Panisselaye* [36]» ; ces derniers se défendent et reconnaissent avoir pris quelques meubles simplement pour se payer d'une somme due par Richard à Alexis Le Chartier. Comme souvent en pareil cas, pour éviter les frais trop considérables d'un procès, un accord intervient entre eux, et Gouault et Le Chartier acceptent de payer 150 livres à Georget pour solde de tout compte.

Quant à Michel Georget, il a résidé quelque temps au moulin du Guélandry, a été également papetier à la Galenais, mais nous ne disposons d'aucun renseignement précis concernant cette activité. Il dispose de revenus de biens qu'il fait valoir par ferme, mais il a lui aussi quelques difficultés pour faire rentrer ces fonds et il doit parfois se montrer très accommodant. C'est le cas pour les héritages en Cogles qu'il tient de la succession de son père et qu'il a affermés à Jean Hubert ; les termes du compromis sont suffisamment intéressants pour que nous les rapportions ici : « *Jan Hubert reconnoit et confesse devoir à Michel Georget sieur de la Binetière la somme de soixante douze livres pour jouissance et usufruit des héritages qu'il tient de luy à ferme [...] et ne s'étant trouvé en état de ne payer il luy auroit proposé d'accepter en payement deux mère vache l'une en poil rouge l'autre sous poil noir, lequel Georget a déclaré accepter [...] et comme ledit Hubert a déclaré audit sieur Georget avoir besoin des dites mères vaches pour la culture de la terre a ledit Georget déclaré luy céder louer et abandonner les dites mères vaches à titre de chateil le temps et terme de deux ans [...] par lequel ledit Hubert délivrera par chacun an audit sieur Georget le nombre de deux pois de beurre de douze livres chacque [...] au moyen de quoy est ledit sieur Georget estre demeuré maistre propriétaire desdites mere vaches [...] convenu cependant que cy lesdites mere vaches mouroient sans la participation dudit Huber il ne sera tenu que d'en représenter la peau.*[37] »

René Georget et Angélique Legorgeu ont eu un deuxième fils, Julien, connu ultérieurement sous le qualificatif de sieur de la Rivière. Comme son aîné Richard il a embrassé la carrière de papetier et il s'est marié en 1712 à Madeleine Laisné, sœur de Jeanne, l'épouse de son frère. Contrairement à Richard, il reste fabricant à La Bazouge-du-Désert où il résidait déjà avant son mariage, probablement à la Basse-Panisselais avec son beau-père Michel Laisné, puis à Lécousse entre 1723 et 1733, sans doute dans l'un des moulins du Guélandry. Il revient enfin à Roche-qui-brut

36. ADM 3 E 54 144, minute Guillaume Hossard, 13 juillet 1759.

37. ADIV 4 E 2171, minute Louis Coconnier, 14 novembre 1749.

épauler sa belle-sœur après le décès de son frère aîné jusqu'à son propre décès intervenu en 1738 ou 1739. Les registres des baptêmes de La Bazouge-du-Désert et de Lécousse indiquent que Julien et son épouse ont eu au moins cinq enfants ; parmi ceux-ci, les deux garçons Richard et Jean, tous deux sieurs de la Rivière, ont été papetiers. Richard Georget, fils de Julien, reste à Roche-qui-brut et il va quelque peu défrayer la chronique par un procès à la suite de la rupture d'une promesse de mariage. Le registre de St-Brice porte en effet au 19 avril 1740 la promesse de mariage entre Richard Georget mineur (il a 22 ans et demi) et Julienne Martin, fille de Pierre et de Gillette Lahigue ; ce même registre témoigne qu'il participe deux semaines plus tard au mariage de sa cousine germaine Marguerite avec Mathurin Martin, également fils de Pierre et Gillette Lahigue [38], ce qui révèle que les deux familles Georget et Martin devaient être assez liées ; or aucune trace du mariage de Richard au cours des mois suivants ! L'explication nous est fournie par une série de pièces [39] rédigées entre mars et septembre 1741. Le 29 mars, Maître François Clairet, procureur de la famille Martin, dépose au greffe le *« sacq »* contenant les acte et pièces établis contre Richard Georget pour rupture de promesse de mariage, à la requête des Martin en novembre 1740 ; nouveau sac de sommations au 1er mai ; enfin nouveau dépôt de trois sacs le 25 septembre 1741 communiqués précédemment à monsieur le sénéchal qui, malheureusement, est décédé entre-temps. La justice ne traîne pas et le jugement intervient dans la quinzaine qui suit [40]. L'attendu laisse supposer que le père Martin était d'abord très réticent : *« Ledit Richard Georget auroit employé tous les amis et parents dudit sieur Martin pour l'engager à luy donner sa fille Julienne Martin en mariage laquelle auroit deu recevoir des harres d'un autre particulier et qu'après avoir engagé cet autre particulier à reprendre ses harres se laissa enfin entraîner à toutes ses sollicitations et qu'après avoir souffert pendant très longtemps des fréquentes visites dudit sieur Georget à sa fille il la luy promist en mariage et convint de luy donner la même somme que celle qu'il avait donné à son fils en le mariant qui est celle de cent pistolles. »* Les fiançailles ont donc lieu le 19 avril, mais le 14 septembre, Richard Georget *« fit signifier laditte Martin et son père à une assignation en l'officialité de Rennes pour se voir mettre en liberté de conscience et permettre de se pourvoir chaques ailleurs par mariage comme bon lui sembleroit »*. Le sieur Martin et sa fille furent donc obligés de fournir leurs défenses et de *« faire connoistre le mépris qu'avoit fait du sacrement ledit Georget, la perfidie qu'il commettoit envers la suppliante, le tort qu'il faisoit à sa réputation et enfin celuy qu'elle souffroit pour l'avoir préferré à un party considérable dont elle avoit reçu des harres de mariage »* ; ils réclament 600 livres pour dommages et intérêts. De son côté, Georget propose 30 livres pour

38. ADIV E Dépôt EC, St-Brice-en-Cogles, 104.

39. ADIV 4 B 5429, dépôts au greffe de la juridiction de St-Brice.

40. ADIV 4 B 5398, sentences civiles, juridiction de la baronnie de St-Brice.

les frais et dépenses des fiançailles, plus 10 livres pour les dépenses causées dans ses visites ultérieures. Le procureur condamne Georget à 100 livres et aux dépens, soit 3 livres 12 sols. Il faut dire que la défense de Richard était plutôt faible ; il prétend avoir refusé le mariage car *« voulant continuer son commerce il s'aperçut que son crédit diminuoit qu'il ne trouvoit plus les marchands comme il avoit de coutume, qu'inquiet de scavoir la cause, des gens charitables luy dirent qu'il faisoit une alliance qui ne luy convenoit nulement »*. En fait, il avait trouvé son bonheur ailleurs. Alors qu'il est encore mineur (près de 24 ans quand même), il a besoin d'une procuration des parents car il recherche en mariage Julienne Lecuyer, fille mineure de feu Louis Lecuyer et de Hélène Barbe ; cette procuration est établie par toute la famille paternelle et maternelle de Richard, réunie au grand complet et qui comprend outre les Georget, les Blin, Fouillard, Laisné, Barbe, dont de nombreux papetiers [41]. L'accord lui est donné et probablement que le mariage a lieu, mais il n'a pas dû en jouir très longtemps, car nous apprenons quelques années plus tard (en 1748) qu'il est déjà décédé, son frère Jean, sieur de la Rivière, étant présenté comme le seul héritier vivant à cette date, sa mère Madeleine Laisné étant également décédée.

Jean Georget, sieur de la Rivière (que l'on trouve fréquemment sous le prénom composé Jean Philippe), est né à Lécousse où son père est papetier. Il a épousé en premières noces Anne Le Taillandier, et avec celle-ci il produit son papier aux moulins du Guélandry dont il est propriétaire. En tant qu'héritier unique de cette branche Georget, il doit recouvrer les créances dont bénéficiaient ses parents décédés. Sa mère Madeleine Laisné, non seulement faisait tourner le moulin à papier de Roche-qui-brut, mais elle était également fermière générale du lieu de Trouainson et terres en dépendant. À ce titre elle avait sous-affermé en 1739 la métairie de la Cour à Julien Rossignol et femme pour la somme de 210 livres par an. À la fin des neuf années de ferme en 1748, les fermiers étant décédés, le fils de ceux-ci n'en a pas payé les termes depuis plusieurs années, si bien que Jean Georget est obligé de faire appel à la juridiction de St-Brice. Sur les 1460 livres dues, Rossignol fils ne peut payer que 845 livres ; les deux parties transigent, et le débiteur propose en règlement les bestiaux, charettes, et les levées de seigle, blé noir et avoine à venir ; Georget donne son accord [42]. Le sieur de la Rivière et son épouse ont eu plusieurs enfants dont Jean-François né vers 1748, probablement l'aîné, Jeanne née en mars 1749 et Julien-François né en 1756. Le premier est marchand fabricant de papier, il a épousé Marguerite Provost, mais en l'an II, à 46 ans, il divorce ; il travaille au moulin des Batailles à Fougères. La seconde, Jeanne, épouse un papetier normand, Michel François Gabriel Levannier, en 1770 et ils deviennent exploitants du moulin à papier du Guélandry tout en prenant à ferme le moulin de Beliard à Vieux-Vy-sur-Coucsnon

41. ADIV 4 B 5426, juridiction de la baronnie de St-Brice, 10 juin 1741.

42. ADIV 4 E 2171, minute Louis Coconnier, 5 octobre 1748.

en 1785 (voir ce moulin). Le troisième, Julien-François, épouse Jeanne Le Mardelé, fille de Gilles Le Mardelé papetier du Pont-aux-asnes, mais si ce dernier couple réside provisoirement à Lécousse – où naissent leurs premiers enfants Julie (1781) et Jean Julien (1782) –, on ne trouve plus trace de son activité papetière en pays de Fougères ; peut-être ce Julien-François est-il le papetier qui va s'établir au moulin de Combout, près de Quimperlé, et qui fera son papier à la fin du XVIIIe et au début du XIXe siècles ? Après le décès de son épouse Anne Le Taillandier survenu avant 1770, Jean Georget, sieur de la Rivière, a convolé en secondes noces avec Julienne Boivent, mais il n'en a pas eu d'enfant papetier. Il décède en l'an XII à l'âge de 80 ans, comme rentier au Guélandry ; sa seconde épouse y décède l'année suivante âgée de 77 ans. L'activité papetière en pays de Fougères de la famille Georget s'éteint donc avec les derniers enfants de la branche "la Rivière".

IV.1.7. Guesdon (Guedon, Guaisdon)

La famille Guesdon est largement implantée en Bretagne au XVIIe siècle et nombreux sont ses membres qui exploitent ou travaillent dans les moulins à papier. Pourtant, aucune mention n'est faite des papetiers qui sont actifs en Pays de Fougères, pas plus par Kemener qui ne cite que ceux actifs en Basse-Bretagne que par Gaudriault qui relève, outre les précédents, les papetiers de Normandie. Bourde de la Rogerie [43] précise bien que Julien et Richard Guesdon, mentionnés dans le registre de Pleyber-Christ, sont originaires de Brouains, donc de la vallée de la Sée, mais ne fait pas état de la branche qui nous concerne. Et pourtant, c'est un Guesdon, Richard fils de Gilles, qui est à la base d'un des moulins qui a fabriqué des papiers d'une qualité généralement au-dessus de la moyenne, jusque très avant dans le XIXe siècle, le moulin de Lange.

On trouve une première mention de Richard Guesdon lors de la rédaction de sa promesse de mariage avec Catherine Harinel [44]. Il est dit marchand papetier demeurant à la Gobtière, tandis qu'elle demeure au Guélandry, paroisse de Lécousse ; il n'est pas précisé si elle-même est papetière. La sœur de Richard, Julienne, demeure également au moulin de la Gobtière. Nous rapportons dans le chapitre II.1.6 comment Richard et son épouse ont été amenés à bâtir le moulin de Lange en La Bazouge-du-Désert en 1696 ; sa signature apposée à la fin de l'acte nous révèle une écriture très hésitante et une orthographe très approximative (cf. annexe 3). Toute la branche issue de Richard Guesdon et de Catherine Harinel, durant cinq générations, fera du papier dans ce moulin de Lange. On y trouve d'abord un de leurs fils,

43. Bourde de la Rogerie, H., *opus cit.*, 1911.

44. AD Mayenne 3 E 54/119, minute Charles Hossard, 10 février 1688.

Pierre, sieur de la Fieffe, marié en 1726 avec Marie Denoual. Si le père décède à 80 ans en 1742, après une longue activité, le fils disparaît quelques années seulement après lui, en 1746, laissant comme héritière sa très jeune fille, Julienne. Le 23 décembre 1750, un bail est établi au bénéfice de Jean Guesdon, sieur de la Bilheudais et cousin germain de Julienne, qui prend les héritages à ferme (moulin et dépendances) pour un total de 160 livres par an, à charge en outre au fermier de payer une rente foncière sur ledit moulin de 52 livres et une rame de papier [45]. Un acte de 1756 rapporte les conditions de son futur mariage avec Anne-Marie Houget, demoiselle de la Brochardière, demeurant au lieu noble du Fretay ; elle apporte 1200 livres qui rentrent dans la communauté [46]. Ce Jean, sieur de la Bilheudais, travaille au moulin durant plusieurs années, en compagnie de son frère Pierre Guesdon, sieur de la Chesnais.

Mineure autorisée par ses parents, Julienne épouse en 1758 un normand, Michel Homo, sieur du Hamelet, né dans la paroisse de Sourdeval, diocèse d'Avranches, et qui relève d'une famille de papetiers. Bien qu'elle décède à moins de 40 ans en 1771 au moulin de Lange, Julienne a eu plusieurs enfants dont une fille aînée, Angélique, née également en Normandie à Beauficel dans le diocèse d'Avranches, qui épouse en 1780 un veuf, Michel Guérin. Ce couple poursuivra l'activité papetière, et sera rejoint au moulin de Lange par Mathurin Guérin (veuf de Catherine Blin et remarié avec Anne Legraverend). Au début du XIXe siècle, Angélique Guérin, fille d'Angélique Homo et de Michel Guérin, épouse Jean Le Bacle, lui-même maître-papetier au moulin de Lange. La filiation de Richard Guesdon semble s'arrêter à ce niveau, puisqu'aucun des enfants Le Bacle ne paraît avoir repris le moulin de Lange, celui-ci étant en 1835 devenu la propriété d'un autre papetier normand, Guillaume-François Le Chartier.

Un membre d'une autre branche Guesdon, Guillaume, a épousé en 1734 Perrine Fouillard (cf. cette famille) ; il est marchand papetier et demeure en 1757 au moulin à papier de la Gobtière. Nous ne pouvons préciser son lien de parenté avec la famille qui a développé le moulin de Lange. De même, un Jean-Baptiste Guesdon est papetier en Vieux-Vy jusqu'à 1736, date de son décès à l'âge de 45 ans ; pour lui également nous ne pouvons préciser la parenté.

---

45. ADIV C 4514, registre du vingtième, La Bazouge-du-Désert, 27 avril 1751.

46. ADIV 4 E 9905, minute J. F. Maunoir, 7 juillet 1756.

IV.1.8. Guespin

Cette famille implantée à Saint-Christophe-de-Valains et Vieux-Vy paraît avoir une ancienne et longue activité papetière (voir tableau p. 186), bien qu'elle ne soit mentionnée dans aucun des ouvrages se rapportant aux papetiers de Bretagne. Sans doute est-ce dû au fait que les Guespin (parfois notés Guépin) ont été plus agriculteurs que papetiers, et qu'ils ont, pour la plupart, fabriqué leur papier dans ce moulin de la Sourde qui ne produisait que quelques dizaines de rames par an en 1729. Nous émettons l'hypothèse que ce moulin a été construit ou afféagé par Michel Guespin et son épouse Julienne Gérard au cours du XVIIe siècle, car le couple est propriétaire de l'intégralité du moulin. S'ils l'avaient obtenu par succession, la probabilité d'un partage entre enfants aurait été très grande ; de cette particularité serait issu le nom de *« moulin aux Guespins »* qui est apparu au XVIIIe siècle. Il faut noter de plus que le couple est également propriétaire d'une pile dans le moulin du Pont de Vieux-Vy, celle-ci provenant donc probablement d'un héritage familial. Michel est décédé en 1724, à l'âge approximatif de 88 ans, ce qui permet d'en déduire sa naissance vers 1636. Le registre de Vieux-Vy ne nous informe pas sur la date du mariage, mais il nous permet de situer la naissance de quelques-uns de leurs enfants qui ont exercé dans la papeterie ; ainsi Renée (1670), Pierre (1672) et Christophe Guespin (1682). Il y a bien sûr d'autres enfants puisque le partage après le décès de Michel s'effectue en sept lots, et on relève notamment la présence de Julien, Vincent, Jeanne et Michelle.

En 1726, lors de ce partage, Renée et son mari Pierre Lorand sont déjà décédés, et c'est leur fille Julienne Lorand mariée à Pierre Ory qui devient héritière de la pile du Pont de Vieux-Vy. Les Ory ont constitué aussi une famille de papetiers des environs de Vieux-Vy, mais leur participation relativement ponctuelle ne nous a pas semblé justifier une étude plus approfondie. Michelle Guespin avait hérité d'une pile du moulin de la Sourde, mais comme elle l'a revendue à Julien Ory, elle ne nous paraît pas avoir poursuivi la production.

Des quatre frères Guespin, nous n'avons retenu sur le plan filiation que Pierre, dont les enfants ont poursuivi l'activité à la Sourde ou dans les autres moulins sur la Minette. De son mariage avec Perrine Le Camus, Pierre a encore cinq enfants survivants lorsque son décès intervient en 1750. Du partage qui en résulte, qui n'intervient qu'en 1761 – sans doute après le décès de l'épouse, dont nous avons connaissance uniquement par un retour de lot mais sans être informé sur le contenu des différents lots [47] –, il apparaît que les enfants ont reçu en héritage des fractions de pile, c'est-à-dire un ou plusieurs maillets. Et c'est à cette occasion que l'on constate combien les Guespin sont en fait assez peu papetiers, et qu'une pile de

47. ADIV 2 C[38] 226, registre du centième denier, St-Aubin-du-Cormier, 30 juillet 1761.

moulin est plus un « *bien* » qu'un « *outil de production* ». Néanmoins, Jean et Julien Guespin sont les deux frères, fils de Pierre, qui continuent à faire du papier. Jean s'est marié en 1752 avec Perrine Briand, elle-même fille de Julien Briand et de Charlotte Chevrel, tous les deux membres de familles de papetiers de la région que nous avons mentionnés dans la rubrique des moulins de Saint-Christophe-de-Valains. Lors du partage en 1779 suivant le décès de Jean Guespin (Perrine Briand est décédée depuis 1759), il n'y a que deux enfants vivants : Julienne qui, avec son mari Julien Louazance, a exploité en copropriété le moulin du Roc, et son frère Joseph qui continue l'exploitation pratiquement jusqu'à son décès en l'an XII. Exceptionnellement, nous disposons de quelques informations personnelles sur ce dernier, impliqué dans un délit de pêche dans le Couesnon. Un procès-verbal d'interrogatoire réalisé par Jean Gautraye, avocat à la Cour, sénéchal et seul juge civil et criminel de la juridiction d'Orange, le décrit ainsi : « *A comparu un homme de moyenne taille couvert d'un habit verd portant barbe et cheveux noirs tenant un chapeau noir en sa main duquel le serment pris [...] répond avoir nom Joseph Guespin âgé de trente ans papetier demeurant à la Basse Haye paroisse de St Christophe de Valains.*[48]» En compagnie de six autres personnes dont Julien Damy, compagnon papetier aux Grands Moulins de Vieux-Vy, âgé de 26 ans, « *homme de petite taille couvert d'un habit brun cassé, portant barbe et cheveux noirs tenant un bonnet rouge dans sa main* », il aurait commis non seulement le délit de pêche, mais également contribué à la destruction de la chaussée du moulin à foulon de Beliard ; ils sont condamnés à 10 livres pour la réparation de la chaussée et chacun à 3 livres d'amende au profit de la seigneurie. Ni Joseph Guespin ni sa sœur Julienne ne paraissent avoir engendré une progéniture de papetiers.

Le frère de Jean, Julien-Auguste, s'est marié en 1754 avec Michelle Renaudin (originaire de Saint-Ouen-des-Alleuds) ; le couple a également fabriqué son papier à la Sourde, et parmi leurs enfants, deux ont continué l'activité : René (né en 1755) et sa sœur Marie (née en 1775). Tous deux sont devenus copropriétaires du moulin de la Sourde, non par succession, mais par rachat des piles (voir au moulin). Ils paraissent bien être les derniers Guespin exploitants papetiers de la région.

IV.1.9. Hamon

La première mention d'un membre de cette famille concerne François Hamon, demeurant à Saint-Aubin-du-Cormier, lorsqu'il épouse Renée Georget (sœur de René Georget Binetière) à Saint-Brice-en-Cogles le 7 juin 1677. Il n'est pas papetier, mais marchand. Lorsque son beau-frère René décède en 1699, il fait offre « *pour*

48. ADIV 4 B Vieux-Vy-sur-Couesnon, liasse 6, 10 septembre 1785.

l'amitié qu'il porte avecq Richard Georget [le fils de René âgé de 14 ans] *le nourrir et entretenir selon son etat et condition gratis et l'instruire en la foy et religion catholique apostolique et romaine jusqu'à lequel ait atteint et excédé l'âge de dix sept ans* [49]». Richard devient maître-papetier, mais aucun document ne nous permet de savoir où François Hamon l'a placé en apprentissage. Après le décès de ce dernier, ses trois enfants mineurs, Guillaume, François et Michel, ont été pourvus d'un tuteur, Julien Barbe, qui demeure au moulin à foulon de Guémain, paroisse de Vieux-Vy. Sa veuve, Renée Georget, décède à son tour en 1708 (elle s'était entre-temps remariée avec un autre marchand, Julien Lenormand), et la vente publique de tous ses biens a lieu à St-Aubin-du-Cormier [50]. En 1729, deux des fils, François et Michel Hamon, sont journaliers papetiers au moulin de la Galenais tandis que le troisième, Guillaume, réside à Saint-Aubin-du-Cormier comme son défunt père [51]. Après son mariage en 1733 avec Françoise Fouillard, Michel part pour La Bazouge-du-Désert où il ne semble exercer qu'une faible activité papetière ; l'année suivante il est noté marchand papetier demeurant au Guélandry en Lécousse. François en revanche reste actif au moulin de la Galenais en compagnie de son épouse Perrine Laisné ; en 1743 il change de moulin et prend à ferme celui de Roche-qui-brut en Tremblay [52], et par succession du côté Laisné, il devient propriétaire d'une partie du moulin de la Basse-Panisselais en La Bazouge. Il ne semble pas avoir eu de succession directe en Pays de Fougères. La famille Hamon n'a donc pas été très nombreuse, mais son importance a été grande dans la production d'un papier de qualité et de nombreuses traces en seront fournies dans le chapitre relatif aux filigranes. Signalons également qu'une Marie Hamon, papetière de Rennes de 31 ans, épouse le 14 février 1835 à Vieux-Vy René Thomas, garçon papetier de 26 ans, de Sens ; nous ne connaissons pas ses relations familiales avec les Hamon examinés ci-dessus.

IV.1.10. Hus

La famille Hus (Hue, Hut) est d'origine normande, de la paroisse des Loges-sur-Brecey, diocèse d'Avranches. Elle est arrivée tardivement dans le Pays de Fougères puisqu'on n'en trouve trace qu'après 1780. Trois frères issus de François Hus et Marie Tricar, François (1752-1819), Jean-François (né en 1755) et Toussaint-Julien (1761-1809), qui ont probablement une bonne qualification acquise dans la province voisine, exercent leur activité dans des moulins d'importance.

49. ADIV 4 B 5403, scellés après décès, juridiction de St-Brice, 25 novembre et 7 décembre 1699.

50. ADIV 3 B 916, Juridictions royales, 18 au 25 avril 1709.

51. ADIV 4 E 6448, minute Jean Coconnier, 16 juillet 1729.

52. ADIV 2 C[39] 38, contrôle des actes des notaires, St-Brice-en-Cogles, 24 juillet 1747.

L'aîné, François, domicilié à Fougères, épouse en 1782 Marie-Anne Roussin, une fille de Pierre Roussin et Marguerite Mahot qui sont à l'époque les fermiers du moulin d'Ardenne en Tremblay (voir tableau Roussin p.188). François et Marie-Anne restent travailler dans ce moulin ; parmi leurs enfants, trois au moins sont impliqués dans la poursuite d'activité : François le fils aîné (1790-1833) qui, avec son épouse Henriette Depasse, développe considérablement le moulin dont il est devenu propriétaire ; Révérende (née en 1783) rejoint par son mariage en l'an XI avec Michel-Anne Levannier une autre famille de papetiers installée à Fougères ; Marie-Anne (née en 1791) épouse non un fabricant de papier, mais un formaire, Guillaume-François Grivet. Les enfants de François Hus et Henriette Depasse constituent la troisième génération de papetiers de la famille en Bretagne, malheureusement l'aînée Marie-Anne décède à l'âge de 20 ans (en 1834), sa sœur Louise (née en 1819) épouse en 1844 Ambroise Hamelin teinturier d'Antrain, et Henriette Hus (née en 1829) se marie en 1849 avec un marchand, Julien Cebile. Le moulin d'Ardenne ayant cessé son activité peu après les années 1850, on comprend que cette génération de papetières ait été la dernière dans la région.

Le second fils Hus, Jean-François, est domicilié à St-Brice où il épouse en 1784 Louise Fouqué originaire de Saint-Hilaire-du-Harcouet. Il est papetier au moulin de la Galenais et travaille en famille puisque ce moulin est tenu par Michel Tricar (son oncle semble-t-il). Ce couple a de nombreux enfants, et parmi ceux-ci, deux au moins sont papetiers. Le premier, Jean-François, compagnon papetier, épouse en 1817 Michelle Lahigue ; le second Joseph (Marie, Louis) se marie en 1821 avec une papetière de St-Brice, Françoise Galle. Nous n'avons pas d'indication que les enfants de ces deux couples soient devenus à leur tour papetiers.

Toussaint-Julien Hus, le benjamin, a comme son frère aîné épousé en 1793 une Marie-Anne Roussin, mais il s'agit cette fois de la fille de Jean Roussin et de Jacquine Louazance, fermiers aux Grands Moulins de Vieux-Vy. Les deux frères Toussaint et François ont donc assuré un pontage serré avec la famille Roussin (voir tableau Roussin). Il semble cependant que le couple n'ait pas eu le temps d'assurer une descendance et que Marie-Anne soit décédée peu de temps après son mariage, car on retrouve alors Toussaint-Julien, actif au moulin du Pont-aux-asnes, marié avec Marie-Jeanne Le Chartier et père dès l'an V. De très nombreux enfants sont issus de ce nouveau couple (au moins dix recensés), et parmi ceux-ci, quatre sont répertoriés comme papetiers. Le premier est Marie-Jeanne qui épouse en 1822 François Briand, papetier de Vieux-Vy, le second est Julien Toussaint (né en l'an VII), le troisième Victor Georges, papetier de Lécousse qui se marie en 1834 avec Marie-Madeleine Rimasson, et enfin Jean-Marie (né en l'an X).

Ainsi, bien qu'arrivés tardivement dans cette région, les Hus ont participé à l'exploitation de moulins importants, mais leur participation s'est arrêtée au bout de trois générations.

IV.1.11. Laisné (Lesné)

Les deux orthographes sont fréquemment rencontrées dans les registres d'état civil et dans les minutes de notaires à la fin du XVIIe et au début du XVIIIe siècles. Les premiers papetiers de la famille utilisent exclusivement la première dans leur signature et dans leur filigrane, et c'est donc celle que nous emploierons également. Deux branches dont nous ne pouvons actuellement établir les relations se sont développées, l'une à partir de Bertrand, l'autre à partir de Samson, la première étant quantitativement la plus importante.

La plus ancienne mention que nous relevons est celle de Bertrand Laisné, marchand papetier demeurant au Guélandry en Lécousse, lors de l'établissement des conventions matrimoniales pour le futur mariage de son fils Michel, sieur de Longpré, également marchand papetier au Guélandry, avec Marguerite Fouillard, papetière de la Gobtière [53]. Ces conventions stipulent que les parents Fouillard cèdent la jouissance de la maison, du moulin et du jardin de la Gobtière pour vingt ans aux futurs époux, à charge pour ces derniers de payer pendant tout ce temps à François de Cheurüe, écuyer sieur de la Haussière (il demeure à Mortain en Normandie), une rente annuelle de 6 livres 2 sols 6 deniers plus une autre rente de 4 livres 6 sols 6 deniers. En fait, Michel Laisné ne va rester qu'une petite dizaine d'années à la Gobtière, avant de s'en aller faire construire un nouveau moulin à papier à la Panisselais. Samson Laisné a repris le bail avec son épouse Jeanne Lorand, mais bail dont ils font subrogation à leur fils Julien, marchand papetier en 1706 [54].

Les descendants de Michel Laisné et Marguerite Fouillard sont très nombreux, ainsi qu'en atteste le registre des baptêmes de La Bazouge-du-Désert : au moins treize enfants entre 1691 et 1712, compte tenu d'éventuels oublis ou lacunes du registre. Parmi ceux-ci, huit exercent la profession de papetier, les femmes ayant contribué à développer un réseau serré d'alliances avec plusieurs familles d'importance très grande dans ce domaine. La première, Madeleine, épouse en 1712 Julien Georget, un des fils de René Georget, papetier de St-Brice-en-Cogles ; le couple développe son activité en partie au moulin de Roche-qui-brut ; nous avons noté précédemment l'importance de sa descendance (voir à Georget). Une sœur de Madeleine, Jeanne, épouse en 1718 Richard Georget, frère de Julien, qui devient aussi maître-papetier à Roche-qui-brut. Une troisième fille, Perrine Laisné, se marie avec un papetier de Saint-Jean-de-Cogles, François Hamon, lui-même enfant d'une fille Georget (voir cette famille). La dernière fille, Renée Laisné, se marie en 1732 avec Charles Jean, sieur des Vallées, qui va régner pendant un demi-siècle sur un des moulins du Guélandry ; elle n'a malheureusement pas le temps d'assurer une descen-

53. ADM 3 E 54 119, minute Charles Hossard, 28 septembre 1687.

54. ADM 3 E 54 128, minute Charles Hossard, 26 janvier 1706.

dance puisqu'elle décède un an et demi après son mariage. Ce Charles Jean mérite quelques lignes dans cet ouvrage. Il se remarie immédiatement après son veuvage avec Julienne Vitré, et dès novembre 1735 sa première fille, Françoise-Louise, voit le jour à Lécousse ; son premier fils, Charles également, naît en mars 1737. Louise n'est pas destinée à la fabrication du papier : elle entre dans le milieu des marchands par son mariage en 1769 avec Jean Grimault, marchand de drap et de soierie de la ville et paroisse de Notre-Dame-de-Vitré. Charles fils, au contraire, prendra la succession de son père au moulin du Guélandry. Le père, dont nous ne connaissons pas l'origine, mais qui paraît avoir un bon niveau d'instruction vu la qualité de son écriture et de sa signature, exerce son activité de la même façon que le faisait Alexandre Boulmer en Tremblay. Il a acheté son moulin en 1745 ; il y fabrique son papier certes, mais il investit aussi dans l'immobilier et sait le faire fructifier. Ainsi, en 1757, il acquiert simultanément dans la paroisse de Fleurigné les deux terres de la Gambrie, maisons, bois, terres et héritages, pour la somme de 3400 livres de principal et 48 livres de vin, et dans la paroisse de Louvigné les maisons, terres et le bois de L'Epinay (Lepinay), circonstances et dépendances, pour 4000 livres de principal et 96 livres de vin [55]. Il complète trois ans plus tard avec le champ de l'Epinay pour 126 livres. Il afferme ensuite la plupart des biens acquis pour des durées de neuf ans, une fraction de la Gambrie pour 165 livres par an plus 6 chapons et 4 poulets [56], et la terre et métairie de Lepinay pour 215 livres par an plus 4 chapons, 4 poulets, un coin de beurre de six livres et un fromage (à donner à la Fête-Dieu) [57]. En outre, il apparaît comme bénéficiaire de constitutions de rentes. Incontestablement, comme Boulmer, il a su s'enrichir sur la base de son activité papetière.

Les enfants mâles de Michel Laisné, sieur de Longpré, vont pendant quelques années poursuivre également l'activité papetière. Michel (le fils aîné) épouse Jeanne Lentaigne vers les années 1720 ; ils travaillent au moulin paternel de la Panisselais, mais Jeanne décède en 1726 à 30 ans, et nous le retrouvons fermier au moulin de la Bécassière dont ses parents sont propriétaires [58]. Avec son épouse Jeanne, ils ont eu un fils, Michel également, qui décède lui aussi prématurément à 18 ans, et nous n'avons aucune évidence d'une succession de papetiers par cette branche. Un autre fils de Michel sieur de Longpré, Julien, a été maître-papetier au moulin de la Panisselais dont il avait pris à ferme une partie en 1730 ; mais ce dernier étant à son tour décédé très tôt (en 1734), le bail a été repris jusqu'à son terme de neuf ans par le troisième fils, Thomas, bail renouvelé par son père pour six années supplémentaires [59].

55. ADIV 4 E 9905, minutes J-F. Maunoir, 30 juin et 5 juillet 1757.

56. ADIV 4 E 9905, minute J-F. Maunoir, 27 juin 1758.

57. ADIV 4 E 9906, minute J-F. Maunoir, 10 mai 1760.

58. ADM 3 E 54 135, minute Charles Hossard, 5 juillet 1734.

59. ADM 3 E 54 135, minute Charles Hossard, 26 novembre 1739.

Depuis de nombreuses années le sieur de Longpré n'avait plus d'activité de production de papier, et nous constatons qu'il confiait cette responsabilité à ses fils ; en fait nous apprenons qu'il ne signait plus les actes notariés *« à cause de l'incommodité de sa vue »*, ce qui explique aussi qu'il ne pouvait plus fabriquer ; il décède en 1740, âgé de 80 ans. Son fils Thomas a d'abord épousé Anne Le Boisne en 1729 (dont il a eu un premier fils la même année), mais on le retrouve quelques années plus tard marié à Jeanne Evrard. Il est difficile de trouver des traces de son activité de fabricant, mais il exerçait bien la fonction de marchand ; en effet dans un acte établi à la suite du décès de Françoise Blin, femme de Louis Roussin, on relève que ce dernier doit à Thomas Laisné la somme de 67 livres et 10 sols pour marchandises de chiffes [60]. C'est son fils François, marié en 1776 à Marguerite Roussin, représentante d'une autre illustre famille de papetiers de Vieux-Vy-sur-Couesnon et Tremblay, qui a continué à travailler au moulin de la Panisselais ; hélas, François décède un an après son mariage, et trois semaines après le décès de son seul fils disparu à l'âge de 15 jours. Aucune descendance Laisné n'a donc pu se développer dans cette branche.

Un dernier membre de cette famille Laisné, Marin, a eu aussi une activité papetière. Né en 1708 environ, il est le fils d'un Jean Laisné dont on ne connaît pas la parenté avec le sieur de Longpré. Ce Marin a d'abord épousé Julienne Ferrans, qui décède en 1765. Il se remarie aussitôt avec Jeanne Seigneur, mais deux de leurs trois enfants décèdent en très bas âge au moulin à papier, probablement celui de la Panisselais puisqu'il demeure au village de la Trécolière proche de ce moulin ; le troisième enfant, Marie-Jeanne, papetière, épouse en l'an V Guillaume Ollive, un menuisier. Marin Laisné décède au moulin en 1773, et donc de ce côté également il ne semble pas y avoir eu de descendant Laisné papetier.

L'autre branche Laisné, très courte, est issue de Samson qui, à la fin du XVIIe siècle, demeure en Saint-Ouen-la-Rouerie. Il est papetier, et demeurant au village des Coudereaux, très proche du moulin à papier de Roche-qui-brut, nous pouvons penser qu'il travaillait dans celui-ci. C'est dans cette paroisse qu'avec son épouse Jeanne Lorand ils ont d'abord deux filles en 1682 et 1683 ; on les retrouve ensuite quelque temps (1690) au moulin à papier de la Gobtière, avec Michel Laisné Longpré, suggérant ainsi un lien de parenté. Nous ne trouvons plus trace de cette branche par la suite.

Ainsi, malgré les nombreux enfants de cette famille au XVIIIe siècle, l'activité papetière Laisné s'est rapidement éteinte, mais elle s'est perpétuée au sein de la famille Georget principalement, et des familles Hamon et Jean de façon plus ponctuelle.

---

60. ADM 3 E 54 116, minute Charles Hossard, 6 et 10 mars 1757.

IV.1.12. (Le) Mardelé

Les deux orthographes sont largement utilisées dans tous les documents consultés ; les intéressés eux-mêmes signent parfois avec l'article, parfois sans. En fait, les actes établis à Vieux-Vy-sur-Couesnon font en majorité référence à Mardelé tandis que ceux établis à Lécousse privilégient Le Mardelé. Les branches qui se sont développées dans ces deux communes sont issues de Georges Mardelé et Catherine Porée, originaires de Normandie, diocèses d'Avranches et de Bayeux. Deux frères Mardelé arrivent à Vieux-Vy en 1734 : André, ouvrier papetier né vers 1709, et Thomas son cadet qui entre immédiatement en apprentissage chez Michel Dupré au moulin de Guémain [61]. André est journalier, demeure au village du Pont de Vieux-Vy où il épouse le 21 février 1735 Gillette Chevaucherie. Il demeure papetier au Pont de Vieux-Vy jusqu'à son décès en 1764 à l'âge de 55 ans environ. Thomas épouse Anne Seigneur le 20 janvier 1750, mais son épouse décède en novembre de la même année. Il se remarie aussitôt (20 avril 1751) avec Jeanne Gérard ; reste-t-il journalier au Pont de Vieux-Vy ? Il décède dans cette commune vers 1768, laissant cinq enfants mineurs pour lesquels nous n'avons pas évidence d'une activité papetière. Un Louis Mardelé est déclaré papetier à Roche-qui-brut en Tremblay en l'an IX, mais nous ne pouvons préciser sa filiation.

Gilles Le Mardelé, frère de Thomas et André, est arrivé à Lécousse où il se marie le 10 janvier 1747 avec Jeanne Durand, en présence du papetier Charles Jean, sieur des Vallées. Lui-même est papetier, et on le retrouve en 1772 propriétaire du moulin du Pont-aux-asnes en Lécousse. Il a une fille, Jeanne, devenue l'épouse de Julien-François Georget ; son fils Gilles a épousé Jeanne Dardenne, mais celui-ci n'a pas poursuivi longtemps la fabrication de papier puisqu'il se dit rentier à l'âge de 47 ans ! On ne retrouve donc pas de Mardelé papetier en pays de Fougères au début du XIXe siècle.

IV.1.13. Morel

Cette famille constitue une des plus anciennes familles de papetiers du Pays de Fougères. Certes ce patronyme est extrêmement répandu, et il est évident que de nombreux membres répertoriés aux XVIIe et XVIIIe siècles n'ont entre eux que des relations familiales fort éloignées ; la meilleure preuve en est le mariage entre Morel (Julien et Julienne, Guillaume et Guillemette, etc.) pour lesquels on signale parfois une suspicion de cousinage aux 3e ou 4e degrés. Heureusement, beaucoup de ces familles Morel implantées à Vieux-Vy et dans ses environs immédiats sont restées sédentaires, ce qui nous permet de préciser certaines filiations et les croisements avec

61 ADIV 4 E 6498, minute J.-M. Herbert, 23 novembre 1734.

d'autres familles papetières également fortement enracinées dans ce terroir, telles que les Lochet, Greslé ou Couaire que nous nous contenterons de mentionner sans en développer les diverses branches. La plus ancienne mention que nous ayons relevée dans les registres paroissiaux de Vieux-Vy concerne Noël Morel, papetier déjà décédé en 1639 lors du décès de deux de ses filles. Il est seulement signalé comme demeurant au bourg, ce qui ne nous fournit aucune indication sur son lieu de travail. Nous avons vu dans le chapitre sur les moulins que le moulin à papier de Brais était qualifié de beau et grand moulin en 1675 alors qu'il était propriété – au moins en partie – de la famille Morel. Il ne paraît donc pas absurde d'imaginer que le Noël Morel en question y fabriquait déjà son papier au début du XVIIe siècle. Les documents nous manquent pour préciser la filiation entre ce Guillaume Morel propriétaire en 1675, qui en avait partiellement hérité de son oncle Julien, et son lointain parent Noël. Il en est de même pour une Julienne Morel mariée à Julien Bonhomme le jeune en 1682, Jeanne Morel mariée à Jacques Galesne en 1684, Marguerite Morel mariée à Pierre Briand en 1689, tous ces époux étant papetiers en Saint-Christophe-de-Valains, dans des moulins installés sur la Minette. Nous retiendrons pour illustrer cette famille deux branches qui se sont développées jusqu'au milieu du XIXe siècle, c'est-à-dire sur quatre ou cinq générations.

La première branche est issue du couple Guillaume Morel - Guillemette Morel, mariés avant la fin du XVIIe siècle et qui sont co-héritiers des Morel du moulin de Brais (voir tableau p.187). Trois de leurs enfants peuvent être répertoriés comme ayant eu une activité en papeterie, deux garçons, Gilles et Michel, et une fille Marguerite.

Gilles Morel, fils de Guillaume est né en 1698 ou 1699 ; il se marie en 1723 avec Jacquette Lochet, fille de Vincent, ce dernier ayant acquis une partie du moulin de Brais à l'occasion d'une vente qui a donné lieu à procès (voir ce moulin). Le couple a le temps d'avoir un garçon, Vincent, avant le décès prématuré de Jacquette. Gilles se remarie en 1735 avec Françoise Greslé qui est d'une dizaine d'années sa cadette. Quelques années plus tard, en 1743, Gilles Morel achète le moulin du Pont-Brard où il exerce son activité de papetier jusqu'à son décès en 1780. Il n'est pas très riche et ses revenus sont limités, comme en témoigne une de ses déclarations [62] : *« Déclare posséder un moulin à papier contenant par fonds dix cordes avec ses déports, une aistre de maison servante à sellier avecq son déport, avecq une quantité de jardin le tout contenant par fonds six cordes, une quantité de terres labourables contenants environ un journail, une autre quantité de pré maigre contenant environ quarante cordes, une autre qté de jaunier contenant par fonds cinquante cordes, lesquels cy dessus dénommés me produit en revenu annuel la somme de cinquante livres par chascun an [desquels il faut déduire] trois livres pour la capitation [...] sur quoy je dois au Roy quarante sols de fouage, trois*

62. ADIV C 4576, registre du vingtième, Vieux-Vy, 10 avril 1753.

livres pour le dixiesme, onze livres et demie pour les rentes royalles et seigneuriales et pour réparations desdits moulins et maisons trente livres [...] il me reste net trois livres. » Le compte n'y est pas tout à fait, mais il ne semble pas que Gilles Morel ait eu un très fort degré d'instruction car il a une signature très maladroite et laborieuse. Du deuxième lit sont issus au minimum sept enfants dont trois garçons, qui sont par ordre Gilles, Joseph et Jean ; des quatre filles, deux sont décédées en bas âge, les deux autres, Madeleine et Marie, ont également une activité de papetières, y compris après le décès de leur mère en 1784.

Vincent, fils aîné de Gilles, a hérité de la moitié du moulin où il poursuit la fabrication du papier. Bien qu'ayant eu un fils (Vincent) et un petit-fils (Vincent), il ne semble pas que la branche papetière se soit poursuivie par sa descendance. Le second fils, Gilles, a épousé assez tardivement (à 36 ans) Marie Damy, l'une de ses parentes ; le fait qu'il y ait eu consanguinité au 3e degré a quelque peu retardé la date du mariage, mais celui-ci a quand même lieu le 1er juin 1779, deux mois avant la naissance de leur premier enfant Noël. Le couple poursuit son activité au moulin de Brais puisque Gilles a hérité des deux tiers de la pile dont son père était propriétaire, et qu'il a acquis quelques années plus tard le troisième tiers de sa sœur Marie. Après le décès du père le 20 novembre 1792, c'est son second fils, également Gilles, qui lui succède au moulin de Brais, bien que le frère aîné Noël y soit aussi papetier. Noël décède en 1829 et Gilles, marié depuis 1827 à Madeleine Fuzel, est recensé comme l'un des copropriétaires du moulin de Brais lors de l'établissement des matrices cadastrales de Vieux-Vy. Le second garçon de Gilles Morel et de Françoise Greslé est Joseph Morel, né en 1746. Il a également été papetier au moulin du Pont-Brard jusqu'à son décès en l'an XII ; étant resté célibataire, il n'a pas de descendance connue. Le dernier des garçons est Jean, né en 1753 ; il se marie en 1777 avec Françoise Couaire et hérite, d'abord au décès de son père et ensuite au décès de sa mère, d'une partie du moulin du Pont-Brard. Il bénéficie également d'une pile au moulin du Roc en St-Christophe du fait de son épouse, mais nous avons vu qu'il y avait malencontreusement causé un incendie. Après le décès de son épouse en l'an XII, il ne paraît pas poursuivre son activité au Pont-Brard. Il se remarie à Tremblay en 1811 avec Julienne Lefeuvre, mais revient à Vieux-Vy où il décède en 1831. Ses deux fils, Joseph (né en 1777) et Vincent (né en 1780), poursuivent l'activité au moulin du Pont Brard, tandis que Gilles, son dernier fils né en 1784, est parti comme papetier à Coglès. Joseph a épousé Marie Houard (Hacard ?) dont il a eu plusieurs enfants, mais aucun ne paraît avoir poursuivi l'activité après le décès du père en 1817. Quant à Vincent, il a épousé en 1807 une papetière normande qui travaille à La Bazouge-du-Désert, Françoise-Jeanne Leroy, mais le couple travaille toujours au moulin du Pont-Brard. Françoise Leroy décède malheureusement quelques mois seulement après la naissance en 1808 de son premier enfant, Gilles-François. Vincent Morel se remarie avec Marguerite Roger, et le couple a de très nombreux enfants, tous nés au

Pont-Brard ; le dernier, Prosper Morel, vient au monde en 1827 peu de temps après le décès de son père Vincent. Tous ces enfants sont encore trop jeunes pour reprendre à leur compte le moulin du Pont-Brard et, bien que l'aîné Gilles-François Morel qui se marie en 1844 avec Marie Morel, et son frère Noël-François Morel (né en 1824) qui épouse Elisabeth Thomas en 1847, soient tous deux qualifiés de papetiers en Vieux-Vy, le moulin passe entre les mains de la famille Baudry, Pierre Baudry étant lui-même marié à une Morel, mais de la seconde branche que nous allons décrire un peu plus loin.

Le deuxième garçon de Guillaume et Guillemette Morel est Michel, né vers 1700. Il a épousé Guillemette Greslé, et le couple réside au village de Brais en Vieux-Vy, Michel étant papetier, et parfois qualifié de marchand. Après un premier garçon qui décède quelques jours après sa naissance, un second, Pierre, naît en 1731 ; est-il devenu papetier ? Nous ne pouvons l'affirmer bien que l'un de ses fils soit né au moulin de Guémain, et nous ne disposons d'aucun élément pour décrire une descendance à partir de Pierre et de son épouse Marie Morin. Michel Morel et Guillemette Greslé ont ensuite une fille, Perrine, née vers 1733 ; celle-ci épouse un papetier, Christophe Fougerai (Fougeré), et c'est par l'intermédiaire de cette branche Fougerai que se poursuit la lignée de Michel Morel. Le couple a plusieurs enfants qui travaillent au moulin de Brais, et notamment deux garçons, Christophe puis Charles, qui se manifestent par une activité plutôt violente en 1786 (voir à ce moulin). La famille Fougerai a également compris de nombreux membres papetiers, mais ne semble pas avoir eu une activité maîtresse en matière de papeterie, et nous ne la détaillerons pas dans cet ouvrage. C'est le dernier fils de Michel, Clément Morel, qui poursuit une activité de papetier au moulin du Pont de Vieux-Vy, mais activité qui ne semble pas avoir eu de suite.

Guillaume et Guillemette Morel ont aussi une fille, Marguerite, dont le mariage en 1730 à Vieux-Vy avec René Barbe a établi un lien avec une famille très active dans le domaine des moulins, parfois à papier, mais plus souvent à fouler l'étoffe. Le couple a possédé en copropriété le moulin à papier de Guémain, mais le décès de René Barbe a contraint sa veuve à mettre sa pile en fermage. Cette pile sera ensuite exploitée par leur fille Julienne, récemment mariée à un autre papetier, Julien-Marie Morel ; et c'est par ce mariage qu'est assurée la jonction entre les deux branches Morel dont nous avons parlé au début de cette notice.

La seconde branche des Morel papetiers est également issue d'un Gilles Morel, mais dont nous ne connaissons pas la parentèle. Il est né vers 1698, demeure en Vieux-Vy où on le trouve marié avec Anne Couaire, les Couaire étant également une famille de papetiers. Parmi leurs nombreux enfants, c'est leur fils Julien-Marie né en 1735 qui, par son mariage avec Julienne Barbe en 1762, va engendrer une descendance papetière. Julien et son épouse, tous deux descendants Morel, sont reliés avec doute de consanguinité au 4e degré, comme indiqué dans l'acte. C'est au moulin à papier de Guémain qu'ils ont leurs enfants, et notamment leur seul garçon qui ne décède pas en bas âge, Jean Morel né en 1763. Celui-ci commence son activité dans le moulin de ses parents, mais il a d'autres ambitions. À peine marié en l'an V avec Louise-Michelle Rimasson, il acquiert le moulin à papier de la Sourde en Chauvigné, puis ils achètent en commun le moulin à papier des Forges. Les affaires vont bien pour le couple puisque six ans après avoir acquis le moulin de la Sourde, ils achètent deux maisons et de nombreuses terres pour la somme de 4000 livres tournois *« donnant en francs celle de trois mille neuf cent cinquante francs soixante deux centimes de principal et accessoire en numéraire métallique* [63]». Après son retrait d'activité, le moulin est repris par sa fille Guyonne Morel et son gendre Pierre-Jean Fleury. Ce dernier n'était apparemment pas prédisposé à devenir papetier puisqu'au moment de son mariage, en 1814, il est compagnon serrurier ; il apprend sans doute très vite car dès la naissance de son premier garçon, l'année même de son mariage, il est déjà répertorié comme papetier dans le registre correspondant ! Outre ce fils Jean, Julien Morel et Julienne Barbe ont eu plusieurs filles, et notamment Jeanne-Marie ; cette dernière épouse en l'an VI, à l'âge de 28 ans, Pierre-René Baudry, fils de Pierre et Anne Couaire, qui est dit laboureur, mais qui est aussi papetier. Le couple travaille au moulin à papier de Guémain, alors que la sœur de Pierre, Perrine Baudry, également papetière, travaille à La Bazouge-du-Désert au début du XIXe siècle. La branche Morel-Baudry se prolonge d'un rameau avec à nouveau un Pierre Baudry (fils du précédent), né en l'an VI, papetier qui épouse Marie Davoinne. Est-il vraiment resté papetier ? Il est qualifié quelques années plus tard de marchand sans autre précision.

Nous avons donc détaillé les deux principales branches Morel originaires de Vieux-Vy, bien que d'autres membres pourraient encore être répertoriés. Il y eut Jean-Julien Morel fils de Jean, papetier à la Sourde en St-Christophe-de-Valains, Julien Morel fils de Pierre, papetier à Tremblay, Jean Morel papetier fils de François, les Morel du moulin du Pont de Vieux-Vy, etc. Incontestablement, la plupart des membres de cette famille n'étaient pas de vrais papetiers professionnels, mais plutôt des laboureurs qui exploitaient une pile, voire seulement quelques maillets rentrés dans leur patrimoine par héritage ou mariage. Seuls ceux qui ont fait la démarche d'acquérir des moulins donnent l'impression d'avoir privilégié l'activité de production papetière, tels Gilles qui a acheté le moulin du Pont-Brard, et Jean qui a acheté celui de la Sourde en Chauvigné puis celui des Forges.

63. ADIV 4 E 6651, minute J-P Faucheux, 22 thermidor an XII.

IV.1.14. Roussin

La famille Roussin est extrêmement nombreuse à Antrain et dans ses environs au XVIIe siècle, et déjà nous devons distinguer plusieurs branches dont nous ne pouvons, en l'état actuel, déterminer l'origine commune (voir tableau p. 188). L'une d'entre elles concerne Georges Roussin et son épouse Jeanne Ricoul, marchands à Antrain, qui n'ont pas eu d'activité en production papetière ; nous les mentionnons cependant, car les familles Roussin et Ricoul sont reliées dans une descendance papetière que nous évoquerons plus loin dans cette notice. Deux autres branches qui ont été à la source d'une forte activité en fabrication de papier sont celles de Jean Roussin et de Jean-Louis Roussin que nous étudierons successivement.

Jean Roussin est marchand en 1686, demeurant en un moulin à papier de la paroisse de Tremblay, sans que l'on puisse préciser s'il s'agit du moulin d'Ardenne ou de celui de la Hellandière, tous deux actifs à cette époque [64] ; nous observons dans cet acte qu'il sait parfaitement signer. Il a épousé en 1673 à Saint-Brice-en-Cogles Marie Georget, sœur de René Georget Binetière, unissant ainsi ces deux familles de papetiers. Ils ont une fille, Renée Roussin, qui s'est mariée avec Julien Barbe actif au moulin à foulon de la Hellandière. Marie Georget décède prématurément et Jean se remarie avec Françoise Bohuon ; trois de leurs enfants rentrent dans la profession : Georgine Roussin qui épouse Gilles Ory Grandchamp, marchand papetier en 1707 demeurant au village du Medrouet en St-Ouen-la-Rouerie, Anne Roussin qui épouse à son tour en 1708 Yves Pain la Fontaine – qualifié de papetier en 1705 mais simplement de marchand dans tous les documents ultérieurs, originaire de Normandie, demeurant au bourg de Tremblay où il prend les fonctions de trésorier de la paroisse en 1733 peu de temps avant son décès en 1734 –, et enfin François Roussin qui se marie en 1709 avec Françoise Gavard, également marchand en St-Ouen-la-Rouerie (au village des Coudereaux), mais ultérieurement qualifié de maître-papetier. La seconde épouse de Jean Roussin décède aussi prématurément, et celui-ci se marie en troisièmes noces avec Julienne Varlet [65] le jour même où il marie sa fille Anne. De cette troisième épouse il a une fille, Marie Roussin, qui se marie avec Louis Juhel mais n'engendre pas de papetier dans cette lignée. Il y a donc bien eu des enfants des trois lits, comme en témoigne un acte rédigé après le décès de Jean Roussin [66]. Il n'y a pas eu non plus de descendants papetiers dans la lignée Yves Pain, pas plus semble-t-il dans la lignée Ory, bien que Gilles ait placé son fils François en apprentissage chez Alexandre Boulmer au moulin d'Ardenne [67]. C'est donc du côté

64. ADIV 4 E 6424, minute J. Havière, 8 juillet 1686.

65. ADIV E Dépôt EC, St-Brice-en-Cogles 104, 21 novembre 1708.

66. ADIV 4 E 6446, minute Jean Coconnier, 15 juillet 1716.

67. ADIV 4 E 6427, minute Jean Boivent, 25 avril 1727.

de François Roussin que nous devons nous retourner. Celui-ci a également placé l'un de ses fils, Louis, en apprentissage chez Boulmer [68]. Au cours de son activité papetière, Louis épouse en 1748 à La Bazouge-du-Désert Françoise Blin, récente veuve de Mathurin Josset, et il exerce alors aux moulins de la Panisselais en cette paroisse. Son épouse décédant en 1757, il se remarie en 1758 avec Catherine Levazeux, devenant ainsi parent par alliance des descendants d'Alexandre Boulmer. Ils sont actifs à La Bazouge jusque vers l'année 1775, ayant de nombreux enfants, puis nous les retrouvons à Tremblay en 1779 où ils décèdent tous deux, Louis en 1787 et Catherine en 1813. Louis Roussin a eu un fils, Joseph-Pierre (né à La Bazouge), qui est devenu papetier et s'est marié en l'an IV avec Marie-Jeanne Doleri, et une fille Victoire, également papetière.

La seconde branche correspond à celle de Jean-Louis Roussin, sieur de la Croix. Nous le voyons apparaître au tout début du XVIIIe siècle à Antrain et St-Brice dans plusieurs actes où il signe par procuration (toujours Louis Roussin, omettant son premier prénom, peut-être pour éviter la confusion avec son homonyme Jean-Louis Roussin marchand ? cf. annexe 3). Il est alors marié avec Marie Chatel, et tient dès 1707, comme fermier général, le lieu de Trouainson avec les moulins en dépendant (voir au moulin de Roche-qui-brut). Bien qu'en 1713 il demeure toujours à Roche-qui-brut, nous apprenons cependant qu'il est maintenant marié à Margueritte Avril, elle-même veuve de Jean Ricoul. Il termine sa ferme dans ce moulin, passe ensuite au moulin à papier d'Ardenne, puis enfin à celui des Grands Moulins jusqu'à son décès en mars 1740 à l'âge de 80 ans environ. De son premier mariage, il a eu un fils Pierre (sieur du Val) qui devient maître-papetier comme son père. Il est né vers 1711 et semble être le seul enfant de Marie Chatel. Petite remarque qui permet de l'identifier dans certains actes : au début de sa carrière il signe *« pierre roussin »*, puis progressivement *« pierre roussin duval »* et en fin de vie, *« duval roussin »*. Il se marie d'abord avec Zacharie Portier en 1735 à Vieux-Vy, son mariage étant célébré par Jean Roussin, prêtre cousin germain de l'époux. Le couple a cinq enfants dont Anne-Jeanne (née en 1737) qui a pour parrain Jean Ricoul, sieur de la Guermondais, désigné marchand magazinier de papier de la rue Ste Melaine à Rennes ; ce Jean Ricoul est le frère utérin des enfants de Jean-Louis Roussin, donc le fils de Margueritte Avril et Jean Ricoul précédemment cité. Zacharie Portier meurt en couches le 6 mai 1741 au moulin à papier de Guémain. Pierre Roussin se remarie en 1744 avec Marguerite Mahot, date à laquelle il revient travailler aux Grands Moulins. Pierre et Marguerite ont de très nombreux enfants (une dizaine recensés), et lui meurt en 1783 alors qu'il était papetier au moulin d'Ardenne ; Marguerite Mahot décède à son tour à Tremblay en l'an X. Nous avons vu dans le chapitre III l'importance de la succession de Pierre Roussin en terme de production papetière, nous n'y revenons

68. ADIV 4 E 6498, minute J.-M. Herbert, 3 juillet 1734.

donc pas. La famille était manifestement à l'aise, tant en meubles que linge, puisque l'ensemble du prisage, papier compris, s'élève à 4172 livres 3 sols 6 deniers, somme à laquelle il convient d'ajouter celle de 864 livres en argent [69] ; ces biens sont divisés en deux lots, le premier pour la veuve, et le second ultérieurement subdivisé en neuf lots pour les enfants et petits-enfants héritiers. En fait, les biens de la communauté ne s'arrêtent pas là ; il y a encore à estimer les crédits et dettes, ainsi que les biens réels et constitutions de rentes acquis pendant la communauté, ce qui est fait quelques mois plus tard [70]. Pierre Roussin vendait beaucoup à Rennes, et trois marchands de cette ville lui sont redevables : la dame des Cormiers de 341 livres 6 sous, le sieur Thiery de 52 livres 6 sous et la dame veuve Stot de 107 livres 5 sous (peut-être s'agit-il de la veuve Stot qui exerce déjà en 1748 l'activité de cartier rue du Chapitre, auquel cas le papier fabriqué par Pierre Roussin aurait pu servir à fabriquer des cartes à jouer). S'y ajoutent les rentes constituées que nous ne détaillons pas ; il n'y a manifestement aucune dette en cours, Marguerite Mahot ayant réglé les arriérés et les frais d'inhumation de son époux qui se sont élevés à 54 livres 19 sous. Nous ne connaissons pas l'importance des biens immobiliers du couple.

Outre ce fils Pierre Roussin du Val, Jean-Louis Roussin, sieur de la Croix, a eu deux filles de son second mariage, qui ont chacune épousé des papetiers. En premier lieu, Marie Roussin se marie en 1733 avec Jean Corbé à Saint-Marc-le-Blanc, paroisse dont il est originaire. Le couple travaille à Vieux-Vy au moulin du Pont-Brard puis à celui des Grands Moulins après le décès de Jean-Louis Roussin. Il semble exercer plus une activité de marchand que de fabricant, mais ne paraît pas s'être très enrichi, car les meubles et effets mobiliers dépendants de la communauté qui fut entre Jean Corbé, sieur de la Maisonneuve, et Marie Roussin sa veuve, passent en vente publique et ne rapportent que 373 livres 18 sols 6 deniers [71]. Ils ont de nombreuses filles dont certaines meurent en bas âge, et le seul garçon dont nous avons trouvé trace est Pierre Corbé, prêtre curé de la ville d'Antrain, ce qui explique sans doute l'absence de descendance Corbé comme papetiers. La seconde fille Roussin, Françoise, épouse en 1735 à Vieux-Vy François Fouillard, originaire de La Bazouge-du-Désert ; ce couple fabrique son papier au moulin de la Frenais jusqu'au décès de François en 1782. La veuve est alors invalide, et les parents jusqu'au quatrième degré réunis (ils sont quatre-vingt huit nommés dans l'acte !) s'entendent pour payer chacun leur part de la pension de 100 livres par an à l'hôpital de Fougères qui va recevoir Françoise Roussin [72].

69. ADIV 4 E 6587, minute Julien Jugan, 21 au 24 mai 1783.

70. ADIV 4 E 6587, minutes Julien Jugan, 20 et 22 décembre 1783.

71. ADIV 4 E 6618, minute P. Hodouin, 12 juillet 1784.

72. ADIV 4 E 6587, minute Julien Jugan, 19 octobre 1783.

Dans cette seconde branche Roussin, il n'y a donc que les enfants de Pierre Roussin du Val qui vont poursuivre l'activité papetière. De Zacharie Portier sa première femme, il y a Jean-Louis, né en 1736, qui prend une jeune épouse de 19 ans, Jacquine Louazance, en 1762 à Vieux-Vy. Une remarque intéressante à titre d'identification : alors que son grand-père et en même temps parrain Jean-Louis, sieur de la Croix, signait toujours Louis en omettant son premier prénom, celui-ci va toujours signer Jean en omettant son second prénom (cf. annexe 3 ; dans la promesse de mariage du 31 août il est nommé Jean Louis mais seulement Jean dans l'acte de mariage du 23 novembre). Le couple est actif au moulin de Guémain, puis ensuite aux Grands Moulins où Jacquine décède en 1790. Nous avons vu dans le chapitre précédent qu'il avait acheté ce dernier en 1788, mais que la vente semblait avoir été annulée pour une raison que nous n'avons pu élucider. Est-ce pour cela qu'il décide d'acquérir le moulin à grain du Guémorin situé en aval sur le Couesnon ? Le contrat d'acquêt a été rédigé entre Jean Roussin et les sieur Eusèbe Chauvin et femme, vendeurs, pour la somme de 2048 livres de principal et vin [73]. La prise de possession intervient quelques semaines plus tard : « *Nous sommes descendus dans l'embas où sont plusieurs vieux merrains servant ci devant au moulant dudit moulin [...] la chaussée et les portages dudit moulin sont absolument de nulle valeur ; que le moulin est aussi dans la plus grande indigence de réparations de toutes espèces et presqu'en mazière et qu'il est nécessaire que le tout soit refait à neuf.* [74]» Ce document fait aussi allusion à ce qui aurait pu être l'ancien moulin à papier ; on y lit en effet : « *Ensuite nous nous sommes transportés sur la petite isle donnant sur le noc dud. moulin* [celui à grain] *ou est une vieille mazière de moulin, dans laquelle nous sommes allés et venus.* » L'acte précise également que Jean Roussin « *fait pour lui et Jean et Marie Roussin ses enfants mineurs, et Joseph et François Roussin ses autres enfants majeurs* », alors est-ce seulement un investissement supplémentaire ? Toujours est-il que le moulin à grain du Guémorin n'est pas transformé en moulin à papier car il apparaît dans le cadastre de Vieux-Vy au début du XIXe siècle, le vieux moulin à papier n'ayant pas été réhabilité. De ces quatre enfants de Jean Roussin, les trois garçons continuent de travailler aux Grands Moulins, surtout François, maître-papetier, et Jean, car Joseph est plus fréquemment qualifié de laboureur ou cultivateur que de papetier. François (qui en fait s'appelle Hilaire François mais il n'utilise que son second prénom) s'est marié à Marguerite Busnel à Vieux-Vy en l'an VI. Ils poursuivent l'activité avec leurs enfants, et notamment avec leur fils François, né en l'an XII, devenu maître-papetier et marié avec une papetière de 19 ans d'origine normande, Angélique Daligaut, fille de François Daligaut papetier propriétaire du moulin du Guélandry en Lécousse. Quant à la fille de Jean Roussin et Jacquine Louazance, Marie-Anne, elle épouse en 1793 un papetier,

73. ADIV 4 E 6744, répertoire J.-P. Faucheux, 8 août 1792.

74. ADIV 4 E 6643, minute J.-P. Faucheux, 24 septembre 1792.

Toussaint-Julien Hus, et nous avons détaillé dans le paragraphe correspondant l'activité de ce couple.

De son second mariage, Pierre Roussin du Val avait eu un premier fils, Pierre, né en 1745 ; sans doute ce dernier aimait-il les moulins, mais pas nécessairement le papier. Avec son épouse Perrine Hergault, il exploite les deux moulins de Couesnon proches les ponts de Couesnon en la paroisse d'Antrain ; il était donc devenu meunier. Il décède en 1782 et l'inventaire de ses biens est réalisé [75]. Sa veuve continue à faire tourner ces moulins, d'abord avec son second mari Louis Goupil (qui décède l'année suivant son mariage), puis avec son troisième mari, Jean Alix. Pour en revenir au papier, la production est assurée à la fois par le gendre de Pierre Roussin du Val, François Hus, qui a épousé Marie-Anne Roussin, et par le dernier fils, Joseph Roussin. Celui-ci travaille au moulin de la Galenais en St-Brice et il s'est marié en 1777 à Cogles avec Geneviève Tricar, fille de cet autre papetier Michel Tricar ; le couple a un fils Joseph (qui signe parfois Joseph Roussin l'aîné) devenu également papetier, et qui a épousé en 1814 à Saint-Ouen-la-Rouerie Thérèse-Françoise Louise Depasse, déclarée rentière, âgée de 25 ans, fille de Gabriel-François Depasse, maire de la commune. Joseph Roussin et Geneviève Tricar ont aussi une fille, Françoise, mariée avec Augustin Blin, que nous avons déjà mentionnée dans la famille de son époux.

IV.2. Autres papetiers

Outre les membres des familles décrites ci-dessus, de très nombreux papetiers ont exercé dans cette région. Nous les avons regroupés avec les précédents dans le tableau récapitulatif situé en annexe 2, où nous avons indiqué chaque fois que possible la qualité des individus telle qu'elle ressortait des différents actes. Il est évident que certaines familles ont engendré une quantité importante de papetiers qui ont été parfois copropriétaires de moulins ; elles n'ont pas été décrites dans ce chapitre alors qu'elles auraient probablement mérité une étude approfondie : Briand, Gérard, Greslé, Lochet, etc. Les raisons de leur absence sont multiples : le manque de lien évident entre individus porteurs du même patronyme et surtout du même prénom, leur dispersion géographique, enfin le fait qu'ayant travaillé dans des moulins à faible production ils n'aient laissé que peu de traces de leur fabrication. Nous les avons cependant mentionnés dans la liste récapitulative, et certains d'entre eux apparaîtront aussi dans le chapitre consacré aux filigranes, dans la mesure où ils suivaient la réglementation en matière de marquage du papier, ce qui nous a donc permis de les identifier.

---

75. ADIV 4 B 78, juridictions seigneuriales, Antrain, 6 octobre et 21 novembre 1782.

IV.3. Tableaux généalogiques

Descendance Belin Philippe

G1	G2	G3	G4	G5	G6
Belin Philippe (? - <1692) Fouillard Thomasse (1650-1731)	**Belin Jean** (1678-1766) Jouin Suzanne (*1676* -1744)	**Blin Françoise** (1711-1757) Josset Mathurin (1708-1748)	Josset J.-François (1744-1770) Moreau Françoise	Josset Marie-Jeanne (1771- ?) Pelé Joseph (1771- ?)	
			Blin François (1746- ?) Guillard Marie	**Blin François** (1784- ?) Pelé Jeanne (1789- ?)	
			Blin Pierre (1748-1829) Deschamps Anne (1770-1862)	**Blin Augustin** (1793- ?) Roussin Françoise (*1798* - ?)	
				Blin J.-Baptiste (an VIII - ?) Hesloin Angélique	**Blin Anne-Marie** (1837- ?) Le Fizelier Félix (1821- ?)
				Blin Maximilien (an XIV- ?)	
			Blin Julienne (*1752* -1814) Pelé Jean		
		Blin Jean (1715-1787) Heurtier Jeanne (*1730* -1791)	**Blin Antoine** (*1756*-1813) Voisin Marie (*1757* - ?)	**Blin M.-Antoinette** (1785- ?) Forget Hyacinthe (1810- ?)	
				Blin Félicité (1786- ?) Lochet Julien (1784- ?)	Lochet Augustin (1813- ?) Le Chartier Marie
					Lochet Jean-Baptiste (1820- ?) Pichot Jeanne
				Blin Alexandre (1791- ?) Elie Jeanne (*1788*- ?)	
				Blin Adrien (an IX - ?) Levayer Jeanne (*1808* - ?)	
			Blin Catherine (1762- an VII) Guérin Mathurin (1766- ?)		
			Blin Jeanne (1768- ?) Renard J.-Baptiste (1768- ?)		

Descendance Chatel

G1	G2	G3	G4	G5
		Chatel Gillette (*1737* - ?) Greslé Joseph (*1733* -1781)	Greslé Denis (*1763* - ?) Chantoux Jeanne	Greslé Prosper (1818- ?) Lendormy Emilie
Chatel Robert (? -172[illegible]) Houitte Gillette (? -1753)	**Chatel Jean-François** (*1715* -1761) Damy Renée (*1712* -1757)	**Chatel Denis** (*1742* -1762)		
		Chatel François (1753- ?) Moreau Jeanne		
		Chatel Anne (*1759* - ?) Ruaux Louis (*1758* - ?)		
Chatel Denis Labrousse Marie	**Chatel Denis-Vincent** (*1725* - an VII) Louazance Catherine (*1728* - an XIV)	**Chatel Luc** (*1760* - ?) Ory Michelle		
		Chatel Bertrand-Denis (1766- ?) Ory Guillemette (1758- ?)		

Descendance Fouillard François

G1	G2	G3	G4	G5
			Fouillard Marguerite (1674- ?) Laisné Michel (*1660* - ?)	
				Fouillard Françoise Hamon Michel
	Fouillard Patrice (1605-1683) Hamon Marguerite	**Fouillard Jean** (1649-1720) Durand Madeleine (*1648* - ?)	**Fouillard Julien** (1683-1732) Guilloux Renée (*1681*-1761)	**Fouillard Julien** (1707- ?) Laizé Renée
				Fouillard François (1712-1782) Roussin Françoise
			Fouillard Thomas (1685-1759) Blanchet Anne (*1690* - ?)	**Fouillard Jeanne** (1732-1778) Guérin Jean-Baptiste
Fouillard François Le Taillandier Perrine				
		Fouillard Thomasse (1650-1731) Belin Philippe (? - <1692)		
			Fouillard Françoise (1686-1770) Guérin Jean	
		Fouillard Jean (1658-1733) Jouin Jeanne	**Fouillard Guillaume** (1698-1736) Alligot Michelle	**Fouillard Guillaume**
	Fouillard Thomas (1611-1677) Pinais Françoise (*1619* - ?)			
			Fouillard Jeanne Durand Gilles (? -1742)	
		Fouillard Olivier (1665-1720) 1. Le Pennetier Renée	**Fouillard Julien** (1698-1770) Jourdan Michelle	**Fouillard Jean-François** (1734-1775) Simon Thérèse
		....	**Fouillard Jean** (1704-1754)	
		2. Evrard Jeanne	**Fouillard Perrine** (1714-*1759*) Guesdon Guillaume	

Descendance Georget Richard

G1	G2	G3	G4	G5
	Georget Marie Roussin Jean (? - <1716)			
	Georget Renée (1660-1708) Hamon François			
Georget Richard (? -1695) Delaunay Catherine	**Georget Perrine** (1665- ?) Pranveille Julien			
		Georget Françoise (*1680* -1708) Farcy Bertrand		
			Georget Michel	
	Georget René (? -1699) Legorgeu Angélique	**Georget Richard** (*1685 -1732*) Laisné Jeanne (1696- ?)	**Georget Jean** Simon Gillette	
			Georget Richard (1717- ?) Lecuyer Julienne	
		Georget Julien (1688-*1738*) Laisné Madeleine (1691- ?)		**Georget Jean-François** (*1748* - ?) Provost Marguerite
			Georget Jean (1725- an XII) Le Taillandier Anne	**Georget Jeanne** (1749-1812) Levannier Michel
				Georget Julien (1756- ?) Le Mardelé Jeanne

Descendance Guespin Michel

G1	G2	G3	G4	G5
Guespin Michel (*1636* -1724) Gérard Julienne	**Guespin Renée** (1670- ?) Lorand Pierre	Lorand Julienne Ory Pierre		
	Guespin Pierre (*1672* -1750) Le Camus Perrine	**Guespin Marguerite** (1718-1791) Marchebois Pierre		
		Guespin Jean (1722-1779) Briand Perrine (1718-1759)	**Guespin** Julienne (1752- ?) Louazance Julien	
			Guespin Joseph (1755- an XII)	
		Guespin Julien (1728- ?) Renaudin Michelle (1731- ?)	**Guespin** René (1755- ?) Gandon Agathe (1777- ?)	
			Guespin Marie (1775- ?)	
	Guespin Christophe (1682- ?)			
	Guespin Julien			
	Guespin Michelle			
	Guespin Vincent			

Descendance Morel Guillaume

G1	G2	G3	G4	G5
		Morel Vincent (1724- ?) Thomas Anne		
		Morel Gilles (1743-1792) Damy Marie	**Morel Noël** (1779-1829)	
			Morel Gilles (1781- ?) Fuzel Madeleine (1808- ?)	
	Morel Gilles (*1698* -1780) 1. Lochet Jacquette (1699- ?) .... 2. Greslé Françoise (*1707* -1784)	**Morel Joseph** (1746- an XII)		
			Morel Joseph (*1777* -1817) Houard Marie (*1777* -1810)	
		Morel Jean (1753-1831) Couaire Françoise (*1754* - an XII)	**Morel Vincent** (*1780* -1827) 1. Le Roy Françoise (*1778* -1808) .... 2. Roger Marguerite (*1788* - ?)	**Morel Gilles** (1808- ?) Morel Marie **Morel Noël** (1824- ?) Thomas Elisabeth
Morel Guillaume **Morel Guillemette** (1667-1727)			**Morel Gilles** (1784- ?)	
	Morel Michel (*1700* -1746) Greslé Guillemette (*1700* -1790)	**Morel Perrine** (*1733* -1809) Fougerai Christophe	Fougerai Christophe (*1758* - ?) Fougerai Charles (*1765* - ?)	
		Morel Clément (1745- ?) Mauger Marie		
	Morel Marguerite Barbe René	Barbe Julienne (1734- an III)	**Morel Jean** (1763- ?) Rimasson Louise (? -1807)	**Morel Guyonne** (an VI - ?) Fleury Pierre
	Morel Gilles (1698- ?) Couaire Anne	**Morel Julien** (1735-1791)	**Morel Jeanne** (1770- ?) Baudry Pierre (*1775* - ?)	Baudry Pierre (an VI - ?) Davoinne Marie

Descendance Roussin

G1	G2	G3	G4	G5
Roussin Jean (? - <1716) 1. Georget Marie	**Roussin Renée** Barbe Julien			
....	**Roussin Georgine** Ory Gilles	Ory François		
2. Bohuon Françoise	**Roussin Anne** (? - <1770) Pain Yves (? -1734)			
	Roussin François Gavard Françoise (? - <1757)	**Roussin Louis** (*1718* -1787) 1. Blin Françoise (1711-1757) .... 2. Levazeux Catherine (1733-1813)	**Roussin Joseph** (1768- ?) Doleri Marie-Jeanne **Roussin Victoire** (1779- ?)	
.... 3. Varlet Julienne				
		Roussin Jean-Louis (1736-1808) Louazance Jacquine (1743-1790)	**Roussin Joseph** (1763- ?) Labé Marie	
			Roussin François (1765- ?) Busnel Marguerite (1774- ?)	**Roussin François** (an XII - ?) Daligaut Angélique
	Roussin Pierre (*1711*-1783) 1. Portier Zacharie (*1706*-1741)		**Roussin Marie-Anne** (1768- ?) Hus Toussaint-Julien	
Roussin Jean-Louis (*1660* -1740)	....		**Roussin Jean**	
1. Chatel Marie		**Roussin Pierre** (1745-1782) Hergault Perrine		
	2. Mahot Marguerite (? - an x)		Hus Révérende (1783- ?) Levannier Michel-Anne	
		Roussin Marie-Anne (1748-1832) Hus François (*1752* -1819)	Hus François (1790-1833) Depasse Henriette	Hus Marie-Anne (*1814* -1834) Hus Louise (1819- ?) Hus Henriette (1829- ?)
			Hus Marie-Anne (1791- ?) Grivet Guillaume	
....				
		Roussin Joseph (1753- an VII) Tricar Geneviève	**Roussin Joseph** (1779- ?) Depasse Thérèse (1789- ?)	
	Roussin Marie (*1712* - ?) Corbé Jean (*1711* -1784)		**Roussin Françoise** (*1798* - ?) Blin Augustin (1793- ?)	
2. Avril Marguerite (? - <1743)	**Roussin Françoise** Fouillard François (1712-1782)			

Chapitre V

Marquage du papier : filigranes

Le marquage du papier peut être réalisé de deux façons : 1. lors de son élaboration ; il s'agit alors du filigrane, et 2. après constitution de la feuille, pour son utilisation spécifique ; il s'agit à l'époque qui nous concerne du timbre encré. Alors que le second est immédiatement visible à l'examen, le premier n'est visible que par transparence, surtout si l'épair de la feuille est clair (voir p. 191). Dans certains cas les deux coexistent, il s'agit alors du papier de la Formule ou papier timbré.

Le filigrane, dont nous avons vu le principe d'élaboration sur la forme, apparu vers la fin du XIIIe siècle et qui fut introduit de façon quasi systématique au XIVe siècle, constituait une marque qui, dans le meilleur des cas, permettait d'identifier le type du papier produit (cloche, licorne, etc.). Associé à un autre symbole, un monogramme, voire un nom, il permettait dans certains cas de déterminer le papetier et le moulin dans lequel ce papier avait été fabriqué. Une étude extensive, quoique non exhaustive, des filigranes élaborés entre les années 1282 à 1600 a été réalisée par Briquet à la fin du XIXe siècle. Ce chercheur a ensuite publié ses travaux sous forme d'un ouvrage qui fait référence en la matière. Nous extrayons cette phrase de son introduction : « *Constatons d'abord que l'emploi général des filigranes démontre leur raison d'être ; ils avaient une utilité ou pour celui qui en faisait usage, ou pour l'autorité qui l'imposait ou pour le consommateur de papier qui l'exigeait.*[1] » Lors de notre étude, ce sont les deux premiers justificatifs contenus dans de cette proposition qui seront développés. En ce qui concerne le troisième, il fallait être suffisamment riche ou puissant pour se faire fabriquer un papier filigrané à ses armes ou à son nom. Kemener signale la fabrication de papier au moulin de Roudougoalen aux armes du

1. Briquet C.M., *Les Filigranes. Dictionnaire historique des marques du papier*, Genève, 1907.

seigneur de Lesquiffiou au cours du XVIIe siècle ; de même que Gaudriault, nous n'avons relevé aucune de ces marques ; il est vrai que la probabilité de retrouver ce papier de Basse-Bretagne en Ille-et-Vilaine est faible. De Bertrand de Molleville, Intendant de Bretagne entre 1784 et 1788, utilisait parfois un papier filigrané à ses armes (cf. annexe 3, n° 1), mais manifestement papier de trop belle qualité pour être fabriqué dans cette province [2]. Malgré la faute du formaire dans le nom, il n'y a aucune ambiguïté car le filigrane correspond aux armoiries imprimées sur l'en-tête de lettres de cet intendant (voir copie représentée en insert sur le filigrane n° 1) ; nous ignorons cependant la signification du rameau fleuri qui figure en contre-marque. Gaudriault a déjà noté ce filigrane (son n° 252), mais faute d'identification, il le classe dans la rubrique "Armoiries indéterminées". Du fait de l'absence de sites de production papetière importants en Bretagne à l'époque retenue par Briquet, les motifs décrits à partir des relevés qu'il a effectués dans cette province ne peuvent être affectés, et l'auteur considère qu'il s'agit généralement de papiers importés d'autres régions. Il en est évidemment de même pour les filigranes les plus anciens relevés en Bretagne par Jeanne Laurent [3] et par Marc Kessedjian [4]. Une étude rationnelle des filigranes bretons ne peut être valablement effectuée que si l'on connaît les moulins à papier des environs, ainsi que leurs exploitants, puisque la diffusion par les petits producteurs était avant tout locale. Nous avons réalisé près de 500 copies manuelles de filigranes produits depuis le XVIe siècle jusqu'au début du XIXe siècle, relevés essentiellement aux Archives d'Ille-et-Vilaine et dans des documents personnels ou qui nous ont été communiqués. Nous en présentons un certain nombre avec un double objectif : compléter ceux répertoriés par Briquet et par Gaudriault pour cette province, et en affecter autant que possible aux papetiers et aux moulins du Pays de Fougères qui font l'objet de cette étude. La présentation en sera donc différente de ce que l'on trouve dans les ouvrages consacrés à ce sujet, qui prennent comme base de classification les motifs représentés par ces marques. Une première partie aura trait aux filigranes des familles de papetiers que nous avons décrits dans le chapitre précédent. Elle sera suivie des filigranes de papetiers isolés identifiés et de quelques hypothèses d'attribution de filigranes non clairement identifiés ; pour ce dernier type, nous avons retenu uniquement des motifs associés à des monogrammes. La dernière partie concernera la production du papier timbré, dit de la Formule, car nous avons identifié les marques de certains des papetiers adjudicataires.

2. ADIV C1507, dossier de l'affaire Mouillé à Nantes, 1786.

3. Laurent J., *Un monde rural en Bretagne au XVe siècle*, La Quévaise, Paris, 1972

4. Kessedjian M., *Une seigneurie rurale des Marches de Bretagne au XVe siècle*, Rennes, 1972.

EPAIR D'UN PAPIER DE LA FORMULE

V.1. Filigranes des familles

Nous avons appelé filigranes originaux ceux qui ne faisaient l'objet d'aucune réglementation officielle et qui étaient laissés à la fantaisie, l'activité créatrice du maître-papetier ou du formaire ; ceux-ci suivent néanmoins fréquemment la coutume en terme de type de marquage par rapport au format du papier produit. Dans cette première partie, entièrement consacrée aux filigranes des familles de papetiers, nous suivrons le même ordre alphabétique que dans le chapitre précédent. Nous avons relevé la marque principale et la contre-marque lorsque présente ; dans les planches, nous avons fait figurer autant que possible la trace des chaînettes (appelées ensuite chaînes par commodité), mais nous n'avons pas indiqué celle des vergeures afin de ne pas alourdir les dessins. La distance entre chaînes (d) et la densité des vergeures (v) étant des grandeurs importantes pour caractériser un papier, nous les indiquons dans le texte correspondant simplement par leurs valeurs numériques (d exprimée en mm et v en nombre de vergeures par cm).

V.1.1. Blin

L'activité des Blin a démarré à la fin du XVIIe siècle sous le nom de Belin, d'abord pour Philippe puis pour son fils Jean. Le registre du centième denier établi au Bureau de Saint-Etienne-en-Cogles pour les années 1720 à 1726, celui du Contrôle des actes des notaires de Vieux-Vy-sur-Couesnon pour 1723/1724, et le registre des Insinuations selon le Tarif de Saint-Aubin-du-Cormier pour les années 1720 à 1728 possèdent tous trois [5] soit en pages de garde, soit en pages intérieures, le filigrane représentant un griffon dressé sur un folio et la contre-marque BELIN sur le second

5. ADIV 2 C [39] 95, 2 C [38] 177, 2 C [38] 257.

folio (n° 2). Compte tenu du décès du père avant 1692, il s'agit incontestablement de la marque de Jean Belin, sieur de la Maisonneuve, qui exerce alors au moulin de la Gobtière en La Bazouge-du-Désert. Les planos, qui sont rognés pour constituer les registres, sont d'un assez grand format (42-43 x 32-33 cm), qui peut correspondre soit au format normalisé ultérieurement pour le papier au Griffon (encore appelé Couronne, 46,2 x 35,2 cm), soit plus classiquement pour cette région au format bastard (44 x 35 cm). Le papier est de belle qualité, fin, à épair assez clair, la pâte renfermant peu d'impuretés ; la distance entre chaînes est irrégulière (d = 17 à 20) et l'on compte de 11 à 12 vergeures par cm. Dans le registre de déclaration du vingtième de La Bazouge-du-Désert pour 1750 à 1753, Jean Blin rédige en avril 1751 une déclaration sur un papier filigrané I cœur Blin [6] qui peut représenter soit le père, soit le fils Jean Blin Criberie ; rappelons que le cœur est souvent utilisé comme signe de ponctuation. Nous retrouvons cette marque dans un papier vierge, sans date, associée à un petit pot dépourvu d'anses (n° 3) ; il s'agit d'un fragment de plano ; la qualité du papier est très moyenne, la pâte étant parsemée de nombreuses impuretés brunes. Comme pour beaucoup de papiers vers le milieu du XVIIIe siècle, la distance entre chaînes s'accroît, et elle passe ici à 21-25 mm, la densité de vergeures restant sensiblement la même. C'est le fils de Jean Blin Criberie, Pierre Blin, qui nous permet de compléter les filigranes de la famille et qui nous révèle une modification dans les types de papiers fabriqués. Un filigrane daté de 1782 révèle un cornet suspendu dans un écu [7], marque peu utilisée dans cette région alors qu'elle est depuis très longtemps fréquente dans les papeteries de la région nantaise (n° 4) ; s'agissant d'un plano plié in 4° et qui a été rogné, les dimensions ne peuvent en être précisées (minimum de 47 x 36,6 cm) ; d s'est encore accru (26 à 27 mm) ; les vergeures sont relativement épaisses ; caractéristique intéressante, le papier est légèrement bleuté ce qui traduit le souci de Pierre Blin de s'adapter au goût du jour en tentant d'améliorer la qualité de son papier pour écriture. Un autre de ses planos [8] renferme un petit lys (n° 5) associé à sa contre-marque P Blin (non représentée) ; le format est de 37 x 29 cm, le papier est crème clair avec quelques surépaisseurs aux chaînes mais peu d'impuretés ; d = 28 à 29 mm tandis qu'il n'y a plus que 9 vergeures épaisses par cm. Le dernier membre de la famille dont nous ayons relevé un filigrane est François Blin (n° 6), qui fournit en 1834 du papier pour l'impression d'un ouvrage [9]. Nous ne pouvons savoir le format de la feuille puisqu'il s'agit d'un ouvrage in 8° ; le papier est blanc, régulier, à vergeures très fines et serrées ; d = 25 à 26 et v = 13 ; il n'y a pas d'autre marque que le nom du fabricant dans les planos.

6. ADIV C 4514, déclaration du vingtième, La Bazouge-du-Désert, 23 avril 1751.

7. ADIV G 569 A, mémoire du 4 janvier 1790.

8. ADIV 3 E 268/1, registre paroissial, Saint-Christophe-de-Valains, 1787.

9. Manet abbé, *Histoire de la Petite Bretagne*, Tome 2, Saint-Malo, 1834.

V.1.2. Boulmer

Bien que les membres papetiers de cette famille aient été peu nombreux puisque limités au père, Alexandre, et à sa belle-fille, veuve de Alexandre fils, la production a été intense et la diffusion très large. On retrouve en effet les marques Boulmer dans des documents tant strictement locaux (St-Brice-en-Cogles, St-Ouen-la-Rouerie, etc.) qu'à Rennes et St-Malo, qu'il s'agisse de manuscrits ou d'imprimés. En fait, tous ne portent pas la contre-marque familiale, mais entre 1715 et 1742 simplement les initiales AB séparées ou non par un cœur en guise de ponctuation (n° 7) ; c'est cette concomitance entre dates d'activité de la famille et dates d'utilisation des initiales, ainsi que la distribution locale, qui nous permettent d'assimiler AB et Alexandre Boulmer. L'un des premiers documents antérieur à 1742 correspond à un plano de dimensions 52,5 x 41,5 cm avec d = 24 à 27 et v = 10 ; il s'agit d'une affiche imprimée à Rennes [10] en 1721, qui porte sur un folio un lys associé aux deux lettres A et B (n° 8). Un second est un plano de papier clair quoique présentant de nombreuses petites impuretés de type « paille », de dimensions 35,5 x 28,5 cm à 15 chaînes (d = 20 à 25) avec v = 12 ; la seule marque est un pot fleuri à 2 anses renfermant les lettres AB (n° 9) [11]. Dans les dossiers concernant la ville de Rennes [12], un papier fin et clair, de dimensions 50,5 x 40,9 cm (d = 23 à 26 ; v = 10) renferme dans le premier folio le monogramme A B et dans le second folio un raisin à petits grains et hampe sans feuilles (n° 10). Bien qu'utilisé en 1743, ce papier a dû être fabriqué au moins un an auparavant, car dès la promulgation de l'arrêt exigeant la marque du papetier en 1742, la famille Boulmer s'est pliée à ce nouveau règlement comme en témoigne la marque écrite en cursives (n° 11) relevée dans un fragment de papier vierge [13], fin et clair quoique présentant de nombreuses impuretés dans la pâte, et de caractéristiques d = 21 à 24 et v = 12. À noter que, contrairement à la grande majorité des inscriptions, le papetier a écrit son nom parallèlement aux chaînes et non perpendiculairement. Nous avons vu que Jeanne Levazeux était, après le décès de son époux, qualifiée de maîtresse-papetière ; c'est à ce titre qu'elle a continué la production et s'est conformée, au moins pendant quelque temps, à la réglementation lui imposant de placer sa qualité de veuve dans le filigrane ; on trouve donc son patronyme en 1753 associé à la croix lysée [14] (n° 12) ; le plano est de 44 x 35 cm, une dimension proche de celle définie pour le format Bastard, avec d = 21 à 22 ; ce motif de filigrane est retrouvé dans les marques de tous les papetiers de la région qui ont

10. ADIV C 1461, Arrest du Conseil d'Etat du Roy du 11 octobre 1720.

11. ADIV 4 E 2451, minutes Gilles Prenveille, couverture du dossier de l'année 1739.

12. ADIV 5 E 3, fermiers des Octrois, 1743.

13. ADIV 12 Fc 21, papiers vierges.

14. ADIV, document vierge non référencé.

fabriqué ce format de papier, bien que curieusement cette croix n'ait pas été représentée par Gaudriault malgré sa relative abondance. La veuve n'a cependant pas toujours respecté la réglementation, car peu de documents ultérieurs portent ce qualificatif ; il en est ainsi pour l'imprimé qui renferme le raisin [15] (n° 13) associé seulement au patronyme et marqué Fin 1756, soit 9 ans après le décès d'Alexandre père.

V.1.3. Chatel

En s'en tenant aux marques identifiées sans ambiguïté, c'est-à-dire postérieures à 1742 pour cette famille, nous avons relevé un vingtaine de références. Deux initiales de prénoms seulement : I pour Jean (François) et D pour Denis, ce qui n'est pas surprenant sachant qu'il y a eu trois générations de Denis. Quant à Robert, décédé en 1721, il n'a sans aucun doute jamais utilisé son patronyme complet pour marquer son papier ; l'a-t-il d'ailleurs marqué ? Ce n'est par sûr, car nous n'avons retrouvé aucun monogramme de type R C dans tous les documents examinés. Deux éléments intéressants caractérisent cette famille : la variété et la qualité de certains filigranes, et le fait qu'elle ait fourni une quantité importante de papier pour l'imprimerie. Jean Chatel est manifestement devenu fournisseur de l'Intendance, car ce sont des affiches signées de Pontcarré de Viarme, de 1746 à 1748, qui constituent en nombre important les témoins de cette activité. Les planos sont de dimensions assez variables (peut-être ont-ils été rognés ?) qui vont de 42,5 x 35 à 45 x 36,5 cm, et sont de qualité très moyenne avec une couleur assez brunâtre, d = 21 à 24, v = 10. Le filigrane (n° 14) est sur un folio une sorte d'écu couronné renfermant le sigle IHS qui laisserait supposer qu'il s'agit d'un format Jésus [16] ; or il n'en est rien, car les dimensions relevées l'apparentent absolument au format Couronne (ou Griffon déjà noté) ; le second folio porte la contre-marque avec le patronyme et la date théorique de fabrication 1744. Nous constatons que Jean Chatel, comme beaucoup de ses collègues, ne modifiait pas souvent la date du filigrane car la plupart de ses papiers sont porteurs de cette date, quelle que soit l'année d'utilisation. Ce papier a donc pu être fabriqué soit au moulin du Pont-Brard, soit à celui de Guémain que Jean Chatel a pris à ferme en 1747. Le document dont la marque est un pot renfermant 1744 (n° 15) est porteur de la contre-marque FIN/1756 / I CATEL [17] prouvant que celui-ci a bien été élaboré à Guémain alors qu'il a été utilisé en 1759. Les relevés suivants se réfèrent à Denis Chatel. Un pot fleuri de réalisation très sommaire [18] est

15. ADIV 4 E 6600, Baux et Régie de Georges Prévost, années 1763 à 1766.
16. ADIV C 1502, C 1462, C 793/794.
17. ADIV E Dépôt EC 102, St-Christophe-de-Valains, 1759.
18. ADIV 3 E 268/1, St-Christophe-de-Valains, 1752.

associé au patronyme et à la date 1746 (n° 16) ; c'est donc un papier fabriqué par Denis ou par son fils Denis Vincent – qui utilisent probablement les mêmes formes – au moulin du Roc en St-Christophe-de-Valains. Il s'agit de papier Pot (36,5 x 30 cm, soit très inférieur aux dimensions définies dans l'arrêt de 1742 et qui sont 39,2 x 31,1 cm, sauf s'il a été fortement rogné, d = 20 à 22, v = 11) ; l'épair est assez flou avec des surépaisseurs aux chaînes qui sont elles-mêmes fines et peu visibles. De nouvelles affiches de l'Intendance ont été imprimées sur du papier portant la croix lysée en filigrane [19] (n° 17) avec D Chatel en contre-marque sur le second folio (plano de 44 x 35 cm ; d = 21 à 24, v = 10). Un dernier type de filigrane [20] retrouvé à de nombreux exemplaires correspond à l'aigle (n° 18), ayant en contre-marque D CHATEL/BRETAGNE/FIN 1751 ; Gaudriault en a relevé un semblable (son n° 20) qu'il attribue à des papetiers bas-normands, ce qui n'est pas contradictoire avec notre observation vu l'origine probable de la famille Chatel. Nous n'avons pas relevé de filigranes plus tardifs des Chatel.

V.1.4. Dupré

De très nombreuses marques à ce nom sont trouvées tant dans des documents individuels manuscrits que dans des registres administratifs ou encore dans des documents imprimés, qui vont de 1742 (Michel Dupré) à 1769 (Adrien Dupré). Ces dates sont celles relevées dans les filigranes et non celles de l'utilisation des papiers qui peut aller au-delà des années 1780. Il apparaît donc que Michel, qui était déjà papetier dans les années 1730, a attendu l'obligation légale qui en était faite pour apposer son nom en entier. Quelques très rares monogrammes M D observés dans les années 1740 ne nous permettent pas de lui attribuer avec certitude la paternité du papier correspondant. Les 25 exemplaires différents que nous avons recensés révèlent que Michel utilisait toujours le cœur comme signe de ponctuation entre l'initiale de son prénom et le nom (n° 19) [21]. Les motifs de ses filigranes correspondent au pot à deux anses (n° 20) [22], au grand lys simple, aux quatre lys en croix (format batard), à un écu fantaisie renfermant le sigle IHS (sans doute son format écu puisque son inventaire après décès ne fait pas état de format Jésus), et enfin un raisin à vingt grains et hampe sans feuilles. Son papier n'est pas de très belle qualité, avec un épair parfois flou qui ne facilite pas le relevé des motifs ; aussi bien, ces motifs ne sont pas non plus d'une très grande qualité et traduisent le travail d'un

19. ADIV C 6196, Commerce et Industrie ; 6 mai 1747.

20. ADIV E Dépôt EC 102, St-Christophe-de-Valains, couverture 1755.

21. Document personnel, *Etats de Bretagne, Amortissements et Francs-Fiefs*, 12 décembre 1768.

22. ADIV C 1462, lettre de Mr Picot maire à St-Malo, 15 juin 1753.

ouvrier formaire ou filigraniste peu qualifié. Il n'en reste pas moins que Michel Dupré a été un bon fournisseur des bureaux d'enregistrement de Saint-Aubin-du-Cormier et de Saint-Etienne-en-Cogles (voir registres du centième denier de 1755 à 1763) ; il a manifestement succédé comme fournisseur du bureau de St-Brice-en-Cogles à Pierre Roussin dont nous parlerons plus loin. Adrien Dupré, fils de Michel, a pris la succession de son père et a fabriqué les mêmes formats de papier ; les filigranes sont du même type, mais l'initiale du prénom et le signe de ponctuation (losange au lieu du cœur) changent, tandis que les noms et qualités sont parfois présentés en cartouche. Tous ses papiers portent des dates postérieures à 1761 (année du décès de Michel), sauf une série dans une liasse, dont les feuilles renferment apparemment le millésime 1744 (n° 21) [23]. À cette date, Adrien n'avait que quinze ans, et même s'il était apprenti, il ne pouvait avoir de forme à sa marque ; ce document ayant été établi en 1764, nous pouvons imaginer que Adrien avait réutilisé une forme de son défunt père en ne changeant peut-être que l'initiale et le patronyme dans le filigrane. Comme son père, il a parfois alimenté les bureaux de St-Aubin-du-Cormier et de St-Etienne-en-Cogles à partir de 1761 et son papier a aussi servi à l'impression d'affiches. Michel ayant travaillé dans de nombreux moulins avant de se stabiliser à Roche-qui-brut, nous pouvons uniquement préciser que tout le papier filigrané postérieurement à 1754, qu'il provienne du père ou du fils, a été fabriqué dans ce moulin de Roche-qui-brut.

V.1.5. Fouillard

Les marques de papiers de cette famille sont relativement peu nombreuses, malgré l'importance numérique de ses membres. Il est vrai que les quatre premiers papetiers avérés ont été actifs au XVIIe siècle, époque où le marquage n'était pas obligatoire. Nous avons relevé sur des manuscrits dans la région nous concernant plusieurs monogrammes (A F, P F) qui pourraient correspondre respectivement à Antoine (moulin de la forêt de Glenne) et à Patrice (Gobtière) Fouillard. Compte tenu du petit nombre d'échantillons, l'affectation peut paraître hasardeuse, mais il faut noter dans notre liste récapitulative qu'aucun autre papetier de cette période n'a de patronyme commençant par F. En ce qui concerne Antoine, nous disposons de cinq planos dont trois sont porteurs d'un cœur couronné à festons [24] (n° 22) et deux d'un petit raisin. Tous les cinq renferment dans le second folio le monogramme A F en cartouche. Il s'agit généralement d'un papier fin, crème clair, présentant peu d'impuretés. Trois de ces planos (utilisés en 1676) ont une dimension de 36 x 26 cm

23. ADIV C 1464, récapitulatif de l'enquête sur les imprimeurs et libraires de 1764.

24. ADIV 4B 5401, scellés Juridiction de St-Brice-en-Cogles, 1676.

avec d = 21 à 23 et v = 11; le quatrième (utilisé en 1673) a une dimension de 35 x 29,5 cm avec 16 chaînes, mais également 11 vergeures/cm ; les caractéristiques du dernier plano n'ont pu être relevées. En ce qui concerne Patrice, le plus ancien filigrane relevé figure dans trois planos identiques [25], papier clair ayant peu de surépaisseurs aux chaînes, de dimensions 33 x 27,5 cm, avec 14 chaînes très fines espacées de 21 à 24 mm, et 10 vergeures/cm beaucoup plus épaisses que les chaînes ce qui n'est pas très fréquent ; ce filigrane représente une licorne passant surmontée des lettre P F (n° 23). Le second filigrane est un pot à une seule anse surmonté d'un croissant et renfermant le monogramme P F en bandeau (n° 24) ; il figure dans un plano [26] de 38 x 30 cm à 18 chaînes et 2 tranche-files à peine marqués, avec v = 11.

Dès que le marquage devient obligatoire (après 1742), nous relevons plusieurs marques dans lesquelles Fouillard apparaît en entier. Nous reportons ainsi trois de ces marques issues de documents écrits ou imprimés entre 1746 et 1754. Subsiste une ambiguïté ; en effet, si le T ne peut logiquement être affecté qu'à Thomas [27] qui fait valoir lui-même le moulin de la Gobtière, le I peut correspondre aussi bien aux deux Julien qu'à Jean. La période d'utilisation [28] de ce papier favorise cependant Julien (La Brière) fils d'Olivier, également actif à la Gobtière, d'autant plus que Julien (Maisonneuve) ne paraît pas avoir été lui-même exploitant mais marchand. L'un des documents de Thomas est porteur d'une fleur de lys couronnée [29] (n° 25). Un autre plano de Thomas est utilisé en impression d'affiche ; il s'agit d'un assez grand format, 44,5 x 36 cm, de papier assez fin, mais de qualité très moyenne ; d = 23 à 25 mm et v = 11 ; une fleur de lys est fixée sur le premier folio tandis que le second folio porte T cœur Fouillard/Bretagne, mais sans date apparente. Quant à Julien, nous n'avons trouvé dans le registre du vingtième déjà cité que des demi-feuilles renfermant son patronyme (n° 26) mais nous ne disposons pas du motif principal du filigrane.

V.1.6. Georget

Les papetiers de cette famille ont été nombreux en pays de Fougères, et nous pouvons logiquement nous attendre à retrouver des motifs variés, associés soit à un monogramme soit au patronyme complet. Notre étude sur la famille nous conduit à rechercher les initiales R G (Richard puis René Georget) dans la seconde moitié

25. ADIV 4B 5400, scellés Juridiction de St Brice-en-Cogles, 1638.
26. ADIV 4Bx 1148, Juridiction de St-Malo, 1643.
27. ADIV C4514, registre du vingtième, La Bazouge-du-Désert, 1751.
28. ADIV C4537, registre du vingtième, Lécousse, 1751.
29. ADIV C4514, registre du vingtième, La Bazouge-du-Désert, 1754.

du XVIIe siècle, puis des I G (Julien) et à nouveau R G (Richard) avant 1742. Nous avons également relevé de nombreux I G dans la première moitié du XVIIe siècle, mais n'ayant aucune évidence de la présence d'un membre Georget dans la région à cette période, la paternité en sera attribuée, au moins partiellement, à un autre papetier actif à cette époque (Jean Gallouin) et dont nous parlerons dans la dernière partie *"papetiers divers et hypothèses"*.

Sans tenir compte des marques relevées dans les papiers de la Formule, nous disposons de plus de 40 références relatives à la famille Georget. La plus ancienne correspond au n° 27, relevée dans un document concernant Vitré [30] ; bien qu'il s'agisse d'un manuscrit, nous ne pouvons assurer qu'il a été écrit à cette date de 1673. Nous trouvons par contre exactement le même filigrane dans des affiches imprimées à Rennes chez François Vatar de 1693 à 1700. Il s'agit de planos de 44 x 35 cm, de papier clair, avec d = 23 à 25 et v = 11 à 12. Le monogramme R G peut prêter à confusion, non seulement entre Richard et René Georget, mais également avec Richard Guesdon, autre papetier de la région. En fait, nous préférons l'attribuer aux Georget, car Richard Guesdon n'a véritablement commencé son activité de papetier qu'après avoir fait bâtir le moulin de Lange à partir de 1695 et son activité s'est exercée très avant dans le XVIIIe siècle ; or nous n'avons pas retrouvé ce filigrane postérieurement à 1700, alors que Richard et René Georget sont décédés en 1695 et 1699 respectivement. Ce filigrane n° 27 présente la particularité d'avoir les fils d'attache des branches de laurier particulièrement apparents, et nous les avons donc relevés au même titre que le motif. Le document suivant est constitué de 3 planos identiques, de grand format (60 x 46 cm) ; il s'agit d'une transcription manuscrite [31], dont le filigrane est double (n° 28) ; l'un des folios porte le lys couronné et le patronyme (écrit Gorget par le formaire), et le second renferme un écu fantaisie. Si la date portée a posteriori par un archiviste sur le document (1698) correspond à celle de la transcription, il s'agirait donc de René Georget.

Ont succédé à René ses fils Richard et Julien. Nous attribuons à Richard le filigrane n° 29 qui caractérise un papier utilisé en 1729 et dont nous ne pouvons préciser le format [32] ; d'assez nombreux R G, R GE, R GEORGET sont relevés dans des documents manuscrits de la région en 1729 et 1730, confirmant ainsi qu'il s'agit bien de Richard, sieur de la Binetière, qui travaillait à Roche-qui-brut jusqu'à son décès vers 1732. Plusieurs filigranes sont ensuite attribués à son frère Julien : le premier (n° 30) a été très largement utilisé dans les documents manuscrits [33] et imprimés de l'Intendance entre les années 1725 et 1731 ; le motif en avait été relevé

30. ADIV 5 E 7, *ordre des préséances pour le Te Deum chanté en l'église Notre Dame de Vitré le 28 décembre 1673.*

31. ADIV 5 E 3, Rennes, Pancarte des droits d'Octroi, date manuscrite : 1698.

32. ADIV C 1503, Intendance, Industrie.

33. ADIV C1503, 1 F273, C6212.

par Gaudriault (n° 444) mais sans pouvoir l'affecter faute du monogramme sur son échantillon. Le format du plano pris sur l'exemplaire de 1725 (45 x 35 cm) est très éloigné du format défini *« pour la sorte au coutelas »* dans le Tarif de 1739 (51,3 x 38,3 cm), et il semblerait plutôt s'apparenter au format Bastard. Le second motif de Julien (n° 31) est un petit lys surmontant son patronyme (écrit Gorget) en cartouche ; il caractérise un papier clair de belle qualité (d = 21 à 25 et v = 10 à 11) dont un fragment de plano est utilisé comme lettre datée du 17 février 1740 accompagnant l'expédition d'un document imprimé à Rennes en 1739 chez Joseph Vatar [34]. Ce document est constitué de trois planos identiques, de grand format (58 x 44 cm), à chaînes très espacées (d = 26 à 29) et v = 9 à 10 ; le 1er folio renferme un petit lys au centre d'une anneau avec motif zig zag, et le second le monogramme I G (n° 32). Le dernier filigrane de Julien correspond au motif Pot fleuri renfermant les lettres I G (n° 33) ; il est relevé sur un folio d'un document [35] (36 x 29 cm ; d = 21 à 24 ; v = 12) dont l'autre folio renferme, conformément à l'arrêt de 1742, le nom de la Province, celui du papetier (cette fois Geoget) et l'année 1742. Il est intéressant de noter que l'initiale du prénom est R alors que celle du pot est I ; cela confirme bien que, Julien étant décédé vers 1738, c'est son fils Richard, sieur de la Rivière, qui lui a succédé et qui a réutilisé la forme de son père en y ajoutant le texte imposé par le nouveau règlement. Richard est décédé avant 1748, ce qui explique l'absence de filigranes à son patronyme après cette date. Une remarque à propos du pot n° 33 qui est très comparable dans sa réalisation au pot n° 9 d'Alexandre Boulmer ; Boulmer travaillait au moulin d'Ardenne, mais il était le Fermier Général du Trouainson et donc du moulin de Roche-qui-brut qu'il sous-afferma à Richard Georget en 1739 ; la similitude des deux pots sur leurs formes respectives confirme qu'ils utilisaient le même formaire pour les deux moulins.

Compte tenu de l'évolution de la descendance Georget, le seul membre dont nous avons une forte probabilité de trouver la marque est Jean, sieur de la Rivière, né à Lécousse, et qui travaille au moulin du Guélandry. Nous retrouvons tout d'abord un I GORGET dans un fascicule imprimé [36] chez Nicolas Audran en 1767 ; il n'y a ni Bretagne ni la date, mais cette absence n'est pas surprenante car dès le milieu du XVIIIe siècle l'arrêt de 1742 est de moins en moins respecté, au point que l'on relève de temps en temps des documents totalement vierges de marquage. Le second folio est porteur d'un petit raisin à seulement 8 grains (n° 34), placé de façon inhabituelle en travers des chaînes ; il caractérise un papier de belle qualité, clair, avec d = 23 à 26 et v = 11 à 12 ; le plano étant plié et rogné, ses dimensions ne peuvent être précisées. La marque de Jean devient alors fréquente, et l'on relève aussi bien le griffon légère-

34. ADIV 5 E 3, Rennes, 17 février 1740.

35. ADIV 5 E 1, Rennes, Capitation de 1740.

36. ADIV 5 E 4, Supplique des directeurs et administrateurs des hôpitaux de la ville de Rennes, 1767.

ment dressé associé à l'année 1778 (n° 35) dans un imprimé (papier bleuté) de la veuve Vatar à Rennes [37] en 1780, que des petits lys toujours associés sur l'autre folio à I Georget et aux années 1782 ou 1784.

Le tout dernier filigrane de la famille [38] est celui de I Georget Jeune (n° 36) ; il correspond probablement à celui du fils aîné de Jean, Jean-François, actif au moulin des Batailles à Fougères. Le patronyme est associé à un pot assez simplifié, sans anses comme on les observe fréquemment à cette époque ; il s'agit encore d'un papier bleuté, de belle qualité, ce qui est conforme à l'ensemble de la production de la famille Georget depuis plus d'un siècle.

V.1.7. Guesdon

Plus de 50 marques à ce nom ont pu être relevées. Elles correspondent pour la plupart à des documents manuscrits écrits à Rennes, St-Malo et environs. Un grand nombre est issu de l'Intendance (brouillons de lettres, rapports d'enquêtes, etc.). Quelques rares R GUE(S)DON [39] avec un cœur en ponctuation nous révèlent qu'il s'agit du papier de Richard (n° 37) ; les autres sont I et P pour respectivement Jean et Pierre Guesdon. Tous ces papiers proviennent donc du moulin de Lange. Les exemplaires produits par Richard sont toujours de belle qualité pour la région, papier crème, épair clair avec peu de surépaisseurs aux chaînes, vergeures très fines (v = 12). Il produit son plus grand format (45 x 35 cm), qui peut correspondre au format bastard défini dans le tarif de 1739, avec une licorne couronnée, un format au Petit-Jésus un peu plus haut que celui du tarif (36 x 30 cm) [40] avec le classique IHS (n° 38), et un format voisin du précédent renfermant en filigrane un motif de deux branches de laurier surmontées d'un lys et enfermant un bandeau avec les lettres RG (n° 39) ; il n'y a cette fois aucune ambiguïté d'attribution de ce motif entre Richard Guesdon et Richard Georget, car le second folio est parfois porteur du patronyme complet mentionné ci-dessus.

Jean Guesdon conserve les mêmes types de papiers, le bastard avec la licorne [41] (n° 40) mais également avec une croix de quatre lys [42] (n° 41), et un Petit-Jésus dont la hauteur est plus proche de celle du tarif (29 cm) toujours avec le IHS (n° 42) [43].

37. ADIV 1 F 272, Lettres patentes du Roi, Rennes, 9 août 1780.

38. ADIV C 1504, Intendance, Industrie, copie de lettre du 20 septembre 1785.

39. ADIV C 1461, lettre de St-Servan, 20 février 1744.

40. ADIV C 793, Octrois, 1739.

41. Document personnel, copie non datée d'une minute de 1727.

42. ADIV C 6213, Postes et messageries, supplique de Jean Arribard, 1759.

43. ADIV 6H14, Prieuré de Combourg, 1759.

Son nom (n° 43) est en revanche écrit de façon très variable, fantaisie du formaire, soit avec le S à l'endroit, soit avec le S à l'envers [44] ; il lui arrive également d'utiliser des formes pour le bastard sur lesquelles son nom apparaît en cursives très élégantes [45] (n° 44). À propos de la licorne du n° 40, nous pouvons préciser qu'elle correspond très probablement à la marque décrite par Gaudriault (n° 313) dans la rubrique "Chien"; il est probable que dans le folio examiné par cet auteur, la corne de l'animal n'était pas apparente, soit parce que le filigrane était abîmé, soit parce que l'épair du papier était flou. Le document décrit par Gaudriault datant de 1737, nous en déduisons que la marque était déjà utilisée soit par Pierre, sieur de la Fieffe, soit par le fondateur du moulin, Richard. Nous n'avons relevé pour Pierre Guesdon, sieur de la Chesnais et frère de Jean, que des papiers avec le filigrane IHS ; son nom [46] est parfois écrit aussi avec le S à l'envers (n° 45), et parfois même Geuesdon. Les deux frères produisent des papiers qui sont souvent de qualité inférieure à celle de Richard : teinte plus foncée, et plus d'impuretés brunâtres dans la pâte. Leur production reste cependant de bon niveau, ce qui explique probablement leur utilisation intensive par l'Intendance et les échevins de la ville et communauté de Rennes.

V.1.8. Guespin

Bien que cette famille ait eu une longue tradition papetière, nous n'avons relevé aucun filigrane clairement identifiable à ce patronyme. Sans doute plusieurs raisons : les fondateurs ont surtout travaillé au XVIIe siècle, et s'ils ont marqué leur papier, c'est probablement par des monogrammes qui ne nous renseignent pas suffisamment ; en outre, ils ont exploité un moulin (la Sourde) à faible production (quelques dizaines de rames annuelles) ; enfin le moulin de la Sourde était éclaté entre plusieurs familles, dont les Chevrel.

V.1.9. Hamon

Les marques de François Hamon sont nombreuses et variées, et la plupart réalisées avec beaucoup de finesse. La qualité de son papier est en revanche irrégulière, parfois fin, d'épair clair présentant peu d'impuretés, et parfois relativement grossier quoique qualifié de fin dans le filigrane. Jusqu'à 1742, ses marques s'accompagnent seulement des initiales F H, mais dès l'obligation qui en est faite, on trouve associé le patronyme

---

44. ADIV C 1463, enquête sur les Imprimeurs de Bretagne, 1759.
45. ADIV C 793, adjudication des octrois de Rennes, 1757.
46. ADIV C 1463, Imprimeries-Librairies, manuscrit de l'Intendance.

dans son intégralité (n° 46). Comme beaucoup de papetiers, il semble avoir gardé le millésime 1742, l'ayant remplacé dans certaines formes par 1744, et l'ayant purement supprimé d'autres formes. Plusieurs documents renferment un grand lys encadré par les lettres F et H [47] (n° 47) ; nous ne pouvons en préciser le format car tous les exemplaires observés étaient rognés. Un filigrane fréquemment rencontré est un pot à deux anses doubles, renfermant le monogramme F H [48] (n° 48) ; il faut noter que chez ce papetier, les pots sont toujours superbement fleuris. Troisième marque utilisée, les quatre lys en croix [49] (n° 49) qui définit classiquement le format bastard. De très nombreux griffons dressés [50] (n° 50) jalonnent la production de François Hamon. À de rares exceptions près, ces animaux constituent la marque d'un papier de belle qualité ; le format des planos est de 43,5 x 34 cm avec des vergeures assez serrées (10 par cm) ; ce filigrane ne semble utilisé par aucun autre papetier du Pays de Fougères ; nous avons bien observé plusieurs griffons dans des papiers bretons d'autre provenance, mais il s'agissait de griffons passant et non dressés. Dernière marque enfin dont nous n'avons relevé qu'un exemplaire, mais associé au patronyme et donc sans aucune ambiguïté quant à son fabricant, une variété d'écu couronné [51] (n° 51) de format très voisin du précédent (44 x 34 cm). Mis à part ce dernier filigrane, tous les autres ont été relevés aussi bien dans la période antérieure à 1742 que postérieurement, ce qui signifie que François Hamon a fabriqué toutes ces sortes de papiers d'abord au moulin de la Galenais puis au moulin de Roche-qui-brut qu'il a pris à ferme au début de 1743. Son frère Michel n'a probablement eu qu'une faible activité car peu de documents sont porteurs de sa marque ; nous avons relevé (n° 52) un pot renfermant un monogramme qui pourrait lui être attribué [52], très différent de celui de son frère François, et recensé, sur un autre feuillet écrit en 1741, son patronyme séparé de l'initiale du prénom par un trèfle à quatre feuilles.

V.1.10. Hus

Bien que les trois frères Hus aient occupé des moulins importants, nous n'avons pas repéré de filigrane à leur nom. Ils sont arrivés tardivement dans le pays (1780 à 1790), et ils n'ont peut-être pas éprouvé le besoin de marquer leur papier puisque l'application de l'Arrêt de 1739 /42 était pratiquée de façon très lâche.

---

47. ADIV C 1606, Agriculture, lettre de 1735.

48. ADIV C 1461, Intendance, Rennes 1742.

49. ADIV 5 E 1, Voirie de Rennes, P.V. de la visite des travaux, 1748.

50. ADIV C 793, Octrois de Rennes, adjudication de 1739.

51. ADIV C 2144, rôles de la Capitation, Ploermel, 1749.

52. ADIV C 1606, Agriculture, lettre de 1736.

V.1.11. Laisné (Lesné)

Cette famille a compté de nombreux fabricants ; cependant, compte tenu que quatre des filles ont épousé des papetiers, on ne peut s'attendre à trouver que les monogrammes ou patronymes de Bertrand, Michel et Thomas. Très curieusement, nous n'avons retrouvé trace de ceux-ci que sur des papiers timbrés, et aucun sur papier libre ; doit-on en déduire qu'ils ont travaillé exclusivement pour la Formule ? Cette hypothèse nous paraît peu probable, mais nous traiterons des marques de la famille Laisné dans la rubrique du papier timbré.

V.1.12. (Le) Mardelé

Trois frères Mardelé ont été papetiers en Pays de Fougères ; les deux premiers, André et Thomas ont seulement été ouvriers, et ils ont dû travailler avec les formes du maître-papetier ; nous n'avons donc aucun filigrane à leur marque. Le troisième, Gilles était lui-même maître-papetier et il était devenu propriétaire du moulin du Pont-aux-asnes en Lécousse ; nous avons retrouvé une quinzaine de marques le concernant. Son papier est généralement de qualité très moyenne, avec des surépaisseurs aux chaînes et un épair assez flou qui n'autorise pas de relevé très précis du filigrane ; il est vrai qu'à une exception près, nous avons relevé les marques dans des documents imprimés, donc généralement plus épais que les papiers pour écrire. Le plus ancien se trouve dans une affiche imprimée en 1752 pour l'Intendance (Pontcarré de Viarme), mais le même motif (un animal dressé – licorne ou chien ? – dans un écu fantaisie avec dans la contre-marque l'année 1753) est retrouvé dans une autre affiche imprimée en 1759 pour l'Intendant François-Xavier Lebret [53]. Les papiers utilisés pour ces affiches et porteurs du même motif présentent les caractéristiques suivantes : dimensions 45 x 36 cm ; d = 24 à 26 et v = 9 à 10. Au cours des années suivantes, bien que le format des feuilles ne soit pas sensiblement modifié (à 0,5 cm près) et que le fond devienne parfois bleuté, le motif du papier pour impression devient soit un petit lys simple, soit la croix lysée (n° 53) [54] ; en outre, le patronyme se réduit ici à MARDELE et le nom de la province ainsi que le millésime disparaissent. Nous retrouvons la forme LE MARDELE dans un autre document, et nous l'insérons dans ce filigrane n° 53. Il semble donc que Gilles Le Mardelé ait essentiellement fabriqué du papier de format Bastard pour l'impression ; nous avons pourtant relevé dans un manuscrit [55] de format 36,5 x 29 cm un élément de

53. ADIV C 1463, Arrest du Conseil d'Etat du Roy du 12 mai 1759.

54. ADIV C 6193, Industrie et Commerce, Arrest du Conseil d'Etat du Roy du 25 mai 1786.

55. ADIV C 1507, Industrie ; brouillon de l'Intendance du 21 septembre 1776.

marque : H surmonté d'une croix, donc probablement une fraction de IHS caractérisant le type de papier Jésus, associé avec la contre-marque 1760/LE MARDELE/BRETAGNE. Ce dernier papier correspond sans doute à la production dont une partie avait été saisie pour cause de transport frauduleux à Rennes (cf. chapitre I).

V.1.13. Morel

Comme noté précédemment, les Morel ont été nombreux dans la région dès le XVIIe siècle ; bien que certains monogrammes comportant la lettre M soient relevés aux environs d'Antrain, aucun élément ne nous permet de les affecter sérieusement à cette famille, et nous devons attendre le marquage complet après 1742 pour suivre leur production. À cette date, ce sont essentiellement deux Gilles Morel qui sont actifs, et il n'est donc pas surprenant de retrouver des filigranes à leur nom associés à l'initiale G, provenant certainement du fils de Guillaume qui est devenu propriétaire du moulin du Pont-Brard en 1743. Le premier filigrane représente un pot grossièrement dessiné (n° 54) ; celui-ci et le texte fixé sur le second folio traduisent le travail d'un formaire peu qualifié ; le papier a été utilisé [56] pour écriture en 1748 ; il est gris-brunâtre, fin, de mauvaise qualité, manifestement mal encollé car il laisse traverser l'encre ; l'épair est flou et révèle la présence de nombreuses impuretés. Il semble que la qualité s'améliore et l'on retrouve dans le registre du vingtième de Vieux-Vy (1951-1953) plusieurs documents renfermant un pot de meilleure facture (n° 55). Gilles Morel ne fabrique pas que du papier au format Pot, comme en témoigne la marque relevée (n° 56) dans un imprimé à Rennes chez la veuve François Vatar [57] : le format est de 44,5 x 35,2 cm, le papier est assez fin, clair, bien que de nombreuses impuretés fines subsistent dans la pâte ; d = 21 à 24 et v = 11 ; le symbole correspond à celui du format Jésus (IHS) et le S est fixé à l'envers, ce qui est fréquent (les formaires de la région ont souvent des problèmes avec le sens des N et des S) ; la date figurée de 1760 indique l'utilisation d'une forme appartenant à Gilles Morel père.

Deux autres filigranes sont retrouvés dans des documents vierges [58], sans date de fabrication. Il y a tout d'abord un petit raisin (n° 57) à seulement 9 grains, mais à la hampe torsadée ; il est associé sur le second folio uniquement au patronyme MOREL, sans initiale de prénom ; le format ne peut en être indiqué car il a été rogné, mais le fait qu'il soit bleuté nous indique qu'il remonte à la fin du XVIIIe ou début XIXe siècle. Le dernier (n° 58) représente un griffon du type de celui observé

---

56. ADIV C 793-794, Rennes, Octrois ; 8 novembre 1748.

57. Document personnel, *Arrest du Conseil d'Etat du Roi* du 17 octobre 1773.

58. ADIV, documents non référencés.

pour Jean Georget (cf. n° 35), et dont nous retrouvons de nombreux exemplaires (à dessin très simplifié et dégradé) en cette même fin de siècle (voir également *Roussin*) ; mais de qui relève ce dernier motif associé à I MOREL ? de Joseph, Julien ou Jean Morel ? Aucun élément ne nous permet de fournir de réponse.

V.1.14. Roussin

Les Roussin ont littéralement envahi le marché du papier dans la région d'Antrain, parallèlement aux Georget et aux Guesdon. Contrairement à ces derniers, ils paraissent avoir produit presque exclusivement du papier pour l'écriture et non pour l'imprimerie, qu'il s'agisse de papier libre ou de papier timbré. Ils ont été de très gros fournisseurs pour les bureaux d'enregistrement de Saint-Aubin-du-Cormier, de Saint-Brice et Saint-Etienne-en-Cogles, bureaux qui ont constitué des registres complets avec leur produits. Nous ne pouvons donner avec certitude de filigrane du Jean Roussin qui a été marchand papetier en Tremblay et qui est décédé au début du XVIIIe siècle. La production de Jean-Louis est par contre clairement identifiable puisque, s'il signe généralement Louis en omettant son premier prénom, ses filigranes sont toujours associés au monogramme J L R. Le plus ancien (n° 59) a été relevé dans un document [59] de 1713 constitué de 6 planos identiques de format 35,5 x 30 cm, d = 21 à 23 et v = 11 ; il s'agit d'un écu entouré de lauriers renfermant le monogramme en bandeau. Le second apparaît à plusieurs dizaines (voire centaines) d'exemplaires dans les registres du centième denier de Saint-Aubin-du-Cormier entre 1736 et 1743 ; il correspond à un raisin à 27 grains, une hampe courte et surtout 2 feuilles (n° 60) ; Jean-Louis Roussin semble être le seul de la région à avoir fait représenter les feuilles ; ce motif est associé à son monogramme élégamment écrit en lettres cursives. Le dernier relevé [60] correspond au papier à écrire de type Pot (n° 61) ; ce pot très fleuri renfermant les lettres J L R est relevé dans le premier folio d'un plano de dimensions 36,8 x 26,5 cm, d = 21 à 25 et v = 10 ; le second folio porte le patronyme J CORBE ; ayant été utilisé en 1742, peu de temps après le décès de Jean-Louis Roussin, ce document montre que le gendre a réemployé les formes de son beau-père en y ajoutant son propre nom, pratique que nous avions déjà observée pour Richard Georget et son père. Corbé a probablement fait de même avec les formes du papier raisin, puisqu'on retrouve la grappe de raisin à deux feuilles dans les registres de 1744-1745 du centième denier précédemment cités.

59. ADIV C 793-794, Octrois, Rennes, 1713.

60. ADIV E Dépôt EC, St-Christophe-de-Valains 101.

Outre un gendre, Jean-Louis Roussin avait un fils très actif, Pierre, qui a également marqué de nombreux papiers. Il produit lui aussi du format Pot, comme en témoigne le n° 62 relevé dans un dossier qui concerne le Clergé Séculier [61] ; la réalisation du motif est sommaire, et la mise en conformité avec la réglementation de 1742 a dû être faite à la hâte comme en témoignent à la fois l'écriture du patronyme et l'insertion à l'envers de la date (1742). À cette époque, Pierre Roussin a quitté son père qui travaillait aux Grands Moulins en Vieux-Vy, et il exerce alors au moulin de Guémain ; manifestement, la comparaison des filigranes révèle qu'ils n'utilisaient pas le même formaire. Plus tardivement [62] la structure du pot s'améliore (n° 63) dans ce filigrane à date de 1755. Pierre fabrique également du papier marqué avec un lys simplifié (n° 64), et très fréquemment, son prénom est noté PI et non seulement P, comme dans cet exemplaire relevé en 1743. Après le décès de son père, et suite à la période de transition de Jean Corbé, c'est lui qui, de retour aux Grands Moulins, devient le fournisseur de divers bureaux avec du papier au raisin (avec les deux feuilles jusqu'en 1748, puis un petit raisin sans feuilles) jusqu'à au moins 1756. Globalement, son papier était de moins bonne qualité que celui de son père.

Vers le milieu du siècle, apparaissent plusieurs filigranes marqués de L ROUSSIN ; il s'agit certainement de Louis, fils de François, qui a été actif à La Bazouge-du-Désert dans le moulin de la Panisselais. Le filigrane de la croix lysée (n° 65) peut être daté par son utilisation en 1751 ; il correspond à un plano de format 44,5 x 35,5 cm, de papier clair de belle qualité. La marque suivante (n° 66) [63] correspond à un pot on ne peut plus sommaire comme représentation, associé au patronyme ; elle ne porte pas de date, et correspondant à un papier vierge, nous ne pouvons préciser son origine ; notons seulement la distance importante entre chaînes (d = 28 à 30) qui traduit son appartenance à la seconde moitié du XVIIIe siècle, et la position inhabituelle du pot placé perpendiculairement aux chaînes. Dans le même dossier que le précédent, c'est-à-dire parmi des feuilles vierges, c'est un raisin très particulier qui apparaît puisque les grains sont de taille variable, et surtout il lui est associé un soleil (n° 67) ; le patronyme correspond cette fois à François (Hilaire) Roussin, maître-papetier aux Grands Moulins jusqu'au début du XIXe siècle. Autre filigrane de la famille, un raisin plus classique dans sa structure (n° 68), associé à un Roussin sans initiale de prénom, mais que l'on pourrait supposer être également François lorsque l'on compare la réalisation des lettres du nom sur les deux documents ; ce papier bleuté (d = 27 et v = 10) a été utilisé dans un livre [64], seule trace d'utilisation de papier de la famille Roussin dans les imprimés.

61. ADIV G 569 A, Clergé séculier, paroisse de Vendel.

62. ADIV E Dépôt EC, St-Christophe-de-Valains 102.

63. ADIV 12 Fc 21, papiers vierges.

64. Eudes J., *Contrat de l'Homme avec Dieu par le Saint Baptême*, J.M. Vannier Imprimeur-Libraire à Fougères, 1803.

Dernier motif enfin (n° 69), relevé dans un papier vierge, qui renferme un griffon du même type que ceux relevés pour Georget et Morel, et qui situe donc la fabrication à la fin du XVIIIe siècle ; le patronyme est écrit en cursives, avec deux "S" dans le nom, l'initiale J devant et la lettre L dessous ; sans doute s'agit-il de Jean (Louis) Roussin qui ne signait que de son premier prénom.

V.2. Filigranes de papetiers isolés

Charles Aubrée, marié à Jeanne Barbe, a exercé au moulin de Guémain en Vieux-Vy ; c'est dans la déclaration de propriété d'une autre fille Barbe, Anne, que l'on retrouve un filigrane de ce papetier, ainsi que dans d'autres déclarations du même dossier [65] ; il s'agit d'un pot renfermant le millésime 1744 (n° 70) complété par le patronyme et l'ensemble des informations exigées à cette date. **Vincent Chevrel**, papetier au moulin de la Sourde en Saint-Christophe-de-Valains, a laissé trace de son activité sous forme d'une croix lysée (papier Bastard) associée à son patronyme écrit Cheverel, dans les pages de couverture de deux registres de la région (filigrane non transcrit) [66]. Nous relevons le nom de **Louis Cournée**, écrit Courné avec l'année 1742 (n° 71), papetier de La Bazouge-du-Désert dans le registre du vingtième de cette commune, ainsi que dans le registre équivalent de Lécousse, mais nous ne pouvons associer son patronyme à aucun motif précis. **Michel Foubert**, dit Grand Moulin, a lui aussi exercé à La Bazouge après avoir acquis le moulin de la Panisselais ; nous n'avons observé qu'un seul filigrane à son nom dans un document [67] de 1791, associé à un cercle ondulé renfermant 3 lys plus le millésime 88 (n° 72) ; ce Foubert a laissé son nom dans l'histoire révolutionnaire, car écrit Badiche [68] : *« Après la défaite des Vendéens à Grandville, le prince de Talmont chercha un asile dans le Petit-Maine, et comptait le trouver chez un fabricant de papier établi dans la vallée de Mausson. Ce papetier, nommé Grandmoulin, avait des obligations au prince ; mais il était absent quand M. de Talmont se présenta chez lui. Y eut-il trahison ? on n'ose l'affirmer. »* Toujours est-il que Talmont fut arrêté, et trois semaines plus tard, *« sa tête était exposée au bout d'une pique, sur le portail du château de ses pères, à Laval »*. Dans plusieurs de ses articles publiés dans le Bulletin de la Société Archéologique et Historique de Fougères entre 1958 et 1980, le Dr Poirier fait référence à *« l'un des administrateurs du District, Foubert dit Grand Moulin, propriétaire des*

65. ADIV C 4576, registre du vingtième, Vieux-Vy, 1751-1753.

66. ADIV 2 C25 71, table des acquéreurs Louvigné-du-Désert, et 2 C38 283, table des bailleurs de Saint-Aubin-du-Cormier.

67. ADIV 3 E 268/1, Saint Christophe-de-Valains, 1791.

68. Badiche, M-L., *op. cit.*, p.22.

moulins à papier de Pont Dom Guérin et de Malagra » mais sans jamais citer ses sources ! D'après notre propre étude, il paraît abusif d'utiliser un tel qualificatif qui laisse supposer que ce papetier possédait plusieurs moulins à papier ; or il n'en existe pas dans le village du Pont Dom Guérin, Malagra est son lieu de résidence, non le moulin, et le seul moulin à papier acquis par Foubert, à notre connaissance, est celui de la Panisselais en 1786 ; peut-être fut-il qualifié de Grand Moulin seulement parce que celui de la Panisselais était plus important que ceux proches de Malagra, la Gobtière notamment.

Un papetier dont nous n'avons pu déterminer le lieu d'activité a laissé une trace intéressante et unique dans la région : il s'agit de **Thomas Gérard** dont le nom est inscrit dans un chapeau de type ecclésiastique (n° 73) ; nous avons relevé trois exemplaires au cours de la même année de 1675, chez deux notaires d'Antrain [69]. Ce motif de chapeau a été utilisé dans plusieurs régions de France, notamment en Angoumois au XVIIe siècle, selon Nicolaï cité par Gaudriault ; on aurait donc pu penser que ce papier n'était pas d'origine bretonne si nous n'avions eu confirmation de la présence de ce Thomas Gérard, papetier, dans deux actes passés devant notaire [70] en 1655, actes au bas desquels il appose une signature assez élégante (cf. annexe 3). Nous avons vu qu'il y eut des Gérard papetiers à Saint-Christophe-de-Valains (et même un moulin dit "moulin de Gérard"), mais il y en eut aussi, semble-t-il, à Fougères ; la question de son origine reste donc ouverte. Le papetier suivant est **Joseph Greslé** qui avait pris à ferme le moulin de la Galenais en Saint-Brice ; nous avons retrouvé plusieurs exemplaires de son papier entre 1761 et 1769 dans les registres de la paroisse de Saint-Christophe-de-Valains déjà référencés ; ils correspondent toujours à un plano de papier format Pot qui renferme sur un folio le pot représenté au n° 74 associé au patronyme, et parfois à l'année ; sur celui représenté, l'année (1761) a été fixée à l'envers par rapport au reste du texte ; les exemplaires que nous avons eus entre les mains révèlent un papier d'assez bonne qualité (pour la région) avec un épair clair, peu de surépaisseurs aux chaînes et assez peu d'impuretés dans la pâte.

Charles Jean, sieur des Vallées, a été actif pendant plus de cinquante ans, toujours au moulin du Guélandry en Lécousse ; on peut dire globalement qu'il a produit deux types de papiers : un de très mauvaise qualité, brunâtre, d'épair flou et nuageux car présentant de très fortes surépaisseurs aux chaînes et une grande quantité d'impuretés brunes dans la pâte, papier timbré destiné à la Formule ; un second type de papier de qualité meilleure, avec pâte plus affinée et donc d'épair plus clair, destiné à l'écriture et à l'imprimerie. Nous reviendrons brièvement sur le premier dans le paragraphe correspondant, mais en ce qui concerne le second, trois sortes de marques ont été relevées : l'une renferme un pot sur un folio (deux exemples en sont

69. ADIV 4 E 6515, Jacques Anger, et 4 E 6519, Julien Taslé.

70. ADIV 4 E 6512, minutes Jacques Anger, 7 février et 30 mai 1655.

reportés aux numéros 75 et 76 qui diffèrent, dans la mesure où l'un d'eux s'enrichit d'une fleur de lys dans le motif floral) et son patronyme avec l'année de fabrication ; ce pot est toujours sans anses dans les divers documents recensés. La seconde sorte porte en filigrane les quatre lys en croix [71] (n° 77) et qui correspond au bastard. La dernière sorte est d'un format (51 x 41 cm) qui peut correspondre au carré au raisin, effectivement porteur d'une grappe de raisin (non relevé car les deux exemplaires observés, imprimés chez Leconte à St-Malo, sont pliés in 4° et le filigrane se trouve dans la reliure [72]). **Richard Louis Le Chartier**, maître-papetier au moulin de la Panisselais en La Bazouge-du-Désert, nous a laissé, semble-t-il, deux types de marques [73] ; dans certaines feuilles est clairement écrit le patronyme en un seul mot et avec les initiales RL (n° 78), dans d'autres est écrit Lechertie avec pour seule initiale le L (n° 79) ; s'agit-il d'une fantaisie d'écriture du formaire ? Nous n'avons dans nos recherches trouvé aucune trace d'un Louis Lechertie. Curieusement, ce dernier reprend comme motif principal le symbole de la main dont nous avions relevé de multiples exemplaires dans les documents du XVIIe siècle. Gaudriault [74] signale que le motif de la main apparaissait encore au XVIIIe siècle, notamment en Normandie et Auvergne, mais aucune mention n'est faite concernant la Bretagne. Le fait que le patronyme soit associé au nom de la Province et à la date de 1746 élimine toute ambiguïté concernant l'origine de ce papier. **Jean Lentaigne**, qualifié de marchand fabricant de papier à la Basse-Gobtière en La Bazouge-du-Désert, s'est manifestement spécialisé dans le papier destiné à l'impression, car tous les documents renfermant son patronyme correspondent à des imprimés, qu'il s'agisse de format Pot (n° 80) ou de format Raisin, et parfois même les deux types dans le même document. Les imprimeurs utilisateurs sont très diversifiés : François Vatar à Rennes en 1770, Nicolas Audran à Rennes [75] en 1780 et 1784, Louis Hovius de Saint-Malo en 1780 et la veuve de François Vatar à Rennes [76] en 1783 ; dans ce dernier document, le motif principal du filigrane est un griffon couronné (non représenté) du même type que ceux observés chez Georget (n° 35) et Roussin (n° 69). La famille **Levannier** a exploité en partie le moulin du Guélandry en Lécousse à la fin du XVIIIe et au début du XIXe siècles ; nous n'avons retrouvé qu'un seul document à leur patronyme, sans autre marque (n° 81) ; il est relevé dans deux feuillets d'un livre [77].

---

71. ADIV 5 E 1, Voirie de Rennes, 1747.

72. ADIV 5 E 6 Saint Malo, Arrest du Conseil d'Etat du Roy du 1er may 1753.

73. ADIV C 793-794, octrois.

74. Gaudriault, R., *op. cit.*, p.144.

75. *Mémoire pour Dame Julienne-Catherine Fanois [...] contre Messire Yves de Trogoff [...]*, de l'Imprimerie de N. Audran, Rennes, 1784, in 4°, 40 p.

76. ADIV 5 E 4, Rennes, Arrest du Conseil d'Etat du Roy et Lettres Patentes, 24 avril et 18 juin 1783.

77. Lagogué, J.M., *Traduction Héroïcomique des deux premiers Livres de l'Enéide*, de l'Imprimerie J.M. Vatar, Nantes, 1826.

Quoique nombreux dans la région, les Lochet n'ont pas laissé beaucoup de traces de leur activité. En fait, dans un dossier déjà mentionné (registre du vingtième de Vieux-Vy), plusieurs feuilles proviennent du même fabricant, **Pierre Lochet** ; le papier est de mauvaise qualité, grisâtre, et il renferme de nombreuses impuretés ; le motif du filigrane est toujours le même, un pot très sommaire, sans anses (n° 82), associé au patronyme. Aucun autre motif n'a été retrouvé malgré l'activité plus tardive de plusieurs membres de la famille. Quelques **Morcel** (Morsel) sont intervenus en Bretagne, notamment deux Michel (au moins) ; la seule marque de la famille a été relevée en 1751 sur un folio (donc sans pouvoir indiquer la marque principale) dans le dossier de déclaration du vingtième de Lécousse ; mais il s'agit incontestablement d'un P (Pierre ou Philippe ?) Morsel (n° 83). Il pourrait s'agir du Pierre Morcel qui travaillait au moulin de la Bécassière en 1745 avec son frère Germain. Il y eut également plusieurs **Seigneur**, actifs surtout au début du XIXe siècle ; nous trouvons ce patronyme, mais sans initiale du prénom, associé à la marque principale représentée (n° 84) dans un livre [78] imprimé en 1815. Compte tenu de cette date d'utilisation, il s'agirait de René Seigneur qui se fait construire son propre moulin quelques années plus tard. Le dernier papetier d'importance qui utilise clairement son patronyme (et parfois seulement ses initiales) est **Michel Tricar** qui a essentiellement produit son papier au moulin de la Galenais en Saint-Brice. Nous avons noté pas moins d'une vingtaine de marques entre 1763 et 1786, tant dans des manuscrits que dans des imprimés ; elles correspondent d'une part à un lys dont nous avons représenté deux exemplaires caractéristiques (n° 85 associé au seul monogramme, et n° 86 associé au patronyme), et à un raisin à 30 grains avec une hampe très courbée que nous n'avons pu relever car figurant dans deux registres reliés du centième denier de Saint-Brice. Il est curieux de noter que le lys utilisé par Tricar ne correspond pas à un format précis puisque le premier est issu d'un plano de format 37 x 29 cm et le second de format 45 x 35 cm ; tous les planos non rognés que nous avons examinés se répartissent entre ces deux formats, à l'exception d'une feuille sans marque principale, mais ayant seulement le patronyme, dont les dimensions sont 51 x 39 cm.

V.3. Quelques propositions

Nous avons, dans toute cette première partie relative au marquage, uniquement des filigranes dont nous avons pu penser qu'ils ne donnaient lieu à aucune ambiguïté concernant l'attribution à une famille. Il en est d'autres, généralement beaucoup

78. *Le Mois Saint ou Œuvres sanctifiées par les jours du mois par un vicaire de l'Evêché de Rennes faisant ses adieux à son peuple*, de l'Imprimerie J.M. Vatar, 1815.

plus anciens (XVIe et surtout XVIIe siècles), dont les affectations ne peuvent qu'être basées sur des hypothèses. Nous écartons tout d'abord la grande quantité de filigranes relevés qui ne sont associés à aucun monogramme, et qui peuvent avoir été produits dans toute autre région que la Bretagne (flèches croisées, main, pots divers, etc.). Notre objectif ne consiste pas à présenter un catalogue des motifs utilisés en Bretagne qui correspondent à des marques décrites ou non par nos prédécesseurs en ce domaine. Restent de très nombreux exemplaires associés à une contre-marque, généralement une ou plusieurs lettres ; nous avons tenté d'en attribuer quelques-uns à des papetiers dont nous avons établi le lieu d'activité, sur la base des lieu et date d'utilisation des papiers correspondants. Le premier d'entre eux est **Marguerin Durant(d)**, papetier au moulin d'Ardenne en Tremblay, pour lequel nous avons noté une période minimum d'activité de 1642 à 1667, la dernière date correspondant à son décès. Au bas de la convention entre ce papetier et Claude Morin Fermier de la *« traicte morte de la Chastelainye d'Antrain et Bazouge »* citée au chapitre III (moulin d'Ardenne), nous constatons que Marguerin Durant signe très bien. Le plano est de dimensions 42 x 32,5 cm avec d = 19 à 22 et v = 12, de papier clair, assez épais et à chaînes très fines ; le filigrane est un lys surmontant un écu, ce dernier porteur des initiales M D sur un bandeau (n° 87). Nous supposons donc que cette convention a dû être écrite par Durant sur son propre papier. De cette date jusqu'aux années 1663 nous avons noté chez divers notaires d'Antrain et dans des actes de la juridiction de St-Brice-en-Cogles plusieurs pots renfermant les initiales M/DV (n° 88), M D ou M/DR, ce qui nous conforte dans l'idée que ces papiers ont été fabriqués au moulin d'Ardenne voisin. En 1661, même type de pot (filigrane partiellement dégradé donc non relevé) porteur dans le bandeau des lettres G/DV qui correspondraient à **Guillaume Durand**, également maître-papetier fils de Marguerin, qui s'établit peu après (1666) au moulin de la Verrerye en Cogles. De 1665 à 1674, nous relevons chez les notaires de la région immédiate et même dans les actes de la juridiction de Saint-Malo de nombreux documents porteurs du filigrane représenté au n° 89 ; il renferme clairement les lettres G D sous un monogramme complexe qui associe les lettres A et B. Ce filigrane présente une variante à partir des années 1670, en ce sens que si les deux lettres G D subsistent, le monogramme A B complexe disparaît au profit d'une fleur de lys. Guillaume Durand étant décédé en 1679 et les notaires utilisant le papier de Formule à partir de 1674, il est logique de constater l'absence de ce filigrane dans les documents ultérieurs. De nombreux Durand papetiers ont été répertoriés dès le XVIIe siècle, notamment en Normandie, pour lesquels Gaudriault reproduit trois filigranes ; Marguerin et Guillaume, qui ne sont pas cités par cet auteur, faisaient-ils partie de la même famille ? Aucun élément ne nous permet de fournir de réponse.

Un autre papetier nous semble pouvoir être identifiable par ses filigranes ; il s'agit de **Jean Gallouin** beau-frère de Marguerin Durand. Nous savons qu'il exerçait au moulin de Roche-qui-brut en Tremblay ; or nous retrouvons toute une série de pots à partir de 1631 porteurs du monogramme I G associé parfois à une date et à un cœur (1631 ou 1639 pour le n° 90) aussi bien dans les sentences des Juridictions de St-Brice et de St-Malo que dans les minutes de Jacques Anger, notaire royal d'Antrain. De plus, le pot a toujours en contre-marque le symbole du serpent qui, au moins au XVe siècle selon Briquet, caractérisait un papier *« à la serpente »* de belle qualité. En fait, le serpent représenté sous la forme d'un simple trait formant des boucles a été décrit par Gaudriault (n° 989 et 990) dans des papiers utilisés en Morbihan à la même époque que celle qui nous occupe. Est-ce une production du même papetier ? En l'absence de monogramme associé dans les exemplaires décrits par Gaudriault, nous ne pouvons conclure. Il est par contre intéressant de comparer le pot n° 88 de Durand papetier d'Ardenne et le n° 91, supposé de Gallouin, papetier de Roche-qui-brut, car leur réalisation à la même période suggère que le formaire leur était probablement commun. Un pot analogue relevé en 1651 dans un papier du même notaire, mais pour lequel le croissant est remplacé par une fleur de lys et le monogramme I G remplacé par I G G, laisse penser, s'il s'agit toujours de Gallouin, qu'un fils (Guillaume ? Gille ?) était peut-être associé à son père. L'histoire du moulin de Roche-qui-brut présente un trou important pour la seconde moitié du XVIIe siècle, et nous ignorons qui a succédé à Jean Gallouin. Nous avons certes observé d'autres filigranes porteurs du monogramme I G jusqu'à 1776, mais sans information complémentaire, il nous paraîtrait abusif de les attribuer à cette famille.

V.4. Papiers de la Formule

C'est à l'instigation de Fouquet, au milieu du XVIIe siècle, qu'apparut en France un impôt particulier sur certains papiers ou parchemins. L'Édit du Roi du 20 mars 1655 *« portant établissement d'une marque sur le papier et parchemin pour la validité de tous les actes qui s'expédieront par tout le Royaume »* précise : *« Statuons et ordonnons, voulons et nous plaist, que tous Actes et papiers portant Foy, Obligation ou Acquit, soient écrits en papiers ou parchemins dont chacune feuille sera marquée selon leur valeur et qualité. »* L'opposition rencontrée fit abandonner la mise en application de cet édit ; tous les actes notariés ou des diverses juridictions continuent alors d'être rédigés sur papier libre. Le Trésor a cependant besoin d'argent, et c'est Colbert qui revient à la charge moins de vingt ans plus tard. Un arrêt du Conseil d'Etat du Roy du 22 avril 1673 et la Déclaration du 2 juillet 1673 précisent les conditions dans lesquelles sont tenus de fonctionner les notaires et officiers de justice ; ils doivent se servir de papiers ou parchemins *« marqués en teste d'une Fleur-de-Lys et timbrés de la qualité et substance des Actes avec mention du Droit porté par le Tarif »*. Nous ne reviendrons pas sur les oppositions et révoltes qui suivirent, les ouvrages étant nombreux sur le sujet ; notre objectif n'est pas d'analyser les causes et effets d'une telle réglementation, mais de déterminer comment celle-ci fut appliquée au niveau de la fabrication des papiers impliqués.

Le premier timbre encré apparut en juillet 1673 ; le tarif était effectivement fonction de la qualité de l'acte. La Ferme de la Formule voit donc le jour, et chaque nouveau Fermier doit, au commencement de son bail, faire graver un nouveau timbre pour marquer les papiers et parchemins de chaque Généralité ou Province. Une année plus tard, une modification de la réglementation simplifie le système puisque le tarif appliqué ne devient plus fonction que de la grandeur de la feuille utilisée. Le papier est alors divisé en Grand papier, Moyen papier et Petit papier ou feuille pouvant être divisible en demi-feuille (à deux timbres) ou en quart de feuille (à quatre timbres, ou carteau). Ce système paraît donc simple, mais l'application en est parfois complexe selon l'adjudicataire. Ainsi, le 1er octobre 1697, Thomas Templier est nommé pour six ans Fermier Général des Fermes Unies, succédant à Pierre Pointeau qui avait été nommé en 1691. Pour l'exécution, le Fermier Général rétrocédait ses droits à des sous-fermiers ou commis en fonction de la Généralité ; c'est ainsi que Thomas Templier délègue pour la Bretagne ses droits à Pierre Guyart bourgeois de Paris. Le 2 octobre 1697, Pierre Guyart dépose donc au Greffe du Palais à Rennes plusieurs papiers et parchemins sur lesquels est l'empreinte dont il prétend se servir [79] ; la description mérite d'en être rapportée : « *Scavoir d'une feuille de grand papier marquée dans le Timbre deux sols huit deniers, d'une plus petite aussy marquée deux sols, d'une autre de pareille grandeur dans le Timbre de laquelle est marqué extraordinaire, d'une autre plus moindre marquée au Timbre un sol quatre deniers, d'une demye feuille qui est la moitié en grandeur de la précédente feuille marquée aussy au Timbre dix deniers et d'une feuille de carteaux de huit deniers chacun de mesme grandeur que les deux précédentes marquée de quatre philagrame, d'une feuille de grand parchemin pour servir communément aux nottaires et marquée au Timbre treize sols quatre deniers, une plus petite aussy de parchemin servant ordinairement au greffe de mesme prix, une demye feuille de parchemin qui est la moitié de la précédente vulgairement appelée quart large dont la valleur est de huit sols, un quart de parchemin de pareille valleur moins large et plus long que le précédent, et deux autres quarts aussy de parchemin l'un desquels est plus long et moins large que le précédent et sert ordinairement aux expéditions du sceau, aussy du mesme prix de huit sols, et l'autre est le quart de la première feuille cy dessus et dans le Timbre duquel est marqué six sols huit deniers, qu'on employe au greffe.* »

Les papiers doivent donc être timbrés et inclure un (ou plusieurs) filigrane(s), ce dernier probablement pour éviter les fraudes. Le filigrane constitue donc une marque utilisée par le papetier qui a été adjudicataire pour la fabrication du papier timbré. Il n'est pas toujours identique au timbre, car un même papetier peut rester

79. ADIV C 6224, modèles de papiers timbrés 1697-1707.

adjudicataire pendant de nombreuses années, voir se succéder plusieurs Fermiers Généraux, et donc voir apposer des Timbres encrés différents sur son papier filigrané. Timbres et filigranes de la Formule ont déjà été reproduits, respectivement par Devaux [80] et Cochon [81] ; il n'est pas dans notre propos de les reprendre, mais de préciser chaque fois que possible les papetiers adjudicataires identifiés, soit par leurs patronymes ou monogrammes, soit par les documents qui les citent nommément.

Dans son descriptif des filigranes, réalisé à partir des nombreux documents qui lui avaient été communiqués à Grenoble, lieu de son activité, Cochon a écrit : *« les premiers timbres de 1673 à 1675 furent appliqués sur du papier commun à la fleur de lis, au chapelet, etc. ; ce n'est qu'à partir de 1676 qu'il y eut un filigrane de formule ».* Cette affirmation est partiellement inexacte ; dès novembre 1673, et à de nombreuses reprises jusqu'en 1676, nous relevons dans les actes des notaires un filigrane porteur du nom de la province P(hermine)BRETAGNE écrit en lettres cursives dans un cartouche (n° 92). Pour la vingtaine d'exemplaires identifiés, nous pouvons dégager plusieurs caractéristiques : trois dimensions sont utilisées, dont nous avons représenté la plus grande (longueur 13 cm) et la plus petite (longueur 10 cm) ; l'écriture est très semblable, traduisant une réalisation par le même formaire ; le grand format est unique dans la feuille, placé perpendiculairement aux chaînes alors que les autres formats sont inscrits en deux exemplaires dans les deux moitiés de la feuille, parallèlement aux chaînes et tête bêche, indiquant que la feuille (qui porte également deux timbres encrés) peut être scindée en deux. Ces motifs sont parfois associés à un monogramme. Dernier élément important, ce filigrane de la Province peut se trouver dans une feuille dépourvue d'autre marque, ou au contraire ajouté sur la forme en complément d'une marque préexistante sur cette forme ; c'est ainsi que nous le retrouvons parfois associé à la marque piliers-raisin telle que représentée dans ce même n° 92. Les planos, porteurs uniquement du nom de la province, donc que l'on peut supposer fabriqués spécialement pour la Formule, ont des dimensions voisines 36,5 x 28,5 cm (ou 37,5 x 30 cm) ; de teinte crème, l'épair est généralement clair, ils présentent peu de surépaisseurs au niveau des chaînes et peu d'impuretés dans la pâte. On peut donc dire que ce sont des papiers de bonne qualité. Quels sont les papetiers qui ont pu intervenir au cours de cette période 1673-1676 ? Il est difficile d'apporter une réponse car la contre-marque sous forme de monogramme n'est pas toujours présente. Parmi celles relevées : I L (ou I LOC), I B, P T et M P, une seule peut être attribuée avec une forte probabilité, I B correspondant à Jacques Belliard, papetier du moulin d'Antier, paroisse de Cugand près de Nantes. La raison en sera développée dans la même argumentation que celle correspondant aux papetiers de la période suivante.

80. Devaux A., *Les papiers et parchemins Timbrés de France*, Lille, 1911.

81. Cochon M., *Les filigranes de la Formule*, Bull. Soc. Le Vieux Papier, 1906 et années suivantes.

En 1676 apparaît le filigrane constitué d'un petit médaillon circulaire renfermant une fleur de lys encadrée de deux hermines (celui qui avait été appelé premier filigrane de la Formule) ; trois autres filigranes se succèdent rapidement, fin 1681, 1685, 1686. Nous en traitons simultanément, car les papiers correspondants ont été fabriqués par le même groupe de papetiers des moulins d'Antier. Les monogrammes présents sont tous identifiables ; G B Gabriel Braud, I B Jacques Belliard, P B Pierre Belliard et R G René Guicheteau. À l'exception de I B, ceux que nous avions relevés jusqu'en 1676 ne sont plus présents sauf P T jusqu'en 1681 uniquement. L'identification est rendue possible grâce à une série de reconnaissances d'actes de règlement pour livraison des parchemins et papiers timbrés établis en 1682 par Mr de Vaudricourt, Receveur du Domaine à Nantes [82]. Nous apprenons ainsi que trois parcheminiers nantais étaient fournisseurs de la Formule : René Migron (ou Migeon), Joseph Chochon et Guillaume Cirrode. En ce qui concerne le papier, Gabriel Braud a livré *« 108 rames de petit papier à la filagrame »* (janvier 1682), 100 rames (février) et 232 rames (mars) ; la même année, Jacques Belliard a livré 72 rames (janvier), 171 rames (février) et 132 rames (mars) ; parallèlement, Pierre Belliard a fourni 54 rames (janvier), 284 rames (mars) ; René Guicheteau enfin a livré 144 rames (janvier), 126 rames (février) et 144 rames (mars). Seuls les reçus de ce premier trimestre 1682 figurent au dossier, mais ils indiquent très clairement que les papetiers d'Antier avaient obtenu une des premières adjudications de la Formule, et leurs monogrammes apposés à côté du filigrane officiel (voir P B et filigrane de 1686, n° 93) sont identifiables jusqu'en 1688. Les planos sont de deux formats, 42 x 33 cm et 37 x 25 cm (à 0,5 cm près pour chaque dimension selon le papetier), mais l'épair en est toujours très clair avec de rares impuretés ; la qualité est donc toujours très bonne.

Avec le filigrane de 1689 apparaît une nouvelle série de monogrammes, traduisant ainsi un changement d'adjudicataires. Manifestement, les moulins retenus correspondent en grande partie (sinon exclusivement) à ceux du pays de Fougères. Pas moins de huit papetiers participent, dont trois ont pour notre objectif l'avantage d'écrire leur nom en entier sur la feuille. Le premier correspond à Bertrand Laisné actif au moulin du Guélandry en Lécousse. À côté du filigrane de la Formule, nous trouvons deux types de marques personnelles, soit BLAISNE en cartouche (n° 94), soit B L posé assez indifféremment à cheval ou entre les chaînes ; son papier est de belle qualité, crème clair, présentant peu de surépaisseurs aux chaînes ; les planos font environ 47,5 x 37 cm, avec un écartement entre chaînes assez important et irrégulier (23 à 26 mm) et des vergeures épaisses relativement serrées (v = 10). Bien que Bertrand Laisné ait vécu jusqu'en 1721, nous n'avons retrouvé aucun de ses exemplaires après 1701, ce qui signifie qu'il n'a pas dû être renouvelé personnellement

82. ADIV C 6224, droits sur les papiers et parchemins timbrés.

comme fournisseur du papier timbré. À la même époque, sur plusieurs planos timbrés écrits en 1689, on retrouve le monogramme M L, les deux lettres étant accolées, ce qui suggère que Michel Laisné, fils de Bertrand, travaillait avec son père au moulin du Guélandry. Le second papetier qui inscrit son nom en entier est R GEORGET ; il s'agit fort probablement de René Georget, maître-papetier au moulin de la Galenais en St-Brice-en-Cogles. Son papier est également de belle qualité, fin, d'épair clair et sans impuretés apparentes ; de dimensions 42 x 33 cm, il présente la caractéristique d'avoir de nombreuses vergeures très fines, puisque 12 à 13 par cm. Ce René Georget étant décédé en 1699, il est logique de ne pas retrouver son papier dans les dernières années de la période considérée qui s'étend jusqu'à 1705, année de changement du filigrane de la Formule. Le troisième papetier qui a laissé son nom est JOSSET (n° 95) ; une certaine discussion pourrait avoir lieu dans la mesure où l'auteur du précédent travail sur les filigranes (Cochon) parle du papetier IOPPET. Certes, l'écriture du filigrane pourrait prêter à confusion, mais nous devons rappeler que les formaires de cette époque ont fréquemment fait une erreur dans l'orientation du S, ainsi que nous l'avons mentionné à plusieurs reprises. En outre, nous avons établi qu'une famille Josset s'était alliée par mariage aux Blin et avait engendré plusieurs papetiers à La Bazouge-du-Désert. Ce Josset qui inscrit son nom dans le papier de Formule était-il un des ancêtres de ceux qui furent actifs au XVIIIe siècle ? Nous ne pouvons apporter de réponse affirmative. Les quatre derniers papetiers de cette période ne peuvent être identifiés sur la seule base de leurs monogrammes ; ils correspondent à I R (et parfois I Ro ce qui ferait penser à Jean Roussin marchand papetier de Tremblay), M B, P O et surtout P I. Ce dernier, apparu à partir de 1694, va être le seul parmi les huit papetiers de cette période, à prolonger son bail pour la Formule jusqu'aux environs de 1730 ; on le retrouve en effet dans des actes établis sur papiers porteurs des filigranes de Formule de 1705, 1708, 1712, 1715, et 1726 ! Le papier est de qualité assez belle quoique présentant une coloration beige brunâtre et d'assez fortes surépaisseurs au niveau des chaînes. Un autre papetier a fait un passage éclair comme fournisseur du papier timbré ; il appose son monogramme V D à côté du filigrane de 1705 uniquement, et nous l'avons observé à plusieurs reprises dans des actes rédigés en 1705 et 1706 ; son papier est assez épais, présente un épair un peu flou, des surépaisseurs fortes aux chaînes et quelques impuretés dans la pâte ; nous ne sommes pas en mesure de préciser son nom ni la raison pour laquelle son activité a été de si courte durée.

Avec le filigrane de 1715 apparaissent deux monogrammes, M L et I G. Le premier, écrit avec les lettres liées ou séparées, et parfois en cursives, accompagne également les filigranes de 1726 et 1729 ; nous suggérons qu'il s'agit de nouveau de Michel Laisné, sieur de Longpré, retenu pour fournir le papier timbré depuis le moulin de la Panisselais qu'il venait de faire bâtir. La qualité du papier pourtant commence à se dégrader : brunâtre, un peu épais et rugueux, avec de fortes surépaisseurs aux chaînes et de nombreuses impuretés dans la pâte. Nous ne pouvons préciser jusqu'à quelle date Michel Laisné fut adjudicataire, mais nous verrons sous peu qu'en 1739, c'est son gendre, Charles Jean qui fut à son tour retenu. Quant à I G, que nous retrouvons jusque dans les actes de 1735, parfois avec un cœur comme signe de ponctuation entre les deux lettres, l'analogie avec les nombreux I G observés à cette même période suggère qu'il s'agit de Julien Georget, sieur de la Rivière, lui-même gendre de Michel Laisné. Son papier est cependant de meilleure qualité que celui de son beau-père. Nous aurions pu nous attendre à trouver les noms de ces deux adjudicataires du papier timbré dans le récapitulatif de l'enquête de 1729 ; or il se trouve, ainsi que mentionné dans le chapitre II, que le subdélégué de Fougères a été extrêmement évasif dans sa réponse, ne mentionnant même pas le nom des moulins, mais seulement leur nombre. Nous sommes par contre mieux renseignés par Hardouin, subdélégué de Josselin, qui précise dans sa réponse [83] : *« Deux moulins à papier à la Villejegu dans la paroisse de Brehand Loudeac, Evesché de St Brieuc [...] l'un appartient en fond à Perrinne Cheret veuve feu Pierre Le Goupil [...], l'autre appartient à differans particuliers dont Yves Le Goupil est fermier qui m'a représenté un traitté fait avec les fermiers de la Formule le 13 décembre dernier dont la denominaon est de 16 deniers [...] mais comme le moulin n'etoit pas en etat il a fabriqué du papier de doublage [...] et il doit commencer sous 15 jours à travailler au papier timbré pour effectuer son marché.* » De fait, nous observons à partir du filigrane de 1729 le monogramme Y L G, les deux premières lettres étant fusionnées en une seule, et ceci jusqu'au filigrane de 1739 inclus.

À partir de 1739 (Julien Georget vient de décéder et Michel Laisné n'exerce plus), changement d'adjudicataires. S'il y a toujours Yves Le Goupil, chargé de fournir à François Anisse, sous-fermier de la Formule, 400 rames de moyen papier à 2 sols et 800 rames de petit papier à 1 sol 4 deniers pour les années 1739 et 1740, son collègue Jean Huet au moulin de Brehand doit fournir 800 rames de petit papier à 1 sol 8 deniers et 1200 rames de quatre timbres pour ces mêmes années. En outre, les remplaçants de Georget et Laisné sont Charles Jean du moulin du Guélandry en Lécousse et Louis Roussin (en fait Jean-Louis Roussin, sieur de la Croix) des Grands Moulins en Vieux-Vy ; le premier fournira 600 rames de moyen à 2 sols et 800 rames de petit à 1 sol 4 deniers ; le second fournira 400 rames de moyen et 600 rames de petit [84]. Nous n'avons retrouvé aucun acte porteur du monogramme I H, et nous ne pouvons donc préciser la qualité du papier de Jean Huet, ni même s'il a honoré son contrat. Par contre les C cœur IEAN abondent, et ceci jusqu'au filigrane de 1756 inclus. Comme nous l'avons rapporté plus haut, si son papier libre était de qualité acceptable, ce papetier a véritablement dégradé la qualité du papier de

83. ADIV C 1503, lettre du 14 mars 1729.
84. ADIV C 1504, Intendance, Industrie.

la Formule ; il en fut cependant un fournisseur important pendant plus de 20 ans ! Le papier de Roussin (qui appose son monogramme J L R) était à peine de meilleure qualité : également un peu brunâtre, de fortes surépaisseurs aux chaînes et surtout de nombreuses impuretés (type pailles et grumeaux) dans la pâte. Ce papetier n'a pas eu le temps de respecter longtemps son contrat puisqu'il est décédé en 1740, mais la fourniture du papier timbré a été poursuivie pendant quelques années par son gendre Jean Corbé qui fait alors figurer son patronyme en entier.

La qualité est de plus en plus déplorable. À un point tel que la Société d'Agriculture de Commerce et des Arts établie par les Etats de Bretagne présenta « *quelques doléances aux Etats sur la mauvaise qualité du papier timbré qu'un moulin des environs de Fougères fournissait à toute la Province ; ce papier, plus défectueux que celui qui était employé dans les généralités voisines de Caen et de Tours, disposait les consommateurs à se contenter de mauvaise marchandise* [85] ». Dès lors, ce sont les Etats de Bretagne qui se chargent, dès 1762, de soumettre la fabrication du papier timbré à des papetiers situés en ou hors Bretagne. C'est la raison pour laquelle nous trouvons les noms de C BLANCHARD EN POITOU (ou parfois EN MARCHE) et de C BVREAV POITOU. Leur papier est de belle qualité, très clair, et l'épair présente très peu de surépaisseurs aux chaînes et une quantité d'impuretés très faible. À côté de ces papetiers extérieurs à la Province, nous retrouvons cependant un I GEORGET (et parfois I G), l'initiale du prénom étant séparée du nom par un losange en guise de ponctuation ; il s'agit cette fois de Jean Georget, sieur de la Rivière, actif au moulin du Guélandry, ainsi que le précise l'inspecteur des Manufactures dans son récapitulatif à l'enquête de 1776. Son papier, quoique plus coloré que celui des deux papetiers précédents, est cependant d'assez belle qualité et présente peu d'impuretés bien que l'épair soit assez flou. Le dernier monogramme associé aux filigranes de la Formule de 1762, mais surtout de 1772 est un G M, les lettres étant séparées par un cœur ; le papier est au début de la période de qualité acceptable, mais qui va en se dégradant vers la fin. S'agit-il de l'un des Gilles Morel de Vieux-Vy, de Gilles (Le) Mardelé du Pont-aux-asnes ou plutôt de Michel Guérin du moulin de Lange ? Aucun document ne nous permet de trancher. Nous n'avons pas relevé de nom associé au dernier filigrane de la Formule sous l'ancien régime (celui de 1781), et pourtant nous avons noté que Pierre Roussin du moulin d'Ardenne en était l'un des adjudicataires. Notre recherche sur le papier timbré s'est arrêtée à ce niveau. Bourde de la Rogerie signale que l'adjudicataire du papier timbré pendant la Révolution et l'Empire fut le citoyen Georget, que Kemener précise être Julien François Georget qui exploitait le moulin de Combout, près de Quimperlé. Nous avons déjà fait allusion à ce papetier lors de l'étude de la famille correspondante.

85. Bourde de la Rogerie, H., *op. cit.*, p. 39.

Conclusions

Nous avons passé en revue un groupe de moulins à papier actifs en pays de Fougères entre le XVIe et le début du XIXe siècles. Compte tenu que certains, identifiés seulement par leur nom de lieu, comprenaient deux (Gobtière, Brais, Pont de Vieux-Vy) ou trois (Guélandry) roues, c'est un ensemble de 34 moulins que nous avons recensés. À ceux décrits par nos prédécesseurs (Bourde de la Rogerie, Kemener), nous avons ainsi ajouté plusieurs moulins dont l'activité avait cessé dès la fin du XVIIe siècle : Forêt de Glenne, Verrerye, Hellandière, Fieffe Faudet, Guémorin, et précisé les origines de plusieurs autres : Gobtière, Lange, Beliard, Brimblin 2, Seigneur. La durée de vie estimée d'un moulin étant généralement de plus d'un siècle, nous en déduisons que ceux de la première série auraient été établis dès le XVIe siècle. Ainsi, le moulin d'Orange classiquement décrit comme le premier moulin construit en Vieux-Vy dès le XVe siècle a-t-il assez rapidement été suivi de plusieurs autres, mais c'est surtout leur foisonnement à partir du XVIIe siècle qui est retenu par les divers auteurs. Nos recherches sont globalement en accord avec les enquêtes de 1729 et 1776, et partiellement en désaccord avec les données de Bertin et Maupillé ; ces auteurs – dont l'objectif ne consistait pas à décrire précisément les moulins à papier mais à mentionner ceux-ci comme une activité de production parmi d'autres – indiquent pour l'année 1730 un ensemble de vingt-sept moulins dans le seul arrondissement de Fougères qui ne comprenait pas, rappelons-le, les paroisses de Vieux-Vy et Sens. Comme Bertin et Maupillé ne citent pas leurs sources, nous ne connaissons pas les documents sur lesquels ils appuyaient leur affirmation. Ils rapportent six moulins sur la Minette, ce qui pourrait correspondre à ceux que nous avons décrits pour la Sourde en St-Christophe-de-Valains et Chauvigné. Ils en mentionnent seize sur l'ensemble Bignette et Nançon, qui devraient correspondre à ceux de

La Bazouge-du-Désert, Lécousse et Fougères ; or le subdélégué de Fougères en relève neuf alors que nous en décrivons onze en fonctionnement en 1730. La discussion est de même nature pour les moulins à papier établis sur la Loisance dont les auteurs précisent qu'ils étaient au nombre de cinq ; en accord avec le subdélégué d'Antrain, nous en avons décrit trois, plus les deux qui avaient disparu à la fin du XVIIe siècle. Bertin et Maupillé avaient-ils ajouté aux moulins en fonctionnement ceux dont nous rapportons la cessation d'activité avant les années 1700 ainsi que ceux qui ont pu apparaître plus tardivement ou subir des transformations au cours du XVIIIe siècle ? Nous ne pouvons fournir de réponse. Certes, notre étude ne peut prétendre à être exhaustive et nous avons bien conscience que certains moulins à papier à faible durée d'activité ont pu échapper à nos investigations.

La région de Fougères, grâce à la qualité sinon à la régularité de ses eaux, était donc un lieu privilégié d'installation des moulins à papier. Est-ce la raison pour laquelle les implantations réalisées aux environs immédiats de Rennes ou de Vitré n'ont pas eu de suite ? Ou est-ce dû à un manque d'intérêt de la part des propriétaires ? Ou encore à un manque de compétence des papetiers exploitants ? Toujours est-il que le subdélégué de Plélan répond à l'enquête de 1729 : *« il n'y a pas dans le dept de ma subdélégation de moulin à papier, qu'un dans la paroisse de Painpon qui est en ruine et qui depuis près de 30 années ne roulle plus »* ; ce moulin a donc fonctionné jusqu'à la fin du XVIIe siècle. D'autres ont produit du papier sans doute beaucoup plus tôt, mais aucune trace n'en apparaît dans cette même enquête. Il en serait ainsi pour celui de Hédé dont Banéat précise : *« Au sud du château était le moulin Foulleret qui servait de moulin à papier au XVe et au XVIe siècles et est devenu en 1601 un moulin à fouler le drap »*. De même, dans une compilation de documents inédits concernant la baronnie de Vitré, Etasse signale un aveu du 18 février 1667 qui indique : *« Anciennement il y avait aux Rochers des moulins à papier* [1]*»*. Nous avons effectivement retrouvé trace de cette activité dans un document écrit plus d'un siècle avant cet aveu qui fait état de réparations du *« petit mollin a papier des Rochers* [2]*»*. Nous en déduisons que ce moulin était donc en fonctionnement dès le début du XVIe siècle. Une étude approfondie des moulins à papier dans cette région de Haute Bretagne, qui allait devenir le département d'Ille-et-Vilaine, devrait donc s'orienter vers ces derniers.

Tous les moulins étudiés sont-ils construits sur le même modèle ? Pas absolument, car si la majorité possède une roue extérieure, quelques-uns ont une roue intérieure ; les bâtiments ont donc une structure différente, même si l'agencement du moulin est du même type, à cause de la batterie de piles d'une part et la pièce de l'ouvreur en continuité d'autre part, ainsi que les séchoirs qui sont fréquemment à l'étage. La maison où le papetier vit avec sa famille peut être accolée au moulin proprement

1. Etasse, A., Bull. Soc. Archeol. Ille-et-Vilaine, XLII/2, 1913, p. 128.

2. ADIV G, St Martin de Vitré, liasse 18, 19 novembre 1548.

dit ou séparée. Nous ne nous attarderons pas sur les dispositions relatives des immeubles, nous en tenant strictement à la partie fabrication du papier. Le nombre de piles n'est pas constant. S'il y a majoritairement quatre piles à maillets ferrés, certains moulins en possèdent seulement trois, d'autres, en revanche, fonctionnent avec cinq, voire six piles installées lors de transformations. En outre, le nombre de maillets par pile est également variable. Si l'enquête de 1776 précise le nombre de piles, elle ne fait pas, bien évidemment, référence aux maillets. L'encyclopédie Diderot et d'Alembert représente une batterie dans laquelle chaque pile comprend quatre maillets. Tout en reprenant le même schéma, Kemener précise, dans son ouvrage sur les moulins à papier de Bretagne, qu'il y a trois maillets par pile. Il ne semble pas, en fait, que le nombre des maillets suive une règle précise, étant probablement surtout fonction du volume de la pile. Nous avons vu au cours de notre étude qu'il y avait trois ou quatre maillets par pile selon le moulin. Y avait-il une construction variable selon l'origine du charpentier ? C'est fort probable dans la mesure où l'on pouvait faire venir des charpentiers de Normandie pour réaliser la batterie de piles, et que leur conception n'était pas nécessairement la même que celle des charpentiers locaux. C'est plutôt la destination de chaque pile qui pose problème. Les divers ouvrages dévolus au papier mentionnent trois types de piles : les défileuses pour effectuer un défibrage grossier, les raffineuses pour produire des fibres plus fines, et enfin la pile à affleurer – dans laquelle les maillets ne sont pas munis de clous – destinée à rendre la pâte homogène avant de passer dans la cuve à ouvrer. La suspension de fibres est censée passer d'une pile à l'autre. Dans tous les partages après décès examinés, la pile à affleurer reste à usage commun, ce qui est logique, mais toutes les autres sont éclatées entre les héritiers (ou acheteurs en cas de vente). Il n'est jamais fait état d'une spécificité des piles à maillets ferrés. Est-ce à dire que dans ces moulins familiaux chaque participant n'utilisait que sa propre pile (appelée pile à drapeaux) pour le défibrage avant d'affiner son produit directement dans la pile à affleurer ? Cela expliquerait peut-être l'assez mauvaise qualité du produit fini, voire la simple production de papier d'emballage ou carton qui, réalisée à partir de matière première très grossière, ne nécessitait pas un affinage important. Cette observation ne vaut pas évidemment pour les moulins affermés à des maîtres-papetiers qui disposaient de la batterie complète de leur moulin, et qui ont produit des papiers pour écrire ou imprimer de meilleure qualité.

La qualité du papier fabriqué dans cette partie de la Bretagne a progressivement décliné entre les XVIe et XIXe siècles. On peut en juger non seulement par simple observation de la feuille, plus ou moins colorée, mais également par transparence. L'épair peut être clair ou flou, présenter divers types d'impuretés dans la pâte telles que des petites pailles brunes ou des grumeaux traduisant une pâte inhomogène et mal affinée. Cette observation par transparence permet également de voir si la forme était encore en bon état ou très usée, avec des chaînettes bien tendues et parallèles ou au contraire d'écartement variable en fonction de la position où l'on mesure cette distance inter-chaînes ; on peut également apprécier cette usure par examen du filigrane qui peut être intact ou très dégradé, avec parfois des fractions manquantes. Bien évidemment la qualité dépend du savoir-faire du papetier, tant de l'ouvreur qui doit savoir bien répartir sa pâte sur la forme pour que la feuille soit homogène et présenter un minimum de surépaisseurs au niveau des chaînettes (accumulation de pâte), que du saleran qui doit réussir un encollage correct du papier afin qu'il n'agisse pas comme un buvard vis-à-vis de l'encre. Mais cette qualité dépend aussi de l'environnement de travail. Nous avons noté dans plusieurs actes que les planchers des étendeurs situés au dessus de l'ouvreux sont constitués de planches mal jointes, et qu'il tombe parfois des ordures dans la cuve. Comment pourrait-on obtenir un papier de qualité dans un moulin mal entretenu ? Les copropriétaires des moulins familiaux n'avaient que peu de moyens ; manifestement, une fois les rentes seigneuriales réglées, il ne leur restait que des revenus très modestes de leur travail de papetier ; ce ne sont pas eux qui se sont enrichis. On aurait pu s'attendre, en revanche, à ce que les seigneurs propriétaires aient à cœur d'entretenir leur patrimoine ; manifestement, un moulin à papier ne rapportait que peu de chose par rapport à un moulin à grain (une rente et quelques rames de papier pour leur usage personnel), et si les propriétaires se sentaient engagés vis-à-vis de leurs fermiers pour maintenir l'outil de travail à peu près en état, ils se désintéressaient de l'immobilier et des conditions de vie de ces fermiers, d'où la dégradation progressive des moulins à papier.

Lorsque l'on analyse les documents relatifs aux hommes et aux femmes actifs dans la profession, c'est-à-dire ceux dont la fonction principale était de fabriquer du papier, il apparaît que deux familles ont constitué des carrefours importants de papetiers. La plus ancienne est incontestablement la famille Fouillard présente dans la région de La Bazouge-du-Désert dès la fin du XVIe siècle ; la seconde est la famille Georget qui semble n'être arrivée dans cette région qu'au milieu du XVIIe siècle. Bien qu'il ne paraît pas y avoir eu de lien par mariage entre membres de ces deux familles (tout au moins en ce qui concerne ceux ayant exercé une activité papetière), ceux-ci se sont très rapidement retrouvés parents de façon indirecte grâce aux liens tissés avec d'autres familles arrivées plus tardivement du Maine et de Normandie, notamment Blin, Roussin, Laisné, Hamon et Mardelé. Le mouvement s'est poursuivi à la fin du XVIIIe siècle avec la venue des Hus et Levannier ; le schéma qui suit met en évidence ces relations. Il est cependant hautement probable que certains membres des familles qui sont intervenues en pays de Fougères ont dû migrer plus avant en Bretagne où les moulins à papier étaient en grand nombre ; nous l'avons évoqué avec les Chatel, Guesdon, Georget en nous référant aux papetiers cités dans les précédents ouvrages. Thomas parle même "d'invasion pacifique" de la Basse-Bretagne par les papetiers normands ; une étude ultérieure devrait tenter d'approfondir les liens entre ces différentes branches.

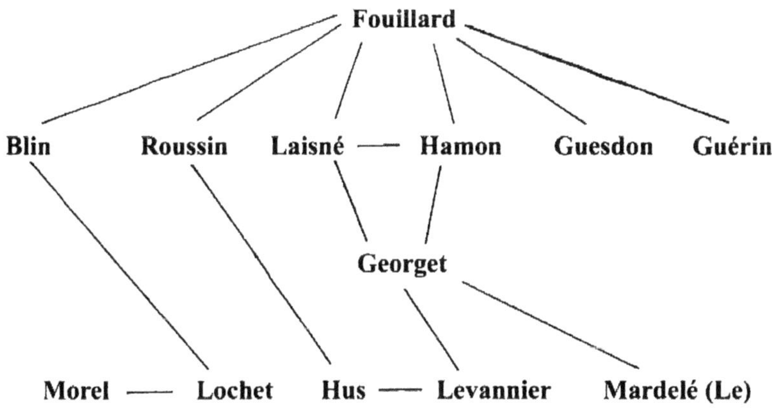

MARIAGES ENTRE PAPETIERS

Qu'en est-il de la situation sociale de ces papetiers ? Les affirmations de l'inspecteur des Manufactures inscrites dans le récapitulatif de 1776 doivent être sérieusement revues : « *Ces fabricans ne savent pas assez lire pour tenir des livres... ils sont tous assez aisés.* » Dès le XVIIe siècle, on constate que nombre de maîtres-papetiers ont de l'instruction, surtout ceux qui prennent des moulins seigneuriaux à ferme ; probablement ont-ils la double compétence de fabricant et de marchand, ce qui fait qu'ils savent à la fois lire, écrire, comme en témoigne leur signature aisée – voire élégante –, et compter. Certains d'entre-eux sont de véritables hommes (et femmes) d'affaires, capables de rentabiliser leur outil de production, mais aussi d'acheter ou louer des domaines, avec ou sans moulins, qu'ils sous-afferment à des paysans et autres papetiers. Il faut aussi reconnaître que la majorité des papetiers dans les petits moulins familiaux n'ont pas ce degré d'instruction, et que les actes des notaires dans lesquels ils sont impliqués traduisent qu'ils ne savent pas signer, qu'ils doivent « *à leur requête* » faire signer parents, amis ou autres relations ; nous avons alors noté, lors des successions ou des déclarations de propriété, combien ils se sont peu enrichis par cette activité papetière.

Une des originalités de notre travail a consisté à s'appuyer sur la diffusion locale des papiers, conjointement aux périodes d'activité des papetiers, pour identifier des monogrammes, préciser certains patronymes, et ainsi caractériser les moulins dans lesquels ces papiers étaient produits. Fort heureusement pour notre recherche, les divers bureaux d'enregistrement s'approvisionnaient localement ; les notaires faisaient de même au moins jusqu'à l'obligation d'utiliser du papier timbré, ce dernier pouvant alors provenir d'autres groupes de moulins bretons. De plus, et contrairement à des particuliers qui peuvent conserver des feuilles pendant des années, ces bureaux et notaires devaient se réapprovisionner régulièrement, ce qui est clairement démontré par les marques successives relevées dans des séries de registres établies sur quelques décennies. Si quatre des filigranes que nous décrivons avaient déjà été rapportés par Gaudriault, cet auteur n'avait pu en préciser la paternité. Nous en avons rapporté ici une petite centaine qui peuvent être attribués, même si quelques uns relèvent d'une interprétation qui mériterait confirmation. La comparaison de certains motifs nous a également permis de déduire qu'un formaire, probablement membre d'une famille de papetiers, pouvait intervenir pour des maîtres-papetiers de moulins voisins. L'examen des filigranes des papiers utilisés pour les actes des notaires a révélé l'existence d'un motif dédié exclusivement à la Bretagne dès la première année d'application du règlement sur le papier timbré, c'est-à-dire dès 1673, et la participation à ce moment des moulins de la région nantaise. Plusieurs adjudicataires pour le papier de la Formule ont ainsi été identifiés au cours du siècle suivant, notamment ceux actifs dans le Pays de Fougères, objet de notre étude. Nous sommes donc, sur ce point, en désaccord avec Renault qui extrapole et affirme [3] que « *les produits de la fabrication fougeraise étaient [...] assez réputés pour que soit accordé à la région fougeraise le privilège de la fourniture du papier timbré lors de sa création en Bretagne en 1675* », mais en accord avec Bertin et Maupillé [4] qui rapportent que la papeterie dans l'arrondissement de Fougères « *jouit pendant longtemps du privilège exclusif de fabriquer le papier timbré de Bretagne* ».

3. Renault G., *op. cit.*, p. 86.
4. Bertin A. et Maupillé L., *op. cit.*, p. 162.

Annexes

1. Tableaux synoptiques des moulins à papier

2. Liste alphabétique des papetiers et marchands

3. Planches de filigranes et signatures des papetiers

ANNEXE 1

Tableaux synoptiques des moulins à papier

Pour faciliter l'accès, les tableaux sont classés par ordre alphabétique et non selon l'ordre dans lequel ils apparaissent dans les chapitres II et III. Compte tenu du peu de renseignements dont nous disposions, deux moulins du chapitre III n'ont pas été décrits sous forme de tableaux : ceux d'Orange et du Gué-Morin.

Les dates de la première colonne correspondent à des actes cités dans le texte, soit du moulin (chapitre II ou III), soit de la famille (chapitre IV). Lorsque deux noms sont séparés par une barre (/), il s'agit du couple. Pour les apprentis mentionnés dans la dernière colonne, les contrats sont décrits dans le chapitre I.

Moulin d'Ardenne

Année(s)	Exploitant principal	Autre exploitant	Particularités
1641	Marguerin Durand *fermier*	Guillaume et Jacques Durand	Jacques de la Cornillère *propriétaire*
1666	Marguerin Durand		
1711	Robert Chatel *fermier*		Louis François de la Cornillère *propriétaire*
1717	Jean-Louis Roussin *fermier*		PV état du moulin
1719			Pierre Gallon *apprenti*
1725	Alexandre Boulmer *fermier*	Jeanne Levazeux veuve Boulmer fils	PV état du moulin
1727			François Ory *apprenti*
1729			Julien Noury *apprenti*
1731-1749	Alexandre Boulmer	Jeanne Levazeux	Louis Roussin puis Georges Roussin *apprentis*
1750-1766	Jeanne Levazeux *fermière*		
1771	Pierre Roussin *fermier*		
1783	Marguerite Mahot veuve Pierre Roussin	François Hus / Marie-Anne Roussin	Alexandre Marie Picquet *propriétaire*
1787			Afféagement du moulin pour François Hus
1795			Julien Tirel *apprenti*
1798		René Seigneur	
1802	François Hus fils / Henriette Depasse *fermiers*		François Hus / Marie-Anne Roussin *propriétaires*
1819	François Hus fils		François Hus / Henriette Depasse *propriétaires*
1822		Michelle Lemée *papetière*	
1833	Henriette Depasse		Henriette Depasse *propriétaire*
1834		Marie-Anne Hus, Toussaint Barbe	
1844		Louise Hus *papetière*	
1858			Destruction du moulin

Moulin des Batailles

Année(s)	Exploitant principal	Autre exploitant	Particularités
1540			Cité par Pautrel
1693	Veuve et héritiers Drouet *propriétaires*		
1732			Reconstruction du moulin ?
1750		Louis Guénard	
1776	Jean Georget fils		
1785		Denis Peigné	
1788	Jean Georget	Mathurin Guérin, Jean Moreau, Jean Coutard	
An II	Jean-François Georget		
1834	Julien Roussin		Augustin Blin *propriétaire*

Moulin de la Bécassière

Année(s)	Exploitant principal	Autre exploitant	Particularités
1734	Michel Laisné fils *fermier*		Michel Laisné *propriétaire*
1737	Thomas Fouillard *copropriétaire*		
1745	Germain Morcel *fermier*	Pierre Morcel	
1751	Renée Laizé veuve Julien Fouillard *propriétaire*	Thomas Fouillard *copropriétaire*, Louis Cournée *fermier*	
1768	Pierre Fouillard *copropriétaire*		Dégâts par inondation
1768-1778	Jean-Baptiste Guérin / Thérèse Fouillard *copropriétaires*		
1781		Jean Mancel	
1792	Pierre Blin / Anne Deschamps		
1793	Pierre Blin	Mathurin Gérard / Jeanne Guillard, Charles Gorgut	
An II		Catherine et Jeanne Blin *domestiques papetières*	
An IV		Jean Gouault	
1814-1822	Pierre Blin et Jean Blin	Pierre Gesbert *compagnon*	
1835	Anne Deschamps veuve Blin		
1843	Jean-Baptiste Blin		
1870			Démolition partielle
1874	Jean-Baptiste Blin		Construction nouvelle
1882			Vente du moulin

Moulin de Béliard

Année(s)	Exploitant principal	Autre exploitant	Particularités
< 1785			Moulin à foulon
1785-1787	Michel-François Levannier / Jeanne Georget *propriétaires*		Construction suite afféagement par Charles de la Belinaye
An IV		Christophe Fougerai	
An VII		François Levannier	
An XI		Anne Béranger	
An XII	Michel-Anne Levannier / Révérende Hus	Jean Moulin *compagnon*	
An XIV		Luc Chatel et Jean Moulin *compagnons*	
1812	Miche-Anne Levannier / Révérende Hus		
1826		Félicité Hus, Marie-Jeanne Le Chartier, Toussaint Hus, Victor Hus, Jean-Marie Hus	
1827	Louise Levannier veuve Gaillard *propriétaire*		
1845			Veuve Hue (Hus) *propriétaire*

Moulin de Brais

Année(s)	Exploitant principal	Autre exploitant	Particularités
< 1675			Julien Morel *propriétaire*
1675	Mathurin Morel *copropriétaire*	Guillaume Morel, Pierre Lochet	Héritiers Morel *propriétaires*
1710	Mathurin Morel	Vincent Lochet	
1717	Guillaume Morel		Moulin à deux roues
1733		Julien Guingouin	
1753	Gilles et Pierre Morel, François Lochet et autre François Lochet	Jean et Julien Lochet, Julien Guingouin, Charles Fougerai	Tous afféagistes du moulin
1766		Christophe Fougerai	
1772	Denis Morel, Christophe et Anne Lochet *copropriétaires*	Noël Guingouin, Christophe Fougerai *copropriétaires*, Pierre Pilou et Pierre Morel *locataires*	
1780	Madeleine Lochet, Gilles et Marie Morel		
1786		Noël Guingouin, Charles et Christophe Fougerai	
1788		Pierre Guingouin	
1790-an III		Julien Damy	
1817-1819		Noël Guingouin	
1825		Michel Pépin, Anne Legrand, Guillaume Denis et Jean Boyer	
> 1831		François Briand *et acquéreurs*	Démolition partielle en 1855
> 1831	Héritiers Gilles Morel *et acquéreurs*		Démolition de 1864 à 1867

Moulins de Brinblin

Année(s)	***Brimblin 1*** **(*La Sourde en Chauvigné*)**	***Brimblin 2***	**Particularités**
< 1714			Marquise de Coesquen *propriétaire* des moulins
1721-1727	Denis Chatel / Julienne Houitte *fermiers*	Moulin à blé	Louis Le Roy *propriétaire*
1742			Héritiers de Louis Le Roy *propriétaires*
1753	Joseph Gardais / Françoise Josset *fermiers*		
1782	Julien et Mathurin Gérard *fermiers*		Anne Anger *acquéreure*
1784-an VI	Michel Morcel	Pierre Ange *meunier*	Afféagement pour Michel Morcel
An VI-1824	Jean Morel, Guyonne Morel / Pierre Fleury		Cession à Jean Morel
1823-1824		Transformation en moulin à papier	Pichot Champfleury *propriétaire* de Brimblin 2
1824-1842	Pierre Fleury / Guyonne Morel		
1843			Démolition partielle de Brimblin 1
1875			Démolition de Brimblin 2

Moulin du Chemin

Année(s)	Exploitant principal	Autre exploitant	Particularités
< 1741	Pierre Lonfier		
1741	François Lochet *copropriétaire*		
1753	Pierre Toutan / Jacquette Lochet *copropriétaires*	Jean et François Lochet *copropriétaires*	
1771	Mathurin Toutan *propriétaire*		
An VII		Anne Lochet	
1828	Pierre Toutan		Moulin en masure

Moulin de la Forêt de Glenne

Année(s)	Exploitant principal	Autre exploitant	Particularités
1608-1609			Aveu citant le moulin
1631	Michel Fouillard / Perrine Lebreton *propriétaires*		
1637		Vincent Le Chartier / Marie Hamon	
1637-1638		Thomas Legorgeu / Marguerite Pion *fermiers*	
1641	Michel Fouillard / Perrine Lebreton		
1645-1646	François Fouillard / Julienne Catouillet		
1652	Antoine Fouillard / Aliénor Dufour		
1661		Patrice Fouillard / Marguerite Hamon	
1664	Antoine Fouillard / Aliénor Dufour		
1668		François Gaumerays / Gillette Fouillard	
1672		François Boibin-Buchoux / Jeanne Fouillard	
1676	François Fouillard / Françoise Gresel		
1738			Moulin à tan

Moulin de la Frenais (Fresnaye)

Année(s)	Exploitant principal	Autre exploitant	Particularités
1644-1649	Pierre Vaullegeart / Marguerite de Bellefontaine *fermiers*		
1659-1660	Richard Georget / Catherine Delaunay		
1690	Jean Fouillard Maisonneuve *propriétaire*		
1700		Pierre Legalloys / Marie Gobard	Bail pour 4 ans
1704	Jean Fouillard Maisonneuve / Madeleine Durand		
1720-1732	Julien Fouillard / Renée Guilloux	Thomas Fouillard / Anne Blanchet	
1736	Thomas Fouillard *locataire*	Michel Laisné	Bail par Julien Fouillard fils
1737	François Fouillard *locataire*		Guillaume Fouillard *apprenti*
1751	Marie-Madeleine Rouxel veuve Julien Laisné *copropriétaire*		moulin déclaré non affermé
1757	Michel Tricar *locataire*		PV état du moulin
1765			Fin probable d'activité

Moulin de la Galenais

Année(s)	Exploitant principal	Autre exploitant	Particularités
1677	René Georget / Angélique Legorgeu		Jacques de Farcy *propriétaire*
1685-1699	René Georget *fermier*		Toussaint de Farcy *propriétaire*
1706	Jean Roussin *fermier*		PV état du moulin
1708	Jean Roussin	Yves Pain / Anne Roussin	PV état des maisons et moulin
1712		Julien Farcy *compagnon*	
1717	Alexandre Boulmer *fermier*		Demoiselles de Farcy *propriétaires*
1726		Michel Dupré *compagnon*	
1729		Michel et François Hamon *journaliers*	
1737	François Hamon *fermier*		
1747	Jean Georget		
1756		Jean-Baptiste Marie *ouvrier*	
1759	Jean Georget / Gillette Simon *fermiers*		Faillite Georget
1759-1765	Joseph Greslé *fermier*		Claude de Farcy *propriétaire*
1766-1775	Michel Tricar / Geneviève Morcel *fermiers*		
1775-1784	Michel Tricar	Joseph Roussin, Jean Saucet	
1784-an VII	Jean-François Hus / Louise Fouqué	Jean Damy, Geneviève Tricar	
An X		Perrine Galle *ouvrière*	
1830			de Sesmaisons *propriétaire*
1851-1857			Hyacinthe Forget *propriétaire*

Moulin de la Gobtière

Année(s)	Exploitant principal	Autre exploitant	Particularités
1589	Thomas Porrée et Gilles Ellier		Fieffe à rente par Jean de Cherüe
> 1611	Perrine Le Taillandier veuve François Fouillard		
1645		Patrice Fouillard / Marguerite Hamon	
1647	Thomas Fouillard / Françoise Pinais		
< 1660	Michel Fouillard		
1667	Thomasse Fouillard / Jean Trohel	Patrice Fouillard / Marguerite Hamon	
1678	Thomasse Fouillard / Philippe Belin		
1681		Jean Fouillard Maisonneuve / Madeleine Durand	
1687	Jean Fouillard les Moulins / Jeanne Jouin, Olivier Fouillard / Renée Le Pennetier	Marguerite Fouillard / Michel Laisné	
1688		Jean Fouillard Maisonneuve Richard Guesdon	Julien Noché *apprenti*
1689			Contrat Guillaume Loizel
1690		Samson Laisné	PV état du moulin
1691	Jean et Olivier Fouillard	Michel Laisné *fermier*	
1695-1696			Frères Mérusseau *apprentis*
1699		Julien Noché *fermier*	
1702	Thomasse, Jean et Olivier Fouillard		
1703		Samson Laisné *fermier*	PV état du moulin
1706		Julien Laisné *fermier*	
1714	Jean Fouillard les Moulins		
1721-1730	Guillaume Fouillard / Michelle Alligot		
1730	Julien Fouillard / Michelle Jourdan		
1733		Jean et Guillaume Guesdon	PV état du moulin
1736		François Guilloux	PV état du moulin
1738			Voisin de la Ménardière *acquéreur*
1746-1752	Jean Blin / Jeanne Heurtier *fermiers*		
1751-1760		Thomas Fouillard *propriétaire*, Guillaume Guesdon *fermier*	
1765	Louis Cournée / Gillette Quantin		
1767		Jean-François Fouillard / Thérèse Simon	
1774	Jean Lentaigne / Gillette Chartrain		
1775			Assassinat J.-François Fouillard
1790	François Deschamps		PV état du moulin
1806	Jean Renard / Jeanne Blin		

Moulin des Grands Moulins

Année(s)	Exploitant principal	Autre exploitant	Particularités
1729			Construction du moulin
1730-1738	Jean-Louis Roussin *fermier*	Pierre Roussin *ouvrier*	Pierre Lemarchand *propriétaire*
1738-1744	Jean Corbé *fermier*		
1745	Pierre Roussin *fermier*		Héritiers P. Lemarchand *propriétaires*
1764	Pierre Roussin *fermier*		Louis Poussin de St-Gravé *propriétaire*
1776	Jean Roussin *fermier*		
1780		François Lendormy *compagnon*	
1786	Jean Roussin *fermier*	Julien Damy *compagnon*	Jeanne Blanchard *propriétaire*
An XI	Jean Roussin *propriétaire*		Vente du moulin
1806-1818	François et Jean Roussin *propriétaires*	Pierre Boulais, Julien Lorand, et Jean Greslé *compagnons*	
1818-1827		Julien Lorand, Joseph Morin, Julien Chevrel, Julienne Seigneur, Pierre Chobé, Pierre Denis, Jean Germain Greslé et Jean-Pierre Ruaux *papetiers*	
1827-1845	François Roussin *propriétaire*		
1855			Cession à Radigois frères
1861			Démolition du moulin
1864			Construction papeterie mécanique

Moulins du Guélandry

Année(s)	***Moulin 1***	***Moulins 2 et 3***	**Particularités**
< 1643	Pierre Gérard		
1643	François Faufier *propriétaire*		Acte de vente
1647-1652	Julien Lesaige / Jacquinne Jamme		
1652-1658	Jacques Delacourt / Laurence Dupont		
1687	Bertrand Laisné / Anne Guesdon		
1711			Jean Breget *propriétaire*, Julien Laisné *fermier*
1718	Marc Gautier / Françoise Bruneau *propriétaires*		Acte de vente
1723	Marc Gautier, Gilles Gautier / Thomasse Leconte		
1738	Joseph Gautier *propriétaire*		
1739	Charles Jean *fermier*		
1745	Charles Jean *propriétaire*		Acte de vente
1747	Charles Jean		Joseph Lendormy *apprenti*
1748		Jean Georget la Rivière	
1751	Charles Jean	Jean Georget *propriétaire*	
1770		Thomas Raymond *garçon papetier*	
1772	Charles Jean	Georget père et fils	
1776	Charles Jean	Jean Georget, Michel Morcel	
1786	Charles Jean ; Jean Damy, Louis Cournée, Jean Tesnières *compagnons*	Michel Levannier / Jeanne Georget	
1793		Julien Coquelin *compagnon*	
An V	Michel Tricar	Théodore Levannier / Jeanne Lodin	
An VI	Pierre Gesbert / Anne Collin	Michel et Théodore Levannier	
An X		Théodore Levannier	
An XIII	Joseph Férard / Marie Dausion		
1807	Joseph Férard, Jean Lerbré, Julien Guesdon		
1809		François Berthelot	
1811		François Daligaut / Julienne Anger	
1812		Théodore Levannier ; Jean Damy et Julien Coquelin *ouvriers*	
1819	Michel-Anne Levannier		
1826		François Daligaut *propriétaire*	
1833	Michel-Anne Levannier		
> 1833		François Roussin / Angélique Daligaut	

N.B. Après 1793, certaines affectations aux moulins 1 ou 2 + 3 sont hypothétiques et requièrent confirmation.

Moulin de Guémain

Année(s)	Exploitant principal	Autre exploitant	Particularités
1732	Michel Dupré *fermier*		Julien Barbe *propriétaire*
1734			Thomas Mardelé *apprenti*
1737	Pierre Roussin *fermier*	Charles Aubrée *fermier*	
1747	Jean Chatel *fermier*		Enfants Barbe *propriétaires*
1750-1761	Jean Chatel *fermier et copropriétaire*	François Belile et Pierre Peigné *compagnons*	
1762	Denis Chatel *papetier*		
1764-1773	Julien Morel *copropriétaire*	Jean (Louis) Roussin *fermier*	
1773-1791	Julien Morel *propriétaire*		
1792	Jean Morel		
An VI	Pierre Baudry / Jeanne Morel *propriétaires*		
1807	Pierre Baudry	Henri Thomas / Guyonne Morel	
1824	Pierre Baudry père et fils	Henri Thomas	
1828	Pierre Baudry	Henri Thomas, François Guérin, Monique Thomas	
1845	Julien Barbier *propriétaire*		Vente du moulin
1866			Conversion en moulin à farine

Moulin de la Hellandière

Année(s)	Exploitant principal	Autre exploitant	Particularités
1655	Gabriel Ganné *fermier*		René de la Hellandière *propriétaire*
1663	Jacques Leprince et Gabriel Davy *fermiers*		
1676	Jean Macheffert *marchand papetier*		
1710			Activité terminée

Moulin de Lange

Année(s)	Exploitant principal	Autre exploitant	Particularités
1688-1696	Richard Guesdon / Catherine Harinel		Moulin de la Fieffe Faudet
1697-1698	Richard Guesdon		Construction du moulin
1699		Robert Desrüe	Bail pour 5 ans
1700		Pierre Gauné	Bail pour 4 ans
1729	Richard Guesdon Pierre Guesdon / Marie Denoual		
1751	Julienne Guesdon	Jean Guesdon Bilheudais	Bail suite décès Pierre Guesdon
1754		Jean Guesdon Bilheudais et Pierre Guesdon la Chesnais	
1758	Julienne Guesdon / Michel Homo		
1768			Dégâts par inondation
1771	Michel Homo veuf Julienne Guesdon		
1775		Veuve Jacques Boulot	
1781		Mathieu Bichette	
1785		Antoine Blin / Marie Voisin	
1788	Michel Guérin / Angélique Homo		
1793		Pierre Tuffet *compagnon*, Marie Coueffetier	
An II		Pierre Vallée, Julien Poirier	
An IV		Louis Cerbron	
An VIII	Michel Guérin / Angélique Homo	Pierre Tuffet	
An XI		Mathurin Guérin / Anne Legraverend	
1813		Julien Lochet / Félicité Blin, Augustin et Pierre Blin	
1815-1821	Jean Le Bascle / Angélique Guérin		
1835	Guillaume Le Chartier / Marie Robe		
1861		Eugène Le Chartier	
1879	Guillaume Le Chartier		Démolition du moulin

Moulins de la Panisselais

Année(s)	*Panisselais*	*Basse Panisselais*	Particularités
1693	Jean, Olivier et Thomasse Fouillard		Construction du moulin
< 1717		Michel Laisné Longpré	Construction du moulin
1734	Jean Blin Maisonneuve *propriétaire*	Michel Laisné, Thomas et Julien Laisné	Gillette Debon *apprentie*
1738		Guillaume Rochullé *garçon papetier*	
1739-1745		Thomas Laisné *fermier*	PV état du moulin
1751	Jean Blin *propriétaire*, autre Jean Blin et Louis Roussin *fermiers*	François Hamon et Jean Georget *propriétaires*, Richard Le Chartier *fermier*	
1754			Julien Blin *apprenti*
1763	Jean Blin, Louis Roussin	Jean Josset *copropriétaire*	
1768		Jean Fouillard / Thérèse Simon	Dégâts par inondation
1776	François Laisné	MJF Louvrier	
1786	Michel Foubert Grand Moulin *propriétaire*		Vente du moulin par Jeanne Le Mardelé
1788		Jean Josset	
1790		François Deschamps	
1791		Antoine Blin / Marie Voisin *propriétaires*	Vente du moulin par héritiers Fouillard, Julien Méas *apprenti*
An II		Antoine Blin, Guillaume Le Roy, Louis Cournée, Mathurin Guérin	
An III	Jean Chatel / Perrine Lentaigne	Mathurin Guérin / Catherin Blin	
An IX	Jean Chatel / Perrine Lentaigne	Antoine Blin / Marie Voisin	
1815		Julien Lochet / Félicité Blin	
1816	Joseph Roussin / Thérèse Depasse		
1820		Julien Lochet / Félicité Blin, Jean Renard *compagnon*	
1835-1839	Joseph Roussin	Guillaume Denoual	
1842		Enfants Auguste Lochet	
1861		Démolition du moulin	
1882	Vente du moulin		

Moulin du Pont-aux-Asnes

Année(s)	Exploitant principal	Autre exploitant	Particularités
1639-1654	Gilles Legrain		
1654-1656	Jean Lejeune / Louise Pinay		
1657-1658	Richard Georget / Catherine Delaunay	Christophe Gastebois / Marguerite Georget	
1677	Antoine Fouillard		
1682-1692	Michel Bruneau / Georgine Lamartre		
1697	Julien Noché		
1716	Gilles Durand / Jeanne Fouillard		Baston de la Gesmerais *propriétaire* PV état du moulin
1718	Gilles Durand *propriétaire*		Afféagement perpétuel
1738		Joseph François Gaultier	
1741	Gilles Durand		
1746	Michel Dupré *fermier*		Descriptif immobilier
1747	Gilles Le Mardelé / Jeanne Durand		
1778	Gilles Le Mardelé père et fils		
1783	Gilles Le Mardelé fils		
An IV	Toussaint Julien Hus / Marie Le Chartier		
An VII		Pierre Gesbert	
An IX		René Greslé	
An XI	Toussaint Julien Hus	Pierre Gesbert, Julien Petit	
An XIV		Michel Morcel	
1807		Pierre Gesbert *ouvrier*	
1809	Toussaint Julien Hus		
1825	Théodore Levannier		

Moulin du Pont de Vieux-Vy

Année(s)	Exploitant principal	Autre exploitant	Particularités
< 1725	François Cleray / Jeanne Duclos *copropriétaires*		
1725	René et Julienne Cleray *copropriétaires*	Ambroise Longfief, Michel Guespin *copropriétaires*	Moulin à deux roues
1726		Julienne Lorand / Pierre Ory *copropriétaires*	
1753	Gillette Deschamps, Pierre Cleray, Guillaume Morel *copropriétaires*	Jean Seigneur, François Lochet, et Joseph Morel *copropriétaires*	
1764		André Mardelé	
1767	Julien Morel *copropriétaire*		
1772	Guillaume Morel, Julien Morel, Julien Gérard, Guyonne Lizé *copropriétaires*	Joseph Morel, Jean Seigneur, Anne Lochet *copropriétaires*	
1779	Clément Morel *fermier*	Jean Dodard *copropriétaire*	
1780	Madeleine Morel *copropriétaire*	Joseph Morel fils et autre Joseph Morel *copropriétaires*	
1788		Noël Guingouin *copropriétaire*	
1793-an V		Guillaume Martin *papetier*	Assassiné en l'an V
An VI-XI	Jean Dodard fils		
1827	Noël Guingouin / Anne-Marie Roussin *propriétaires*		Déclaré *papetier et meunier* au moulin du Pont
1863	Noël Guingouin fils *propriétaire*		Moulin à papier détruit

Moulin du Pont-Brard

Année(s)	Exploitant principal	Autre exploitant	Particularités
1727	Vincent Guespin *fermier*		Pierre Lemarchand *propriétaire*
1728-1732	Michel Dupré *fermier*	Gilles Dupré	
1737-1739	René Farcy *fermier*	Jean-François Chatel *compagnon*	
1741	Michel Dupré *fermier*		
1743	Gilles Morel *propriétaire*		Vente par héritiers de Pierre Lemarchand
1770	Gilles Morel fils		
1780	Françoise Greslé veuve Gilles Morel	Jean, Madeleine, et Joseph Morel	Succession Gilles Morel
1786	Jean et Marie Morel		
1792	Jean et Joseph Morel		
1805	Joseph et Vincent Morel *copropriétaires*	Anne Tuaux *compagnon*	
1817-1826	Vincent Morel *propriétaire*	Joseph Lizé *compagnon*	
> 1827	Pierre Baudry père et fils *propriétaires*		Cession en 1882

Moulin de Roche-qui-brut

Année(s)	Exploitant principal	Autre exploitant	Particularités
1655	Jean Gallouin *fermier*		
1703	Farcy (Bertrand ?) *fermier*		Guillaume Le Gall de Cunfiou *propriétaire*
1707	Jean-Louis Roussin / Marie Chatel *fermiers*		
1710-1717	Jean-Louis Roussin / Marguerite Avril *fermiers*		Jean-Baptiste Bénard *propriétaire*
1712		Gilles Boscher	PV état du moulin
1717-1729	Richard Georget / Jeanne Laisné *fermiers*		Alexandre Boulmer *fermier général*
1733	Jeanne Laisné *fermière*		
1739		Marie Legrand (décès)	
1740	Madeleine Laisné veuve Julien Georget		
1747	François Hamon *fermier*		
1749	Michel et Jean Georget *fermiers*		Louis Le Gall de Cunfiou *propriétaire*
1755	Michel Dupré / Jeanne Petitpas *fermiers*	Adrien Dupré / Gillette Lecomte	
1771	Adrien Dupré / Gillette Lecomte	Marin Lecomte	Jean Lerbré *apprenti*
1784	Pierre Delatouche *fermier* puis *propriétaire*		Marie-Jeanne Jaquelot *propriétaire*
1789			PV état du moulin
1814	Jean Pelé / Julienne Blin	Jean Denis, Marie Blin	
1826	Jean Pelé *propriétaire*	Augustin Blin / Françoise Roussin	
1832		Marguerite Marquet *papetière*	
1838			Moulin démoli

Moulins de la Sourde

en Saint-Christophe-de-Valains

Année(s)	*Forges*	*Goutil*	Particularités
< 1716			Moulins afféagés par Charles de la Belinaye
1716		Perrine Couard / Michel Prioul	Transaction sur procès
1716-1718		Christophe Gérard / Catherine Prioul	
1718		Guillaume de Rennes	
<1747-an II	Familles Briand/Chevrel/ Guespin/Lerbré		
1753-an X		Familles de Rennes/ Gérard/Durocher/Ruaux	Goutil paraît en ruine de 1753 à 1776
> an VI	Jean Morel / Michelle Rimasson et Pierre Fleury / Guyonne Morel		
> an X		Mathurin Prenveille	
1834	Transformé en moulin à fouler	Mathurin Prenveille fils	

Année(s)	*Roc*	*Gérard (la Sourde)*	Particularités
Fin XVIIe			Moulins afféagés par Charles de la Belinaye
1676-1727	Famille Briand ?		
< 1726		Michel Guespin / Julienne Gérard	
1726		Enfants Guespin	
1727	Denis Chatel		
1740	Pierre Morel, Paul Briand		
1746		Julien Ory	
1755	Joseph Couaire, Jean Lochet, Vincent et Joseph Chevrel		
1779	Julienne Guespin	Vincent et Joseph Chevrel, Joseph Guespin	
1781	Vincent Chevrel, Denis Chatel, Julien Louazance, Jean Morel		Incendie moulin du Roc
1786	Anne Couaire / Pierre Baudry		
1793		Julien et Guillemette Ory	
An XII	Denis Chatel fils	René et Marie Guespin	
1834	René Seigneur, Jean Morel, Joseph Chevrel	Jean Morel, Julien Chobé	
1847-1867	Zacharie Prenveille		
1856-1882		Jean Morel fils	

Moulin de la Verrerye

Année(s)	Exploitant principal	Autre exploitant	Particularités
1666-1679	Guillaume et Jacques Durand		Le Gall de Cunfiou *propriétaire*
1681-1684	Charles Legendre *fermier*		Guy Richard *apprenti*
1686-1688	Jacques Baron *fermier*	Fanton Laisné *compagnon*	
1689	René Gesbert *fermier*	Julien Gastebois *papetier*	
1703	Activité terminée		Guillaume Le Gall de Cunfiou *propriétaire*

Annexe 2

Liste alphabétique des papetiers et marchands

Cette liste est établie en précisant, chaque fois que possible, la qualité de la personne telle qu'elle ressort des actes dans lesquels elle est citée. Lorsque le nom n'est apparu qu'une seule fois au cours de nos recherches, une seule année est mentionnée ; une fourchette d'activité est indiquée si plusieurs documents font état de la même personne, mais la période totale d'activité peut s'étendre en-deçà ou au-delà de ces dates. Dans certains actes, seule la paroisse est mentionnée et le moulin ne peut donc être précisé ; dans quelques rares cas le nom de la paroisse est également absent. Le nom des femmes ne figure dans cette liste que si un acte précise leur qualification et non si elles sont seulement décrites comme épouses de papetiers. Les numéros dans la dernière colonne renvoient aux filigranes (chiffres normaux) et aux signatures (chiffres en gras) des papetiers décrits dans l'annexe 3.

Nom et prénom(s)	Qualité	Années	Moulin ou paroisse	Annexe 3
Adhor Augustin	papetier	1827	Fougères	
Aubrée Charles	maître-papetier	1837	Guémain	70
Barbe Toussaint	ouvrier papetier	1834	Ardenne	
Barbe (famille)	propriétaire	1730-1760	Guémain	
Barbelette Perrine	papetière	1810	Vieux-Vy	
Barbier Julien	propriétaire	1845-1866	Guémain	
Baron Augustin	ouvrier papetier	1854	La Bazouge	
Baron Jacques	maître-papetier	1686-1698	Verrerye	
Battais Gilles	copropriétaire	1838	Brais	
Baudouin Pierre	propriétaire	< 1661	St-Christophe	
Baudry Eugénie	papetière	1848	Vieux-Vy	
Baudry Joseph	papetier	an IX	Guémain	
Baudry Marguerite	copropriétaire	> 1724	St-Christophe	
Baudry Michel	papetier	1812	St-Ouen-la-Rouerie	
Baudry Noël	papetier	1835	Vieux-Vy	
Baudry Perrine	papetière	1808	La Bazouge	
Baudry Pierre	papetier	an VII-1828	Guémain, Pont-Brard	
Baudry Pierre fils	papetier, marchand	1822-1843	Guémain, Pont-Brard	
Bayé (Boyer) Jean	papetier	1826-1829	Brais	
Bechrel Jean	papetier	1794	Tremblay	
Belile François	compagnon papetier	1754	Guémain	
Belin *(voir Blin)*				
Béranger Anne	papetière	an XI	Beliard	
Béranger Jean	marchand de papier	1762	St-Brice	
Berhaut Armand	fabricant de carton	1863	Vieux-Vy	
Berhaut Louis	papetier	1835	Fougères	
Berthelot François	garçon papetier	1809-1811	Guélandry,Pont Brard	
Beshand Armand	papetier	1845	Brais	
Bichette Mathieu		1781	Lange	
Bignon Victoire	ouvrière papetière	1829	Fougères	
Bigot François	papetier	1818	Lécousse	
Billot	marchand de chiffes	an II	Trans	
Blin Adrien Augustin	papetier	1832	La Bazouge	
Blin Alexandre	ouvrier papetier	> 1817	Panisselais	
Blin Anne-Marie	papetière	< 1856	Bécassière	
Blin Antoine	maître-papetier	1791-an XII	Basse-Panisselais	1
Blin Augustin	papetier	1813-1826	Roche-qui-brut	
Blin Catherine	domestique papetière	an II	Bécassière	
Blin Céleste	papetière	1817	La Bazouge	
Blin Félicité	papetière	> 1812	Lange, Panisselais	
Blin François Marie	papetier	1809	Fougères	6

Blin Françoise	papetière	1740	Panisselais		
Blin Jean-Baptiste	papetier propriétaire	1843-1874	Bécassière		
Blin Jean Criberie	fermier	1746-1752	Panisselais, Gobtière		
Blin Jean Maisonneuve	marchand papetier	1700-1766	Gobtière, Panisselais	2,3,	**2**
Blin Jeanne	domestique papetière	an II	Bécassière		
Blin Julien	apprenti	1754	Panisselais		
Blin Julienne	papetière	1810	Roche-qui-brut		
Blin Marie Antoinette	papetière	1815-1842	Roche-qui-brut		
Blin Maximilien	papetier	1820-1862	La Bazouge		
Blin Philippe	propriétaire	1678	Gobtière		
Blin Pierre Augustin	marchand, fabricant	1782-1813	Bécassière	4,5,	**3**
Blin Rosalie Thérèse	papetière	1827	Basse-Panisselais		
Boibin Buchoux François		1672	Forêt de Glenne		
Bonhomme Julien	papetier	1682	Vieux-Vy		
Bonsens Joseph	papetier	1846	La Bazouge		
Boscher Gilles (la Roze)	maître-papetier	1712	Roche-qui-brut		
Boscher père et fils	marchands de chiffes	1742	Tremblay		
Boulais Pierre	papetier	an XI-1811	Grands Moulins		
Boulmer Alexandre	maître-papetier	1717-1749	Galenais, Ardenne	7 à 11	
Boulmer Alexandre fils	papetier	1717	Galenais		
Boulot Jacques	maître-papetier	< 1775	Lange		
Bouttemi Perrine	papetière	1813	Tremblay		
Boyer Jean	papetier	1825	Brais		
Brard Julien	compagnon papetier	1828-1831	Fougères		
Brard Pierre	ouvrier papetier	1835	Fougères		
Braux Jean	marchand de papier	1761			
Briand François	papetier	1738-1747	Vieux-Vy		
Briand François	papetier	1822	Vieux-Vy		
Briand Gilles	copropriétaire	< 1759	St-Christophe		
Briand Julien	papetier	1672	St-Christophe		
Briand Michel	papetier	1672-1690	St-Christophe		
Briand Michel	marchand	1730	Tremblay		
Briand Michel fils Guillaume	papetier	1672	Vieux-Vy		
Briand Paul	papetier	1740	Le Roc		
Briand Pierre	papetier	1689	St-Christophe		
Briller René	papetier	1831	Vieux-Vy		
Brillet Anne	ouvrière papetière	1867	Vieux-Vy		
Brillet Emilie	ouvrière papetière	1866	Vieux-Vy		
Brillet Jean Julien	compagnon papetier	1823	Chauvigné		
Bruneau Michel	papetier	1682-1692	Pont-aux-asnes		
Cerbron Louis	papetier	an IV	Lange		
Chartier Julien	papetier	an X-an XI	Cogles		

Chatel Bertrand Denis	fabricant de papier	1793-an XIV	Le Roc		
Chatel Denis	maître-papetier	1717-1725	Brimblin	16,17,	**4**
Chatel Denis Vincent	papetier	1766-an VII	Le Roc	18,	**5**
Chatel François	papetier	1779-1780	Guémain		
Chatel Jean	papetier	an III-an XI	Panisselais		
Chatel Jean François	papetier	1737-1761	Pont-Brard, Guémain	14,15	
Chatel Luc	compagnon papetier	1793-an XIV	Beliard		
Chatel Robert	papetier	1711-1721	Ardenne		**6**
Chevalier Jean	papetier	1808	Fougères		
Chevrel Armand	papetier	1756	St-Christophe		
Chevrel Guyonne	copropriétaire	< 1762	Forges		
Chevrel Joseph	copropriétaire	1755-1762	Le Roc		
Chevrel Julien	papetier	1815-1827	Grands Moulins		
Chevrel Julien	papetier	1754	Le Roc		
Chevrel Noël	copropriétaire	1764	Forges		
Chevrel Pierre	papetier	an II	Forges		
Chevrel Vincent	papetier	1754-1777	Le Roc		
Chobé Julien	copropriétaire	1761	La Sourde		
Chobé Pierre	garçon papetier	1821-1826	Grands Moulins		
Cleray François	propriétaire	< 1725	Le Pont		
Cleray Pierre	papetier	1753-1767	Le Pont		
Cleray René	papetier	1725-1729	Le Pont		
Collin Anne	papetière	1842	St-Brice		
Collin Louise Jeanne	papetière	1840	St-Brice		
Coquelin Julien	compagnon, ouvrier	1793-1812	Guélandry		
Corbé Jean	maître-papetier	1733-1783	Pont-Brard, Grands Moulins	61	
Corbé Jérôme	papetier	< 1738	Vieux-Vy		
Couaire Anne	copropriétaire	> 1786	Le Roc		
Couaire Joseph	copropriétaire	1755-1756	Le Roc		
Couaire Julien	apprenti	1747	Grands Moulins		
Couanon Joseph	ouvrier papetier	1849	Basse-Panisselais		
Couanon Pierre	ouvrier papetier	1854	La Bazouge		
Coueffetier Marie	papetière	1793	Lange		
Coupée Thérèse	papetière	1807	Pont-aux-asnes		
Cournée Louis	fermier	1751-1771	Bécassière, Gobtière	71	
Coutard Jean	papetier	1788	Fougères		
Daligaut Angélique	papetière	1827	Grands Moulins		
Daligaut François	fabricant de papier	1811-1826	Guélandry		
Damy Jean	papetier	1815	Vieux-Vy		
Damy Julien	compagnon papetier	1785-1838	Grands Moulins, Brais		

Damy Noël	papetier	1827-1839	Vieux-Vy		
Damy Pierre	papetier	1772-an V	Fougères, Vieux-Vy		
Dauguet Bertrand	marchand de papier	an XI	St-Brice		
Dauguet Jeanne	ouvrière papetière	1815	St-Brice		
Dausion Marie	papetière	an XIII	Guélandry		
Davoinne Marie	papetière	1824	Vieux-Vy		
Davy Gabriel	papetier fermier	1663	Hellandière		
Davy Joseph Jean	papetier	an X	La Bazouge		
Debon Gillette	apprentie	1734-1737	Panisselais		
Delacourt Jacques	papetier	1652-1658	Guélandry		
Delatouche Pierre	papetier propriétaire	1784-an II	Roche-qui-brut		
De(a ?)my Jean	ouvrier papetier	1812	Guélandry		
Denis Guillaume	papetier	1824-1829	Vieux-Vy		
Denis Jean	papetier	1815	Roche-qui-brut		
Denoual Guillaume	papetier	1735	Basse-Panisselais		
Denoual Louis	papetier	an V	La Bazouge		
Denis Pierre Louis	garçon papetier	1820-1829	Grands Moulins		
Depasse Henriette	fabricante de papier	1814-1833	Ardenne		
Deschamps Anne	propriétaire	1735	Bécassière		
Deschamps François	marchand fabricant	1790-1792	Basse-Panisselais		
Desjardins	papetier	1727	Chauvigné		
Desrue Robert	marchand papetier	1699	Lange		
Dodard Jean	papetier	1779-1814	Le Pont		
Dodard Jean fils	fabricant de papier	an IV-an XIII	Le Pont		
Dodard Jean Marie	compagnon papetier	1808	Grands Moulins		
Dodard Joseph	papetier	an VI-an VIII	Grands Moulins		
Dodard Marie-Anne	domestique papetière	1823	Vieux-Vy		
Drouet	propriétaire	< 1693	Batailles		
Dubois Jacques	papetier	an V	Fougères		
Dupré Adrien	papetier fermier	1754-1783	Roche-qui-brut	21,	7
Dupré Gilles	compagnon papetier	1728-1752	Pont-Brard		
Dupré Jeanne	ouvrière papetière	1814	La Sourde		
Dupré Michel	papetier fermier	1726-1761	Galenais, Pont-Brard, Pont-aux-asnes, Roche-qui-brut	19,20,	**8**
Durand Gilles	papetier propriétaire	1716-1741	Pont-aux-asnes		
Durand Guillaume	papetier	1666	Verrerye	89	
Durand Jacques	papetier	1666	Verrerye		
Durand Marguerin	maître-papetier	1642-1666	Ardenne	87,88	
Echard Adolphe	papetier	1836	Fougères		
Echard Jean-Marie	papetier	1821	Fougères		
Elie Jeanne	papetière	1816	La Bazouge		
Ellier Gilles	propriétaire	1589	Gobtière		

Farcy Bertrand	papetier fermier	1703	Roche-qui-brut		
Farcy Jacques	maître-papetier	1698			
Farcy Julien	compagnon papetier	1712	Galenais		
Farcy René	maître-papetier	1738-1739	Pont-Brard		
Faucheux	fournisseur de colle	an II	St-Aubin		
Faufier François	propriétaire	1645	Guélandry		
Fauviau Perrine	ouvrière papetière	1816	Pont-aux-asnes		
Férard Joseph	marchand fabricant	an XIII-1807	Guélandry		
Fleury Guillaume	papetier	1773	Gobtière		
Fleury Pierre Jean	fabricant de papier	1814-1843	Brimblin, Forges		
Fontaine Pierre	papetier	1806	Vieux-Vy		
Forget Hyacinthe	papetier	1833	St-Brice		
Forget Joseph Pierre	papetier	1840	St-Brice		
Fortin François Louis	papetier	1859	Vieux-Vy		
Foubert Michel (Grandmoulin)	propriétaire	1786	Panisselais	72,	**9**
Fougerai Charles	copropriétaire	1753-1760	Brais		
Fougerai Charles	papetier	1786-1829	Brais		
Fougerai Christophe père et fils	papetiers	1760-1829	Brais, Fougères		
Fougerai Michel	papetier	an XII-1829	Vieux-Vy		
Fouillard Antoine	papetier	1652-1677	Forêt de Glenne Pont-aux-asnes	22	
Fouillard François	papetier	1645-1678	Forêt de Glenne, Guélandry		
Fouillard François (Cherullière)	papetier	1734-1782	Bécassière		**10**
Fouillard Guillaume	apprenti	1737-1741	Frenais		
Fouillard Guillaume (Lamboiserie)	marchand papetier	1721-1736	Gobtière		
Fouillard Jean-François	papetier	1762-1775	Gobtière		
Fouillard Jean (la Brière)	menuisier formaire	< 1754	Gobtière		
Fouillard Jean (les Moulins)	propriétaire	1686-1733	Gobtière		**11**
Fouillard Jean (Maisonneuve)	marchand papetier	1678-1720	Frenais, Gobtière		**12**
Fouillard Julien (la Brière)	marchand papetier	1720-1770	Gobtière	26	
Fouillard Julien (Maisonneuve)	marchand papetier	1720-1732	Frenais		
Fouillard Julien fils	marchand propriétaire	1736	Frenais		**13**
Fouillard Michel	fabricant propriétaire	1631-1660	Forêt de Glenne, Gobtière		
Fouillard Olivier	marchand papetier	1687-1720	Gobtière		**14**
Fouillard Patrice	papetier	1645-1683	Gobtière	23,24	

Fouillard Pierre	marchand papetier	1694	Fougères		
Fouillard Thomas	papetier	1647-1677	Gobtière		
Fouillard Thomas (les Moulins)	marchand papetier	1720-1759	Bécassière, Gobtière	25,	**15**
Fouillard Thomasse	propriétaire	1667-1702	Gobtière		
Frogeul Abel	papetier	an XI	Vieux-Vy		
Galesne Jacques	papetier	1672-1684	St-Christophe		
Galesne Jean	papetier	1672-1678	St-Christophe		
Galesne Julien	copropriétaire	< 1724	St-Christophe		
Galle Françoise	papetière	1821	St-Brice		
Galle Joseph Jean	papetier	1815	Fougères		
Galle Marie-Jeanne	papetière	1815	Fougères		
Galle Perrine	ouvrière papetière	an X-an XI	Galenais		
Gallon Pierre	apprenti	1719-1721	Ardenne		
Gallouin Jean	papetier	1655-1666	Roche-qui-brut	90,91	
Galon Jean-Louis	papetier	1825	St-Christophe		
Ganné Gabriel	papetier	1655	Hellandière		
Gardais Joseph	papetier	1753	Brimblin		
Gardais René	papetier	1757-1769	Chauvigné, St-Christophe		
Gastebois Christophe	papetier	1657-1662	Pont-aux-asnes		
Gastebois Jean	papetier	1652	Guélandry		
Gastebois Julien	papetier	1689	Verrerye		
Gaumerays François		1668	Forêt de Glenne		
Gauné Pierre	marchand papetier	1700	Lange		
Gautier Gilles	marchand papetier	1734	Lécousse		
Gautier Joseph	papetier fermier	1734	Gobtière		
Gautier Joseph	fabricant propriétaire	1738-1745	Guélandry		
Gautier Joseph François		1738	Pont-aux-asnes		
Gautier Marc (Fannelais)	fabricant propriétaire	1718-1738	Guélandry		
Gautier Pierre	marchand de chiffes	1686	Cogles		
Gavard Jean	papetier	an VII	Vieux-Vy		
Gavard Jean	papetier	1816	Pont-aux-asnes		
Georget Jean (Binetière)	papetier fermier	1749-1759	Roche-qui-brut, Galenais		**16**
Georget Jean-François	marchand fabricant	1776-an II	Batailles	36	
Georget Jean (la Rivière)	fabricant propriétaire	1748- an XII	Guélandry	34,35	
Georget Julien François	papetier	1781-1782	Lécousse		
Georget Julien (la Rivière)	papetier	1712-1738	La Bazouge, Roche-qui-brut	30-32	
Georget Michel	papetier	1749	Guélandry, Roche-qui-brut		**17**
Georget René	maître-papetier	1679-1699	Galenais	27,28	

Georget Richard (Binetière)	papetier	1657-1695	Pont-aux-asnes, Frenais		
Georget Richard (fils René)	maître-papetier	1717-1732	Roche-qui-brut	29	**18**
Georget Richard (la Rivière)	marchand papetier	1741-1748	Roche-qui-brut	33	
Gérard Catherine	papetière	1793	Vieux-Vy		
Gérard Christophe	copropriétaire	1716-1718	Goutil		
Gérard Julien	papetier	1678	Vieux-Vy		
Gérard Julien	papetier	1752-1795	Vieux-Vy, Rennes		
Gérard Mathurin	papetier	1783-1802	Brimblin, Bécassière		
Gérard Thomas	papetier	1655		73	**19**
Gesbert Pierre Julien	papetier	an VI-1822	Pont-aux-asnes, Bécassière		
Gesbert René	papetier fermier	1690-1691	Verrerye		
Gislaut Françoise Thérèse	papetière	1837	Vieux-Vy		
Gobbé Anne Hortense	papetière	1843	La Bazouge		
Gobbé François Marin	ouvrier papetier	1843	La Bazouge		
Godé Louis François	papetier	1832	Vieux-Vy		
Gonnet Christophe	papetier	1824-1832	Le Pont		
Gorgut Charles	papetier	1793	Bécassière		
Gouault Jean	papetier	an IV	Bécassière		
Gouin Julien Jean	compagnon papetier	1813			
Greslé Denis	papetier	an V-an XIII	Vieux-Vy		
Greslé Jean Germain	papetier	1823-1824	Grands Moulins		
Greslé Joseph	papetier	1759-1765	Galenais	74	
Greslé Michel	ouvrier papetier	1812-1826	Grands Moulins		
Greslé Prosper Hippolyte	ouvrier papetier	1846	Vieux-Vy		
Greslé René		an IX	Pont-aux-asnes		
Grivet Guillaume François	papetier, formaire	1818-1819	Fougères		
Guénard Louis	papetier	1750	Batailles		
Guené Jean	papetier	1675	St-Christophe		
Guenée (le sieur)	marchand de chiffes	1833	Rennes		
Guépin *(voir Guespin)*					
Guérin Angélique Reine	papetière	1813	La Bazouge		
Guérin François	papetier	1828-1832	Guémain		
Guérin Henriette	papetière	1859	Vieux-Vy		
Guérin Jean-Baptiste	marchand papetier	1768-1776	Bécassière		
Guérin Marie	papetière	1806	St-Christophe		
Guérin Mathurin	ouvrier papetier	1786-1788	Batailles		
Guérin Mathurin	papetier	an II-an XI	Basse Panisselais, Lange		
Guérin Michel	papetier propriétaire	1788-an VIII	Lange		
Guérin Michel Julien	papetier	1840	La Bazouge		

Guérin Nicolas	marchand papetier	1746	Lange		
Guesdon Guillaume	papetier fermier	1733-1760	Gobtière		
Guesdon Jean Baptiste	papetier	1729-1736	Vieux-Vy		
Guesdon Jean (Bilheudais)	papetier fermier	1751-1757	Lange	40-44	**20**
Guesdon Joseph Julien	papetier	1830	Fougères		
Guesdon Julien	papetier	1807-1814	Guélandry		
Guesdon Julienne	propriétaire	1746-1771	Lange		
Guesdon Pierre (la Chesnais)	papetier	1754	Lange	45	
Guesdon Pierre (la Fieffe)	marchand papetier	1726-1746	Lange		
Guesdon Richard	papetier propriétaire	1690-1746	Lange	37-39	**21**
Guespin Christophe	copropriétaire	> 1726	La Sourde		
Guespin Jean	copropriétaire	1756-1761	La Sourde		
Guespin Joseph	papetier	1785-an XII	La Sourde, Forges		
Guespin Julien	papetier	1722-1726	La Sourde		
Guespin Julien Augustin	papetier	1754-1775	La Sourde		
Guespin Marie	papetière	an XII	La Sourde		
Guespin Michel	papetier propriétaire	< 1724	La Sourde		
Guespin Pierre	papetier	1724-1750	La Sourde		
Guespin René	papetier	an IX-an XII	La Sourde		
Guespin Vincent	copropriétaire	< 1727	Le Pont		
Guillard Jean	papetier	1767	Gobtière		
Guillard Jeanne	papetière	1793	Bécassière		
Guillou Jeanne Anne	papetière	1838	Vieux-Vy		
Guillou(x) Michel Pierre	papetier	1827-1829	Vieux-Vy		
Guilloux François	papetier fermier	1734-1736	Gobtière		
Guingouin Julien	papetier	1733-1753	Brais		
Guingouin Noël	marchand papetier	1771	Vieux-Vy		
Guingouin Noël fils	papetier	1832	Vieux-Vy		
Guingouin Pierre	papetier	1788	Brais		
Hacard (Houard) Marie	papetière	< 1810	Pont-Brard		
Hamon François	papetier fermier	1737-1751	Galenais, Panisselais	46-51	**22**
Hamon Marie	papetière	1835	Vieux-Vy		
Hamon Michel	journalier	1729-1734	Galenais, Guélandry	52	
Helias Urbain Joseph	ouvrier papetier	1867	Vieux-Vy		
Heuzé Jeanne	papetière	1825	Vieux-Vy		
Homo Michel	marchand papetier	1758-1771	Lange		
Hossard Charles	papetier	an V	Panisselais		
Houitte Jean Marie	papetier	1823-1832	Vieux-Vy		
Hus Félicité	papetière	1826	Beliard		
Hus François	fabricant de papier	1783-1819	Ardenne		**23**
Hus François fils	papetier propriétaire	1814-1833	Ardenne		
Hus Henriette Jeanne	papetière	1849	Tremblay		

Hus Jean-François	papetier	1784-an VII	Galenais	
Hus Jean-François	compagnon papetier	1817-1823	St-Brice	
Hus Jean-Marie	papetier	1826	Beliard	
Hus Joseph Marie	papetier	1821	St-Brice	
Hus Julien Toussaint	papetier	1826	Beliard	
Hus Louise Alexandrine	papetière	1844	Ardenne	
Hus Marie-Anne	papetière	1833-1834	Ardenne	
Hus Marie Jeanne	papetière	1822	Vieux-Vy	
Hus Révérende	papetière	an IX	Ardenne	
Hus Toussaint Julien	marchand fabricant	an IV-1809	Pont-aux-asnes	
Hus Victor Georges	papetier	1822-1826	Beliard	
Jamet Alexandre	papetier fermier	1734	Gobtière	
Jean Charles (des Vallées)	marchand papetier	1747-1786	Guélandry	75-77
Jean Charles fils	papetier	< 1806	Guélandry	
Jean Julien	marchand papetier	an VI	Guélandry	
Jeanin Jacques	compagnon	1734	La Bazouge	
Josset Jean	compagnon papetier	1763-1770	Panisselais	
Joubert Claude	papetier	an XI	Tremblay	
Jourdan Jean	papetier	1836	Chauvigné	
Jubain Gilles	papetier	an II	Tremblay	
Juhel Jean	fabricant de papier	an II-an VII	Vieux-Vy	
Laisné Bertrand	marchand papetier	1676-1721	Guélandry	94
Laisné Fanton (Sanson ?)	compagnon papetier	1688	Verrerye	
Laisné François	papetier	1776-1777	Panisselais	
Laisné Julien	papetier	1734	Panisselais	
Laisné Julien fils Samson	fermier	1706	Gobtière	
Laisné Julien (les Moulins)	fermier	1711-1718	Guélandry	
Laisné Marie-Jeanne	fabricante de papier	an V	Gobtière	
Laisné Marin	papetier	1765-1773	Gobtière	
Laisné Michel fils Michel	marchand papetier	1734-1741	Bécassière	
Laisné Michel (Longpré)	fermier et propriétaire	1687-1740	Gobtière, Panisselais	**24**
Laisné Samson	fermier	1700-1706	Gobtière	
Laisné Thomas	marchand papetier	1734-1780	Panisselais	
Laizé Michel Jean	ouvrier papetier	1813-1826	Fougères, Tremblay	
Laurent Jean-Marie	fabricant de papier	1836	Vieux-Vy	
Laurent Perrine Julienne	ouvrière papetière	1834	Lécousse	
Le Bacle Jean	fabricant de papier	1815-1821	Lange	
Le Chartier Alexis	papetier	1774	La Bazouge	
Le Chartier Eugène	ouvrier papetier	1861	Lange	
Le Chartier Guillaume	fabricant propriétaire	1835	Lange	
Le Chartier Guillaume François	propriétaire	1879	Lange	
Le Chartier Marie-Charlotte	fabricante de papier	1839	Lange	

Le Chartier Marie-Jeanne	papetière	1826	Beliard	
Le Chartier Richard Louis	maître papetier	1751-1756	Basse-Panisselais	78,79 **25**
Le Chartier Vincent	papetier	1637	Forêt de Glenne	
Le Nouyoux A.	marchand de chiffes	1686	Cogles	
Lecomte Marin		1771	Roche-qui-brut	
Lefeuvre Julien François	ouvrier papetier	1834	La Bazouge	
Lefèvre (le citoyen)	marchand de chiffes	an II		
Legalloys Pierre	papetier fermier	1700-1703	Frenais	
Legendre Charles	maître-papetier	1681-1684	Verrerye	
Legorgeu Thomas	fermier	1637	Forêt de Glenne	
Legrain Gilles	maître-papetier	1639-1654	Pont-aux-asnes	
Legrain Jean	maître-papetier	< 1648	Guélandry	
Legrain Mathieu	marchand papetier	< 1652	Guélandry	
Legrand Anne Julienne	papetière	1825	Brais	
Legrand Jeanne Josèphe	ouvrière papetière	1821	Lécousse	
Legrand Marie	papetière	< 1739	Roche-qui-brut	
Lejeune Jean	maître-papetier	1655-1656	Pont-aux-asnes	
Lemaître Jean-Marie	papetier	1824	Fougères	
Lemée Michelle Françoise	papetière	1822	Ardenne	
Lemonnier Raoul	marchand de chiffes	1655	Antrain	
Lendormy François	compagnon papetier	1780-1782	Grands Moulins	
Lendormy Joseph	apprenti	1747	Guélandry	
Lentaigne Jean	marchand fabricant	1790	Basse-Gobtière	80
Lentaigne Perrine Léonore	papetière	an III-an XI	Panisselais	
Leprince Jacques	papetier fermier	1663	Hellandière	
Lerbré Bertrand	compagnon papetier	1806-1809	Grands Moulins	
Lerbré Bertrand	papetier	1754-1763	St-Christophe	
Lerbré Jean	papetier	1806	Guélandry	
Lerbré Michel	papetier	an XIV-1820	St-Christophe	
Leroy Françoise Jeanne	papetière	< 1808	Pont-Brard	
Leroy Guillaume	papetier	an II	Basse-Panisselais	
Lesaige Julien	marchand papetier	1647-1652	Guélandry	
Lesné *(voir Laisné)*				
Levannier François	papetier	an VII	Beliard	
Levannier Frères	papetiers	1826		81
Levannier Michel Anne	marchand fabricant	1811-1833	Guélandry	
Levannier Michel François	papetier	1770-an VI	Guélandry	
Levannier Théodore	papetier propriétaire	an IV-1825	Guélandry, Pont-aux-asnes	
Levazeux Jeanne	maîtresse-papetière	1717-1766	Galenais, Ardenne	12,13
Lize Jean	papetier	XVᵉ siècle	Orange	
Lizé François	papetier	1834	Chauvigné	
Lizé Joseph	compagnon papetier	1817	Pont-Brard	

Lizé Michel	papetier	XVe siècle	Orange	
Lizé Pierre Jean	garçon papetier	1820-1832	Grands Moulins	
Lochet Anne Désirée	papetière	1846	Panisselais	
Lochet Augustin Julien	papetier	1830-1839	Panisselais	
Lochet Christophe	marchand papetier	1770	Vieux-Vy	
Lochet Félicité Brigitte	papetière	1830-1840	Panisselais	
Lochet François	copropriétaire	< 1780	Le Pont, Brais	
Lochet Guillaume	papetier	1738	Vieux-Vy	
Lochet Jean	papetier	1745	Vieux-Vy	
Lochet Jean-Baptiste	fabricant de papier	> 1840	Panisselais	
Lochet Jeanne	copropriétaire	< 1786	Le Roc	
Lochet Julien	fabricant papetier	1812-1820	Lange, Panisselais	
Lochet Madeleine	copropriétaire	1780	Brais	
Lochet Pierre	papetier	1675	Brais	
Lochet Pierre	papetier	1738	Vieux-Vy	82
Lochet Vincent	papetier	1712	Brais	
Logeais Joseph	papetier	an XIV	Vieux-Vy	
Loizel Guillaume	ouvrier papetier	1690-1691	Gobtière	
Lonfier Pierre	papetier	< 1741	Le Chemin	
Longfief Ambroise	copropriétaire	1725	Le Pont	
Lorand (Laurent ?) Julien	compagnon papetier	1809-1819	Grands Moulins	
Louvrier MJF	papetier	1776	Basse-Panisselais	
Louazance Julien	papetier	1779-1781	Le Roc	
Macheffert Jean	marchand papetier	1676	Hellandière	
Mancel Jean		1781	Bécassière	
Mardelé André	papetier	1740	Vieux-Vy	
Mardelé (Le) Gilles	papetier	1778	Pont-aux-asnes	
Mardelé (Le) Gilles Maisonneuve	maître papetier	1747-1782	Pont-aux-asnes	53
Mardelé Louis	papetier	an VII	Roche-qui-brut	
Mardelé Thomas	apprenti	1734	Guémain	
Marie Jean-Baptiste	ouvrier papetier	1756	Galenais	
Marie Philippe	marchand papetier	1734	Fougères	
Marion Anne Marie	ouvrière papetière	1818	Vieux-Vy	
Marquet Marguerite	papetière	1832	Roche-qui-brut	
Martin Guillaume	papetier	an II	Le Pont	
Martin Jean Julien	ouvrier papetier	an VIII	Fougères	
Mary Anne	papetière	an V	Galenais	
Meas Julien	apprenti	1791-1793	Panisselais	
Merillou (le citoyen)	marchand de chiffes	an II		
Merusseau Mathieu	apprenti	1696-1699	Gobtière	
Merusseau Pierre	apprenti	1695-1698	Gobtière	
Monnier (Le) Guillaume	papetier	1674-1678	St-Christophe	

Moquet Jean	compagnon papetier	1774	La Bazouge		
Morcel Germain	marchand papetier	1745	Bécassière		
Morcel Michel	fabricant de papier	1776-an VI	Guélandry, Brimblin		**26**
Morcel Michel	papetier	an XIV-1807	Pont-aux-asnes		
Morcel Michel	ouvrier papetier	1817-1820	Vieux-Vy		
Morcel Pierre	papetier	1745	Bécassière	83	
Moreau Jean	ouvrier papetier	1786-1788	Batailles		
Morel Clément	papetier	1772-1779	Le Pont		
Morel Denis	papetier	1770	Vieux-Vy		
Morel François	papetier	1786	Roche-qui-brut		
Morel Gilles fils Gilles	papetier	< 1792	Pont-Brard		
Morel Gilles fils Guillaume	papetier	1723-1780	Brais, Pont-Brard	54-56	
Morel Gilles fils Jean	papetier	1808	Cogles		
Morel Gilles François	papetier	1844	Vieux-Vy		
Morel Gilles petit-fils Gilles	papetier	1827-1831	Brais		
Morel Guillaume	papetier	< 1730	Brais		
Morel Jean	papetier	1777-1831	Pont-Brard, Le Roc		
Morel Jean	fabricant de papier	an VI-1824	Brimblin, Forges		**27**
Morel Joseph fils Gilles	papetier	< an XII	Pont-Brard		
Morel Joseph fils Jean	papetier	< 1810	Pont-Brard		
Morel Joseph fils Joseph	papetier	> 1780	Le Pont		
Morel Julien	compagnon papetier	1801-1812	Tremblay		
Morel Julien Marie	papetier	1762-1791	Guémain		
Morel Madeleine	copropriétaire	1780	Le Pont, Pont-Brard		
Morel Marguerite	copropriétaire	1753	Guémain		
Morel Marie	copropriétaire	1786-1792	Pont-Brard		
Morel Mathurin	copropriétaire	1675-1710	Brais		
Morel Michel	papetier	< 1746	Brais		
Morel Noël	papetier	< 1639	Vieux-Vy		
Morel Noël François	ouvrier papetier	1847	Vieux-Vy		
Morel Noël petit-fils Gilles	papetier	< 1829	Brais		
Morel Pierre	papetier fermier	1740-1772	Le Roc, Brais		
Morel Vincent fils Gilles	papetier	1750-1780	Brais, Pont-Brard		
Morel Vincent fils Jean	papetier propriétaire	an XIII-1827	Pont-Brard		
Morin Gillette Jeanne	ouvrière papetière	1820	Lécousse		
Morin Jean Julien	papetier	1837	Lécousse		
Morin Joseph	papetier	1820-1826	Grands Moulins		
Morin Julien	papetier	1812-1816	Vieux-Vy		
Moslé Noël	papetier	1661	St-Christophe		
Moulin Jean	papetier	an II-1829	Vieux-Vy		
Noché Julien	papetier	1784-1788	Guélandry		
Noché Julien	apprenti et fermier	1688-1716	Gobtière, Pont-aux-asnes		

Noël (le citoyen)	marchand de chiffes	an II	Dol
Noël Hyacinthe Louise	papetière	1837	Lécousse
Noël Victoire Françoise	ouvrière papetière	1844	Lécousse
Noury Julien	apprenti	1728-1731	Ardenne
Ory François	apprenti et papetier	1727-1733	Ardenne
Ory Gilles	marchand papetier	1707-1727	St-Ouen-la-Rouerie
Ory Guillemette	papetière	1793	La Sourde
Ory Julien	papetier	1746-1793	La Sourde
Ory Julien	marchand papetier	1682	Vieux-Vy
Ory Pierre	copropriétaire	> 1726	Le Pont
Pain Yves	marchand papetier	1708-1734	Galenais
Pallès Jean	compagnon papetier	1713	Galenais
Peigné Denis	papetier	1785	Batailles
Peigné Pierre	compagnon papetier	1751	Guémain
Pelé Jean	papetier	an VI	Guélandry
Pelé Jean Julien	papetier propriétaire	1814-1825	Roche-qui-brut
Pelé Jeanne	papetière	1809	Fougères
Pelé Joseph	papetier	an XIII	Guélandry
Pellé Joseph Louis	papetier	1812-1829	La Sourde
Pépin Michel	compagnon papetier	1825-1831	Brais
Petit Julien	papetier	an V-an XI	Pont-aux-asnes
Peurée Julien	papetier	an XII	Guélandry
Pichot Jeanne Théotiste	papetière	1845	La Bazouge
Pilou Pierre	papetier	1772	Brais
Pinson Jacques		< 1679	Guélandry
Poincheval Alexandrine	papetière	1828	St-Brice
Poirier julien	papetier	an II	Lange
Porrée Thomas	propriétaire	1589	Gobtière
Potrel Louis	papetier	an VIII	Fougères
Poupard Jean-Marie	papetier	1819-1821	Guélandry
Prenveille Julien Marie	papetier	1840-1842	St-Christophe
Prenveille Mathurin	maître-papetier	an IX-1829	Pont-aux-asnes, Goutil
Prenveille Mathurin fils	papetier	1834	Goutil
Prenveille Théophile	papetier	1873	St-Christophe
Prenveille Zacharie	papetier	1842-1867	La Sourde, Le Roc
Prioul Pierre	marchand papetier	1737	Vieux-Vy
Prioul	fournisseur de colle	an II	Fougères
Provost René	papetier	an VI	Fougères
Provost René Louis	papetier	1831	Fougères
Radigois frères	papetiers	1855	Grands Moulins
Raymond Thomas	garçon papetier	1770	Guélandry
Renard François	papetier	an IX	La Bazouge
Renard Jean-Baptiste	papetier	an IX-1820	Basse-Panisselais

Richard Guy	apprenti	1681	Verrerye		
Rochullé Guillaume	garçon papetier	1738	Panisselais		
Roger René	papetier	1812-1822	La Sourde, Guélandry		
Roussel (Rouxel) André	papetier	an VI-1819	Guélandry		
Roussel Louis	papetier	1841	Fougères		
Roussin François (Hilaire)	maître-papetier	1792-1829	Grands Moulins	67,68	**28**
Roussin François fils François	maître-papetier	1827-1845	Grands Moulins		
Roussin François fils Jean	maître-papetier	1709-1748	St-Ouen-la-Rouerie		**29**
Roussin Georges	apprenti	1746-1750	Ardenne		
Roussin Jean	marchand papetier	1673-1716	Tremblay, Galenais		
Roussin Jean (Louis)	maître-papetier	1762-1808	Guémain, Grands Moulins	69	**30**
Roussin Jean fils Jean (Louis)	papetier	1804-1808	Grands Moulins		
Roussin Jean-Louis (la Croix)	papetier fermier	1712-1740	Roche-qui-brut, Ardenne, Grands Moulins	59,60	**31**
Roussin Joseph fils Jean (Louis)	papetier	1792-1793	Grands Moulins		
Roussin Joseph fils Joseph	maître-papetier	1815-1843	Panisselais		
Roussin Joseph fils Pierre	papetier	1783-an VII	Galenais		**32**
Roussin Joseph Pierre	papetier	an IV-an XIII	Guélandry		
Roussin Julien	papetier	1834	Batailles		
Roussin Louis (la Croix)	marchand papetier	1751-1787	Panisselais	65,66	**33**
Roussin Perrine Rose	ouvrière papetière	1829	Tremblay		
Roussin Pierre (du Val)	papetier fermier	1735-1783	Guémain, Grands Moulins, Ardenne	62-64	
Roussin Victoire	papetière	1799	Tremblay		
Ruault Michel	papetier	1675-1690	St-Christophe		
Ruault Vincent	marchand de papier	1655	Antrain		
Ruaux François	papetier	1753-1793	Goutil		
Ruaux Jean-Pierre	papetier	1823	Grands Moulins		
Ruaux Louis François	papetier	1793-an X	Goutil		
Sanguy Michel	papetier	an V	Tremblay		
Sanguy Pierre	papetier	an XI	La Bazouge		
Saucet Jean	ouvrier papetier	1775	Galenais		
Segouin Joseph	papetier	an IX-an XI	Tremblay		
Seigneur Guy	papetier	an III-1806	Vieux-Vy		
Seigneur Guy Pierre	papetier	1838-1848	Vieux-Vy		
Seigneur Jean-Marie	papetier	1843	St-Christophe		
Seigneur Julien	copropriétaire	< 1753	Le Pont		
Seigneur Julienne	papetière	1818	Grands Moulins		
Seigneur Marguerite	papetière	1824-1826	Grands Moulins		

Seigneur René	papetier	1794-1847	Ardenne, Le Roc, Seigneur	84
Tesnières Jean	compagnon	1786	Guélandry	
Thebault Pierre	marchand de chiffes	1833	Sens	
Thomas Henri	papetier propriétaire	1807-1839	Guémain	
Thomas Joseph	papetier	1837	Sens	
Thomas Monique Anne	papetière	1828	Guémain	
Thomas Pierre	papetier	1774	La Bazouge	
Thomas René	garçon papetier	1835	Sens	
Tigier Jean Marie	papetier	1828	Brimblin	
Tirel Julien	apprenti	an III	Ardenne	
Toutan Mathurin	papetier	1772	Le Chemin	
Toutan Pierre	copropriétaire	1753	Le Chemin	
Tricar Geneviève		1777-an VII	Galenais	
Tricar Michel	papetier fermier	1757-an V	Frenais, Galenais	85,86 **34**
Trouvé Jean Marie	papetier	1811-1812	Vieux-Vy	
Tuaux Anne	compagnon papetier	1808-1826	Pont-Brard	
Tuaux François Pierre	ouvrier papetier	1834	Vieux-Vy	
Tuffet Pierre	compagnon papetier	1793-an VIII	Lange	
Vallée Pierre	papetier	an II	Lange	
Vannerie Jean	compagnon papetier	an II	Panisselais	
Vaullegeart Pierre	fermier papetier	1644-1649	Frenais	

Annexe 3

Planches de filigranes et signatures des papetiers

Certains filigranes sont d'une taille difficilement compatible avec leur représentation en grandeur réelle dans cet ouvrage. Après avoir été relevés et intégrés dans les planches suivantes, tous les filigranes ont été soumis à une réduction à 65% de leur taille originale ; une échelle témoin de cette réduction est incorporée au bas de chaque planche.

En revanche, les signatures ont été reproduites et montées en grandeur réelle dans les trois dernières planches.

(1)

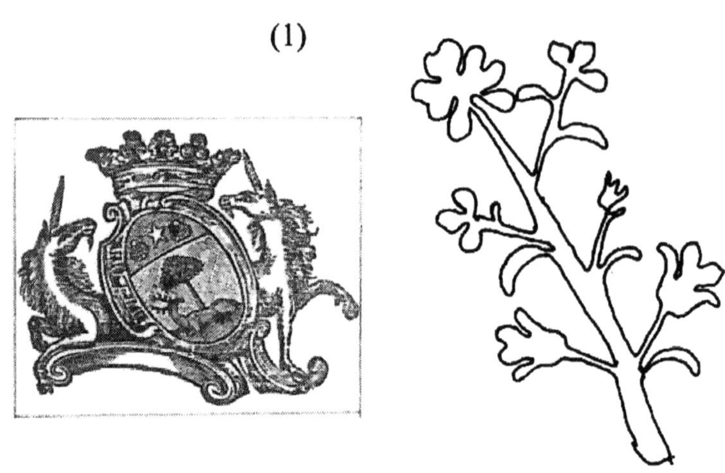

0 1 2 cm

(2)
(3)
(5)
BELIN
I♥BLIN
BRETAGNE
BLIN F
(6)
P BLIN
1782
(4)
A♥B
(7)
0 1 2 cm
AB
(8)
(9)

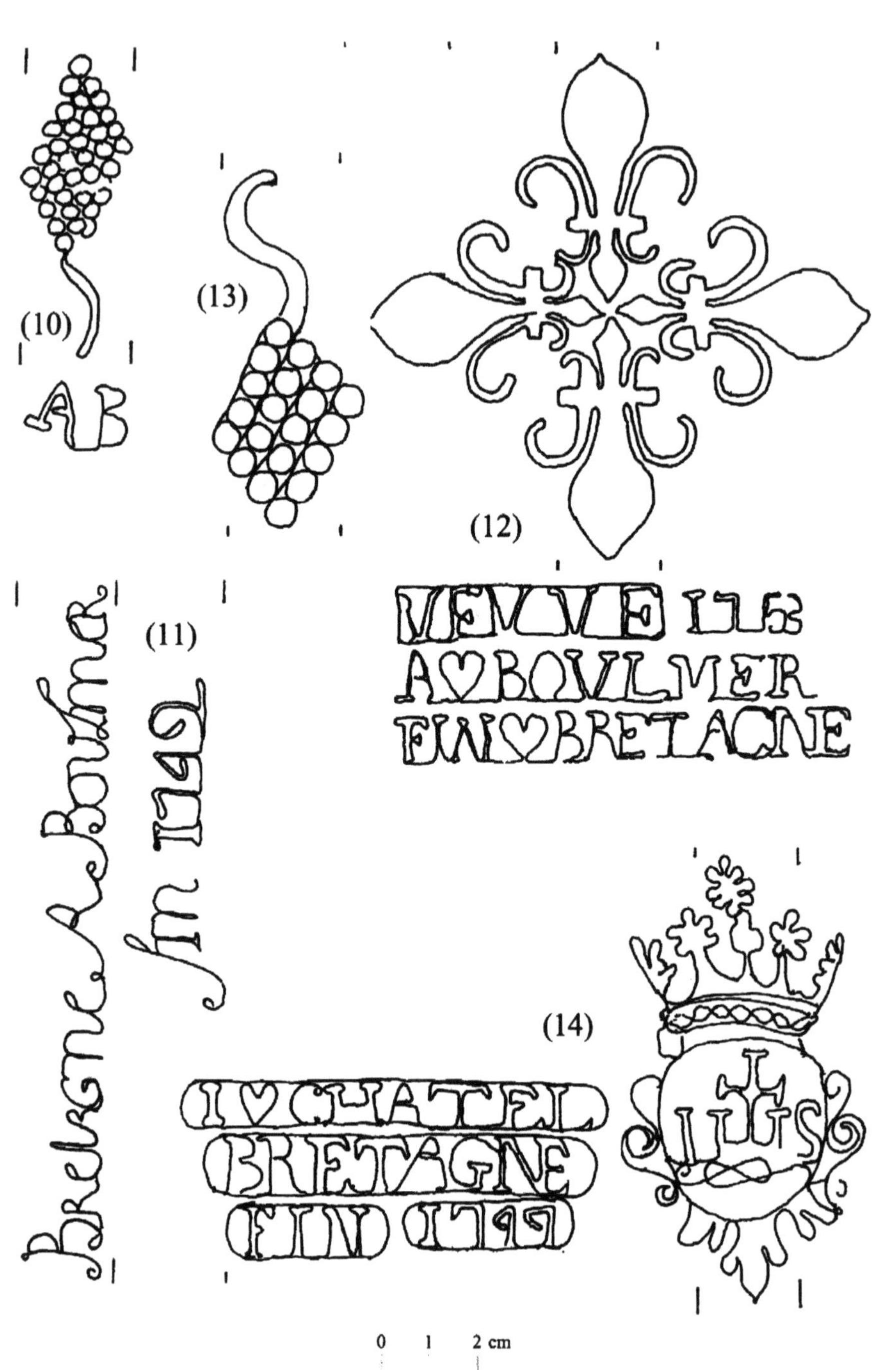
(10)
AB
(13)
(12)
(11)
(14)
BRETAGNE
0 1 2 cm

1744
(15)
BRETAGNE
(16)
BRETAGNE
D CHATEL
1746
(17)
(18)
0 1 2 cm

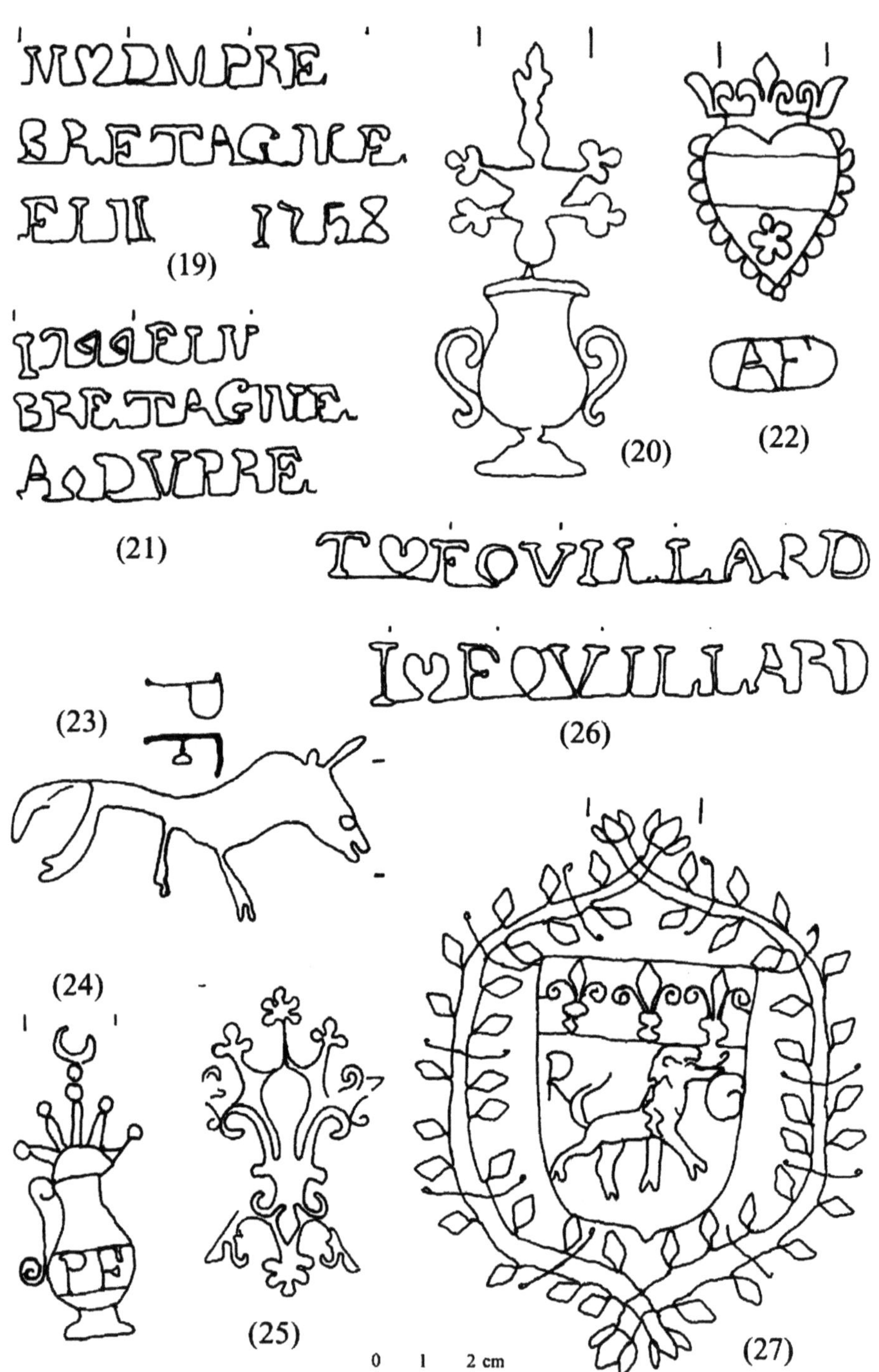
(19)
(20)
(21)
(22)
(23)
(24)
(25)
(26)
(27)
0 1 2 cm

R♡GORGET
(28)
(30)
IG
(31)
I♡GORGET
R♡G
(29)
(33)
(34)
BRETAGNE
R♡GERGET
V142
IG
(32)
0 1 2 cm

I GEORGET
1778
(35)
(36)
I. GEORGET
IEUNE
(37)
RUGUEDON
(38)
IHS
(39)
R.G
(40)
0 1 2 cm

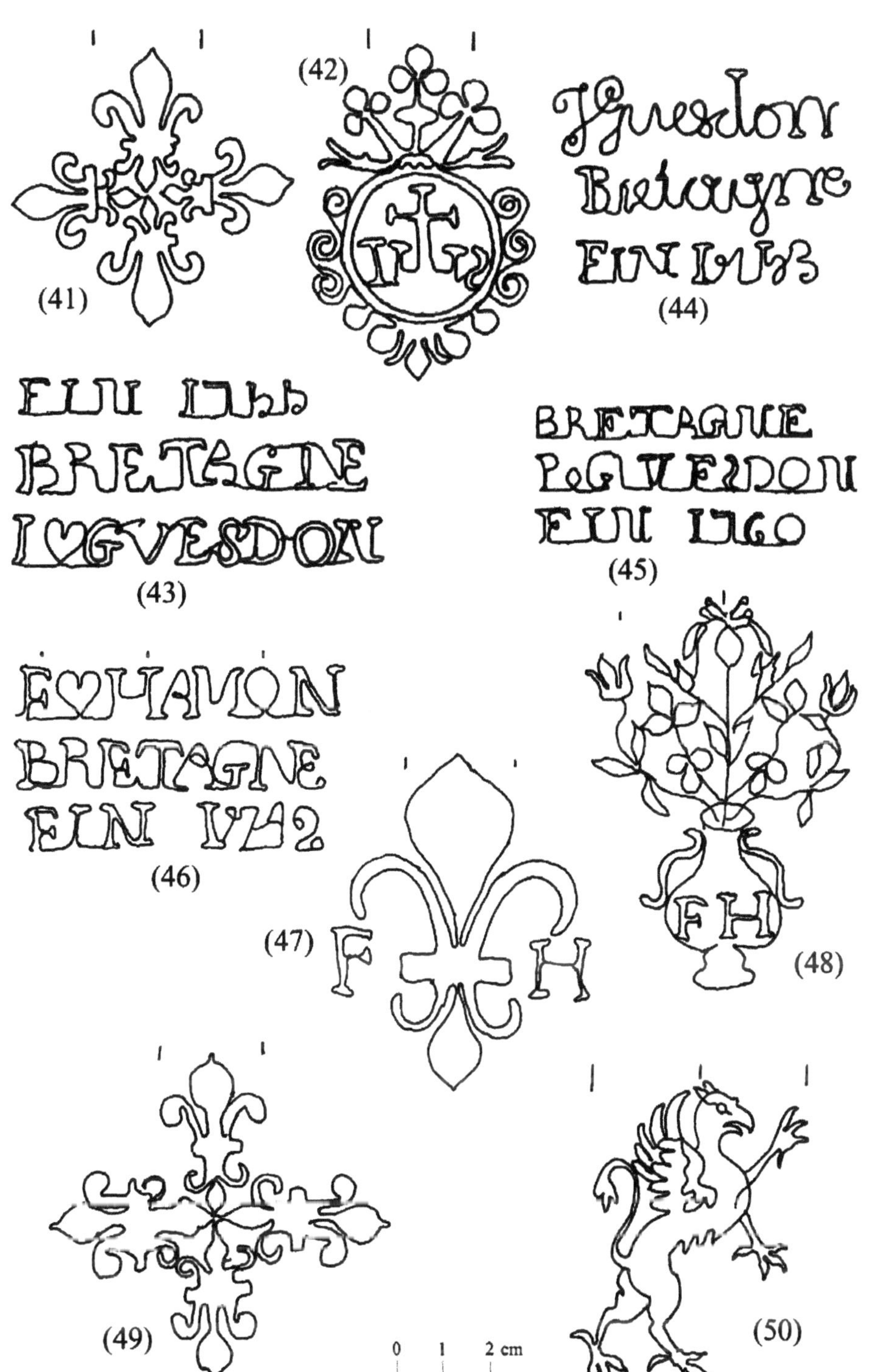
(41)
(42)
(44)
(43)
BRETAGNE
EIN 1760
(45)
BRETAGNE
(46)
(47)
F
H
(48)
FH
(49)
(50)
0 1 2 cm

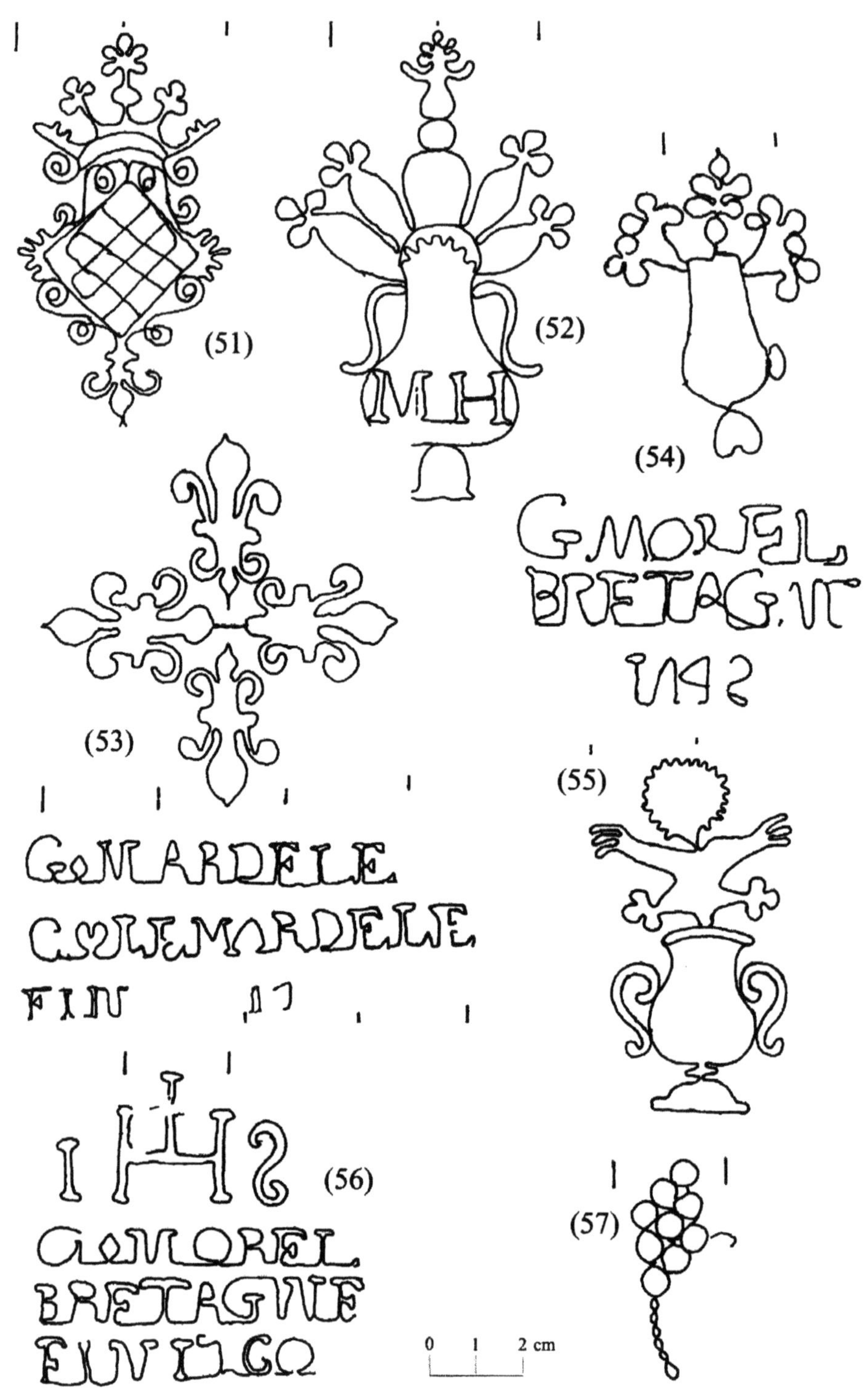
(51)
(52)
MH
(54)
G MOREL
(53)
(55)
(56)
(57)
G MOREL
BRETAGNE
0 1 2 cm

(58)
L. MOREL
(59)
R
(60)
(61)
J CORBE
BRETAGNE
(62)
BRETAGNE
0
1
2 cm

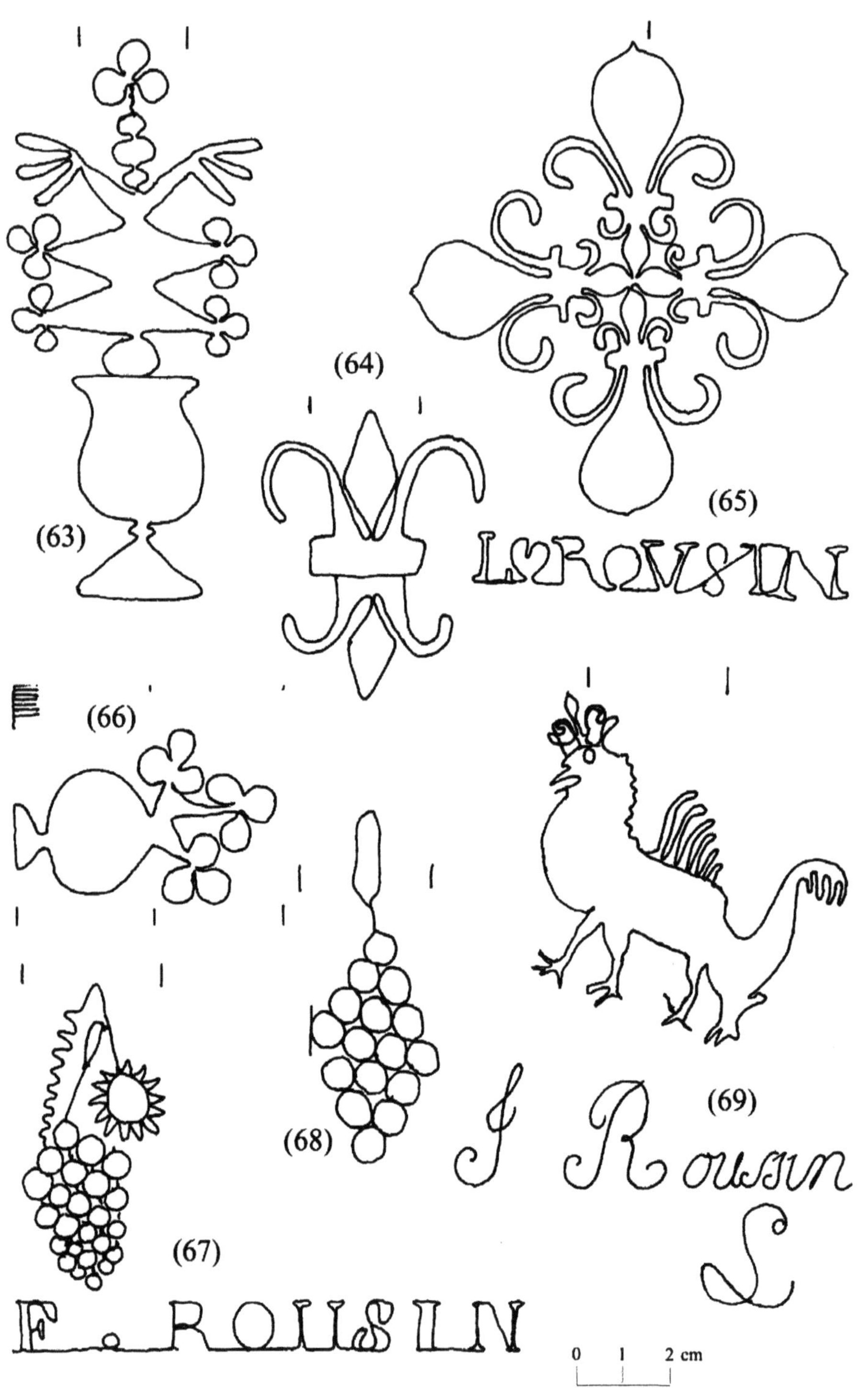
(63)
(64)
(65)
(66)
(67)
(68)
(69)
F . ROUSIN
I Rousin
S
0 1 2 cm

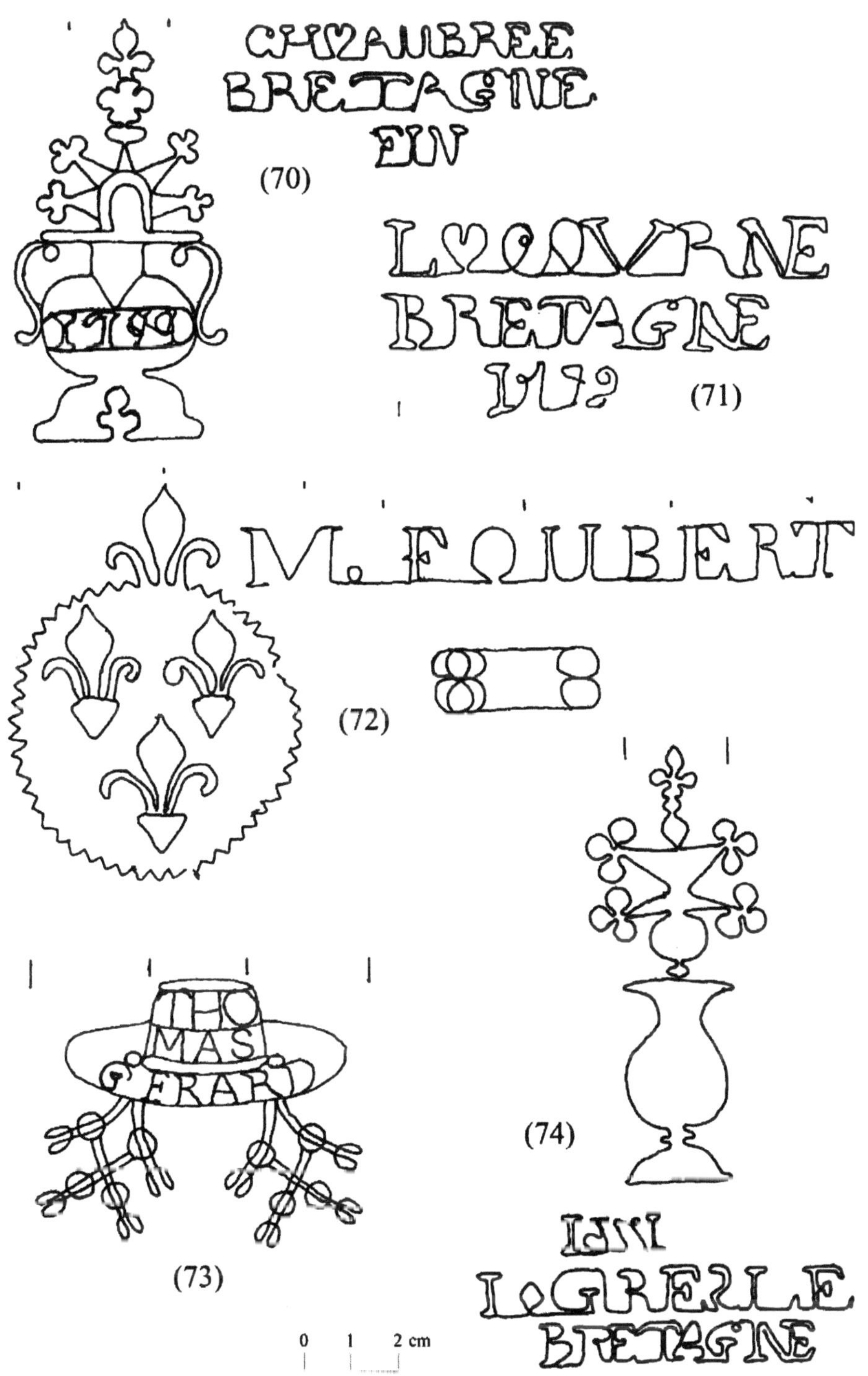
BRETAGNE
FIN
(70)
BRETAGNE
(71)
(72)
(73)
(74)
BRETAGNE
0 1 2 cm

(75)
(76)
(77)
(78)
(79)
(80)
0
1
2 cm

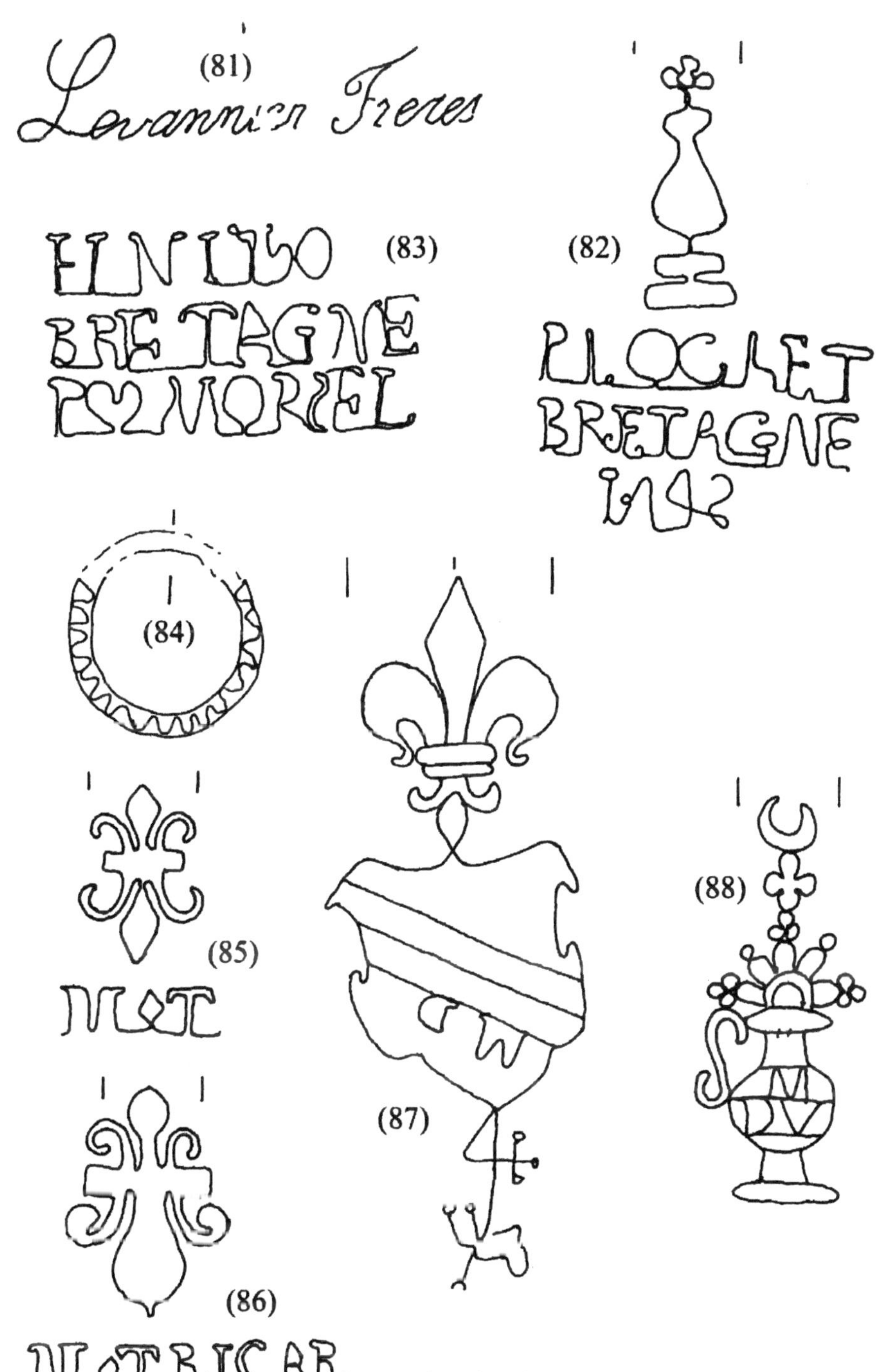
(81)
Levannier Freres
(83)
(82)
BRETAGNE
PLOCHET
BRETAGNE
(84)
(85)
(87)
(88)
(86)
0 1 2 cm

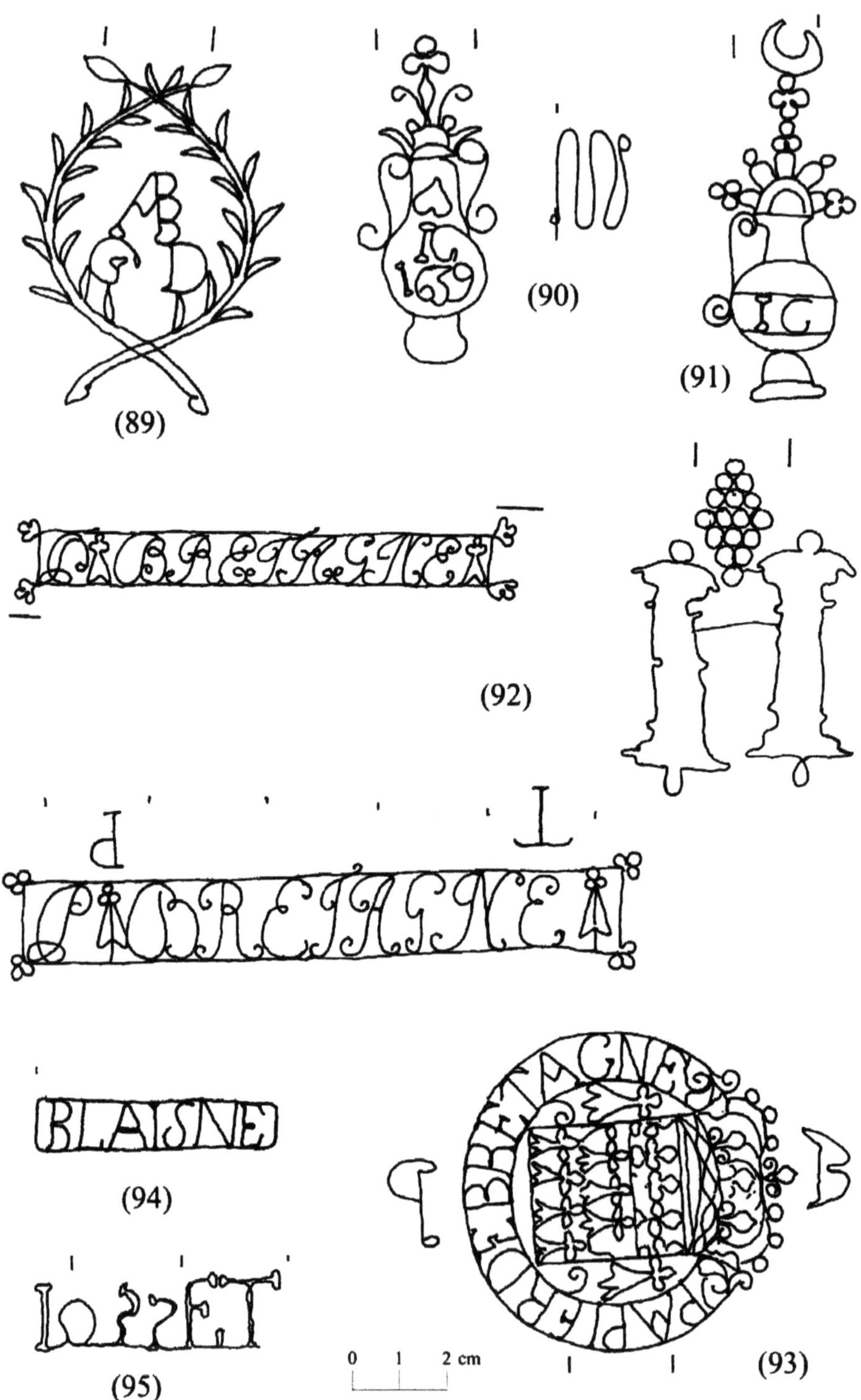
(89)
(90)
(91)
(92)
(93)
(94)
(95)
BLAISNE
0 1 2 cm

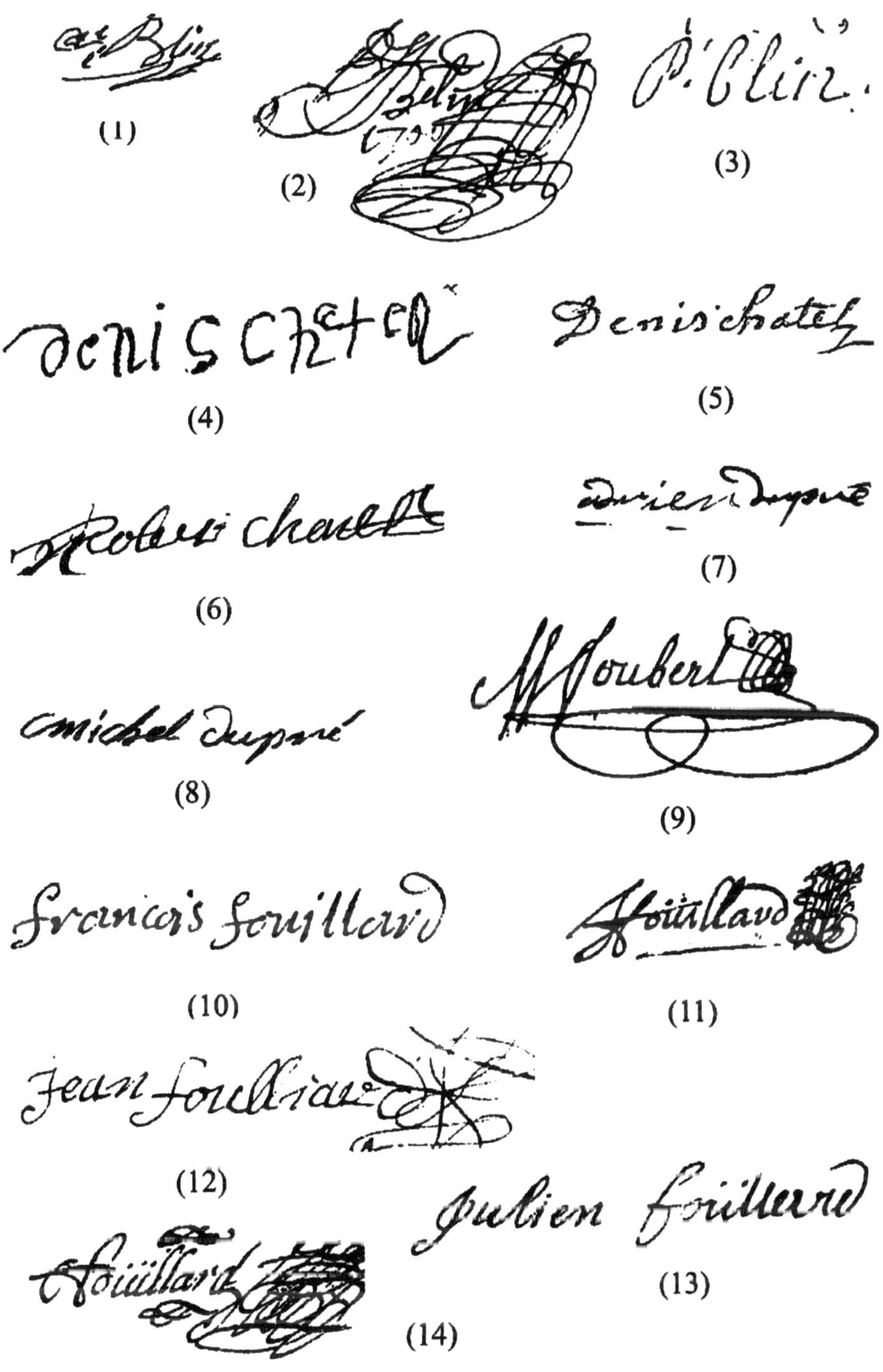
(1)
(2)
(3)
(4)
(5)
(6)
(7)
(8)
(9)
(10)
(11)
(12)
(13)
(14)

(15)

(16)

(17)

(18)

(19)

(20)

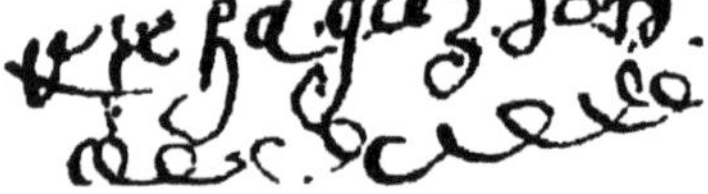

(21)

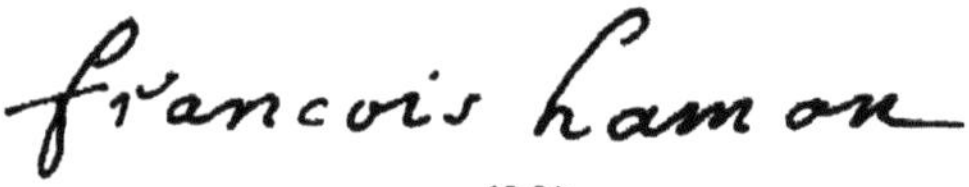

(22)

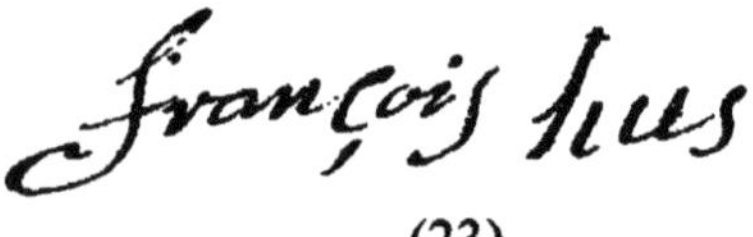

(23)

(24)

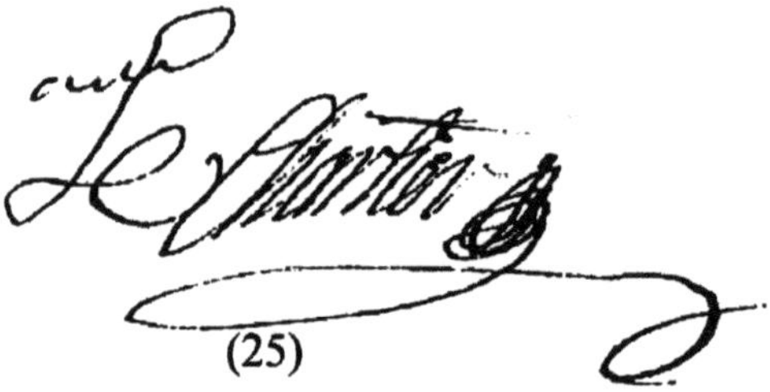

(25)

(26)

(27)

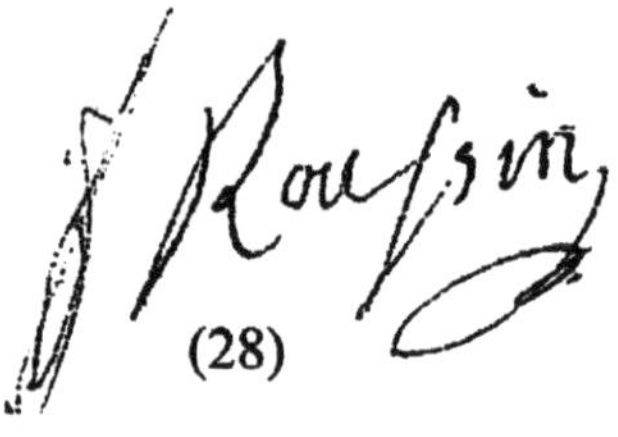

(28)

(29)

(30)

(31)

(32)

(33)

(34)

LEXIQUE

Nous utilisons pour ce lexique l'orthographe la plus fréquente employée dans les divers documents cités en référence. Entre parenthèses sont précisées les autres orthographes rencontrées. Certains termes employés par les papetiers ou notaires et autres greffiers paraissent d'un usage purement local et ne sont retrouvés dans aucun des dictionnaires consultés (y compris le dictionnaire Gallo-Français) ; la définition qui en est donnée résulte alors d'une interprétation personnelle fonction du contexte du terme utilisé.

Affleurer (à fleurer) : affiner la pâte ; la pile à affleurer est la dernière dans laquelle séjourne la pâte à papier avant de passer dans la cuve.

Arain : ancien nom du bronze.

Arbre : fût de bois entraîné par la roue, sur lequel sont fixées les cames qui permettent de lever alternativement les maillets.

Assoler : seul semble exister le participe passé assolé signifiant mis au ras du sol, dont il ne reste plus pierre sur pierre.

Auget : élément qui reçoit l'eau dans une roue verticale ; également dispositif qui reçoit l'eau provenant de la gouttière et qui la dirige vers une pile.

Batterye : ensemble des piles et maillets ; située dans la salle des piles.

Bieu (bied, bief) : canal de dérivation qui conduit l'eau de la rivière vers la roue du moulin. En amont il s'agit du canal d'amenée, en aval du canal de fuite.

Chaînette : cordage métallique de la forme à papier qui repose sur un support en bois, le pontuseau. Les chaînettes (appelées parfois simplement chaînes dans cet ouvrage) sont parallèles, et situées théoriquement à égale distance les unes des autres. Une chaînette intermédiaire supplémentaire sert parfois à la fixation du filigrane.

Chaudière : récipient métallique où l'on faisait cuire la colle.

Chaussée (eschaussée) : barrage de retenue de l'eau sur la rivière ; un système de vannes permet de régler la hauteur d'eau ; un canal (bief) amène l'eau sur la roue du moulin.

Chiffe (pillots, drapeaux) : terme désignant l'ensemble des toiles et tissus servant de matière première au papier.

Corde : mesure de longueur ; une corde faisait 12 aulnes de Provins et une aulne 2 pieds et demi ; une corde fait donc 30 pieds.

Costière : pour côtière, terme de construction ; ici la façade.

Coucheux (coucheur) : ouvrier qui prend la forme des mains de l'ouvreur et la retourne sur le feutre où il dépose la feuille de papier.

Couleux (couloir) : étoffe qui permet la filtration de l'eau arrivant dans une pile.

Coullombe : vieux terme de charpenterie. C'est une solive qu'on pose à plomb dans une sablière pour faire des cloisons ; a donné coulombage.

Couverte : cadre supérieur amovible de la forme à papier ; assure la dimension et l'épaisseur d'une feuille.

Cuve : récipient renfermant la pâte à papier dans lequel l'ouvreur plonge la forme pour en extraire la quantité de pâte destinée à former une feuille.

Devantier : vieux mot qui signifiait autrefois tablier.

Encroux : élément qui permet à la vis de tourner dans la presse.

Epair : aspect de la feuille de papier observée par transparence.

Essente (essenve) : lame de châtaignier utilisée en toiture.

Etendeur (étendoir ; frislouze) : espace à claire-voie situé au 2ème (ou au 3ème) niveau du moulin où sont placées les feuilles à faire sécher.

Fautre (flautre) : feutre sur lequel le coucheur dépose la feuille qui vient d'être faite sur la forme.

Ferlet : outil en forme de Té qui permet de suspendre les feuilles humides sur les cordages de l'étendoir.

Fieffe : vieux terme de coutumes qui signifie bail à rente.

Folio : feuillet correspondant à un demi plano ou demi-feuille.

Forme : outil avec lequel l'ouvreur puise la pâte dans la cuve. Constituée d'un chassis en bois sur lequel repose une toile métallique tissée par le formaire ; l'eau s'écoule au travers de ce tamis.

Gatouer (noc gatoir) : issue permettant l'écoulement du trop-plein d'eau en cas de crue.

Goutière : dispositif d'amenée d'eau dans chacune des piles, placé parallèlement à l'arbre.

Kas (quat) : tamis situé au voisinage du fond de pile, au travers duquel s'évacue l'eau.

Leveur : ouvrier qui lève la feuille du feutre après passage dans la presse.

Lisser : étape de finition de la feuille de papier pour en faire disparaître les aspérités.

Maillet : pièce de bois fixée sur une queue, garnie ou non d'éléments métalliques (clous ou ferrace), qui bat dans la pile pour défibrer les chiffes ou pour affiner la pâte.

Main : ensemble de 25 feuilles identiques.

Manichordion : fil de laiton qui maintient dans un même plan les fils du chassis à fabriquer le papier.

Marbre : axe qui assure la jonction entre la roue et l'arbre à cames et qui entraîne ce dernier.

Matereaux : matériaux ; *« les ouvriers et le peuple parlent ainsi »* (Dict. Trevoux).

Mazière : masure, ce qui reste d'un bâtiment tombé en ruines.

Merrain (mairrain) : toute sorte de bois à bâtir comme poutres, solives...

Nocq (noc, no) : sorte de gouttière qui amène l'eau au-dessus de la roue.

Ouvreux (ouvreur) : local où se trouve la cuve ; ouvrier qui puise la pâte dans la cuve à l'aide de la forme.

Philagramme (filagramme) : nom ancien du filigrane. À l'origine, pièce d'orfèvrerie d'or ou d'argent travaillée délicatement en forme de petits grains ou de petits filets. Ici fil de laiton.

Pille (pile) : sorte d'auge initialement en bois, et plus tard en pierre, creusée pour recevoir les chiffes et dans laquelle battent les maillets.

Pistollet : dispositif de chauffage (sorte de petit poêle) incorporé au bas de la cuve pour maintenir la pâte à papier à température constante.

Plano : feuille de papier de format déterminé par la forme.

Plataine : platine située au fond de la pile contre laquelle s'abattent les maillets.

Portage : ensemble des ouvertures de la chaussée (bondes, vannes).

Posse : ensemble des 101 feutres de même dimension qui permettent de passer sous presse les 100 feuilles humides constituant une porse (la porse a parfois un nombre plus élevé de feuilles).

Pourissouer (cabaret) : pièce du moulin ou bâtiment hors moulin dans lequel les chiffons sont trempés et soumis à un début de pourrissement, ce qui élimine partie des impuretés (salissures) et autres matières organiques, et favorise ensuite la dissociation des fibres cellulosiques.

Quaisse (aumone) : dispositif dans la salle des piles qui peut recevoir temporairement l'ouvrage battu en attendant la suite du traitement.

Queue : élément de bois mobile dans un plan vertical, qui porte à l'une de ses extrémités un maillet.

Rame : ensemble de 500 feuilles de même format, soit 20 mains.

Reméré : faculté de rentrer dans un héritage qu'on vend, en remboursant le prix et les frais légitimes. La faculté de reméré ne dure que trente ans (Dict. Trevoux).

Ressoul : bras de la rivière qui alimente le moulin ; semble correspondre au bief.

Ro(n)gner : découper le papier de façon à ébarber les feuilles et assurer les mêmes dimensions pour un format donné.

Roue : système qui entre en rotation sous l'influence du courant d'eau ; la rotation peut être provoquée par poussée directe de l'eau en partie basse sur les pales (ou aubes) ou par le poids de l'eau contenue dans les augets lorsqu'elle arrive latéralement ou en partie supérieure de la roue.

Saleran : ouvrier qui assure l'encollage du papier.

Somme : charge d'un cheval ou d'un autre animal propre à porter sur son dos.

Tessier : ancien nom de tisserand. Le tamis des formes étant tissé en fils métalliques, peut-être ce qualificatif a-t-il été utilisé à la place du terme formaire que nous n'avons pas trouvé avant le XVIIIe siècle.

Tranche-file : chaîne particulière de la forme, de taille fréquemment plus grosse que les chaînettes ; il y a généralement deux tranche-files, l'un avant la première chaînette et le second après la dernière. La trace des tranche-files est souvent observée assez près des bords de la feuille ; elle est parfois inexistante (dans une feuille rognée).

Trémiège : (un grand et un petit par pile) terme non trouvé dans les dictionnaires consultés ; par analogie avec la trémie d'un moulin à blé, probablement dispositif d'entrée et d'évacuation de matière (chiffe et pâte) dans une pile.

Vergeure : fil métallique de la forme, perpendiculaire aux chaînettes ; la plupart du temps, les vergeures sont parallèles au grand côté de la feuille.

Vir : axe vertical de la presse ; vis de la presse.

Index des noms propres

C

Q

R

Index des Paroisses et Communes

Bibliographie

Documents d'archives

Archives départementales d'Ille-et-Vilaine (ADIV)

Série B : Cours et Juridictions
3B 19 et 20, 3B 915 à 921.
4B 78, 80 à 83, 1446, 2911 à 2913, 3046, 5388 à 5429, 5468 et 5469, 5509 à 5512, 5516, 5518, 5524 et 5525, 4B Vieux-Vy-sur-Couesnon 8 liasses, 4Bx 978, 1146 à 1148.

Série C : Fonds de l'Intendance
C 793 et 794, 1443, 1461 à 1464, 1502 à 1507, 1605 et 1606, 2090 à 2094, 2144 à 2146, 4163, 4443 à 4447, 4514, 4537, 4564, 4572, 4574, 4576, 6192 à 6198, 6210 à 6214, 6224, 6227, 6246.

Série 2C : Bureaux de Contrôle et Droits joints
Antrain 2C^{2}-76, 2C^{2}-90, 2C^{2}-131 ; Feins 2C^{13}-19, 2C^{13}-120 ;
Louvigné-du-Désert 2C^{25}-1, 71 et 72 ;
St-Aubin-du-Cormier/Vieux-Vy 2C^{38}-10 à 14, 21 à 23, 26, 34, 48, 162, 175, 177, 179, 184 à 243, 252 à 259, 261 et 262, 280 à 283 ;
St-Etienne-en-Cogles/St-Brice 2C^{39}-12, 32, 38 et 39, 55, 62 et 63, 76, 92 à 128, 156.

Série 2E : Familles
2Eb 88.

Série 3E : Etat civil
Tremblay 354, St-Christophe-de-Valains 368/1, Vieux-Vy-sur-Couesnon 370/1.
E Dépôt EC Chauvigné 101, 104 ; St-Brice-en-Cogles 102 à 104 ; St-Christophe-de-Valains 101 à 103 ; Romazy 101.
Microfilms 5MI de Chauvigné, Cogles, La Bazouge-du-Désert, Lécousse, Romazy, Saint-Brice-en-Cogles, Saint-Christophe-de-Valains, Saint-Ouen-la-Rouerie, Sens, Tremblay, Vieux-Vy-sur-Couesnon.

Série 4E : Notaires
949, 1119, 1131, 1134, 1398, 1727 à 1730, 1752, 2127, 2165, 2169, 2171, 2183, 2186, 2214 à 2248, 2314, 2329, 2352 et 2353, 2449, 2451 à 2453, 2466, 3385, 3387 et 3388, 6424 à 6429, 6437, 6440 à 6442, 6446 à 6467, 6469, 6471, 6476 à 6480, 6482 à 6498, 6500 à 6502, 6511 à 6532, 6537, 6565, 6573 à 6609, 6611 à 6618, 6620, 6625, 6633

et 6634, 6641 à 6667, 6670, 6672 à 6679, 6681, 6684 et 6685, 6687, 6692, 6694, 6715, 6718, 6721et 6722, 6724, 6726, 6733, 6743 à 6745, 6902 et 6903, 6917, 7212, 9811 et 9812, 9818, 9821 à 9832, 9884 à 9886, 9889 à 9898, 9901 à 9906, 9918, 9954, 10240 à 10242, 10245, 10249, 10264, 10279 à 10290, 10323, 10329, 10339 à 10342, 10674.

Série 5E : Villes et corporations
5E1, 3, 4, 6 et 7.

Série F : Fonds divers et documentation générale
4 Fc 22 à 31 ; 12 Fc 21.

Série G : Clergé séculier
G 561, G 569A, G paroisse de Saint-Martin de Vitré.

Série H : Clergé régulier
6H 14.

Série 3P : Cadastre.
Tous les registres des propriétés foncières et matrices de Chauvigné, Cogles, Fougères, Lécousse, La Bazouge-du-Désert, Louvigné-du-Désert, Saint-Brice-en-Cogles, Saint-Christophe-de-Valains, Sens, Tremblay, Vieux-Vy-sur-Couesnon.

Archives départementales de la Mayenne (ADM)

Série 3E/54 : Notaires
1 et 2, 71 et 72, 101 et 102, 112 et 113, 116, 118 à 122, 124 à 133, 135 et 136, 138, 141 à 144, 148 et 149, 151 à 153.

Divers : 109 J 76.

Ouvrages imprimés

ANGOT abbé, *Dictionnaire historique, topographique et biographique de la Mayenne*, Laval, 1900-1910.

BADICHE M. L., *Mémoire sur le Petit-Maine et sa Franchise lu à l'Institut Historique* (avril 1849), Paris, Firmin Didot Frères Imprimeurs, 1849.

BANÉAT P., *Le département d'Ille-et-Vilaine, Mayenne, Editions Générales de l'Ouest*, 1994 ; première édition Rennes, Librairie Moderne J. Larcher, 1927.

BERTIN A. et MAUPILLÉ L., *Histoire de la Baronnie de Fougères et de ses environs*, Paris, Monographies des villes et villages de France, Res Universis, 1990, Réédition de la *Notice historique et statistique sur la baronnie, la ville et l'arrondissement de Fougères*, Rennes, 1846.

BINET (le père Etienne), *Essay des Merveilles de Nature et des Plus Nobles Artifices*, in Le Papier. L'Imprimerie, Teilhède, Le Nouveau Commerce, 1988 ; édition originale Rouen, chez Jean Osmont, dans la cour du Palais, 1621.

BOURDE DE LA ROGERIE H., *Notes sur les papeteries des environs de Morlaix depuis le XVe siècle jusqu'au commencement du XIXe siècle*, Bulletin Historique et Philologique, 1911, p. 1-55.

BOURDE DE LA ROGERIE H., *Les papeteries de la Région de Morlaix depuis le XVIe siècle jusqu'au commencement du XIXe siècle*, in Contribution à l'histoire de la papeterie en France, Grenoble, Editions de “ L'Industrie Papetière ”, 1941, t. VIII, p. 1-63.

BRIQUET C. M., *Les Filigranes, Dictionnaire historique des marques du papier dès leur apparition vers 1282 jusqu'en 1600*, New York, Hacker Art Books, 1985, 4 vol., première édition à Genève, 1907.

CHASSAIN M., *Moulins de Bretagne*, Keltia Graphic Ed., 1993.

CHURCHILL W. A., *Watermarks in Paper*, Nieuwkoop, De Graaf Publishers, 1990, première édition à Amsterdam, Hertzberger, 1935.

COCHON M., *Les Filigranes de la Formule, Généralité de Bretagne*, in Bulletin de la Société “ Le Vieux Papier ”, 1906, vol. 38, p. 386-389.

CORDONNIER-DÉTRIE P., *Les anciennes papeteries du Maine*, in Contribution à l'histoire de la papeterie en France, Grenoble, Editions de “ L'Industrie Papetière ”, 1933, t. I, p. 74-84.

DESMARETS M., *Premier mémoire sur les principales manipulations qui sont en usage dans les papeteries de Hollande lu à l'Académie Royale des Sciences le 20 février 1771*, Paris, Imprimerie Royale, 1774.

DEVAUX A., *Les papiers et parchemins timbrés de France*, Lille, 1911.

DOIZY M.-A. et FULACHER P., *Papiers et Moulins des origines à nos jours*, Paris, Arts et Métiers du Livre, 1999.

DU HALGOUET H., *Coup d'œil sur l'industrie rurale du papier dans la province de Bretagne*, Bulletin de la Société Polymathique du Morbihan, 1939, p. 38-59.

DURAND-VAUGARON L., *Technologie et Terminologie du Moulin à Eau en Bretagne*, Annales de Bretagne, 1969, LXXVI, p. 285-353.

JOURNET C., *Il était une fois le papier*, Morlaix, Editions du Dossen, 1992.

GARLAN Y. et NIÈRES C., *Les révoltes bretonnes de 1675, papier timbré et bonnets rouges*, Paris, Editions sociales, 1975.

GAUDRIAULT R., *Filigranes et autres caractéristiques des papiers fabriqués en France aux XVIIe et XVIIIe siècles*, Paris, CNRS éditions /J. Telford, 1995.

KEMENER Y.-B., *Pilhaouer et Pillotou*, Morlaix, Skol Vreizh, n° 8, 1987.

KEMENER Y.-B., *Moulins à papier de Bretagne*, Morlaix, Skol Vreizh, n° 13, 1989.

KESSEDJIAN M., *Une seigneurie rurale des Marches de Bretagne au XVe siècle Saint Brice en Cogles sous la famille des Scepeaux*, Rennes, mémoire de maîtrise d'histoire, 1972.

KORT F. de, *Pont-Pol moulin à papier, moulin à teiller*, Morlaix, Imprimerie de Bretagne, 1988.

LA BORDERIE A., *La révolte du papier timbré advenue en Bretagne en 1675*, Saint-Brieuc, L. Prud'homme, 1884.

LA CHAPELLE A. de et LE PROT A., *Les relevés de filigranes*, Paris, La Documentation Française, 1996.

LAURENT J., *Un monde rural en Bretagne au XVe siècle*, la Quévaise, Paris, Ecole Pratique des Hautes Etudes, 1972.

LEMOINE J., *La révolte dite du papier timbré ou des bonnets rouges en Bretagne en 1675*, in Annales de Bretagne, 1897, vol. XII, p. 317-359 et 523-550, 1898, vol. XIII, p. 180-259, 347-409 et 524-559.

LEPREUX G., *Gallia Typographica ou Répertoire Biographique et Chronologique de tous les imprimeurs de France depuis les origines jusqu'à la Révolution*, Bretagne, Paris, Librairie Ancienne Honoré Champion, 1914, Réédition Bibliothèque municipale de Rennes, 1989.

MAUPILLÉ L., *Notices historiques et archéologiques sur les paroisses du canton d'Antrain*, in Bulletin et Mémoires de la Société Archéologique du Département d'Ille-et-Vilaine, 1868, vol. VI, p. 140-241.
Idem : Sur les paroisses des deux cantons de Fougères, 1873, vol. VIII, p. 312-333.
Idem : Sur les paroisses du canton de Louvigné-du-Désert, 1877, vol. XI, p. 257-386.
Idem : Sur les paroisses du canton de Saint-Brice, 1879, vol. XIII, p. 221-318.

MÉMOIRE et conclusions pour la commune de Vieux-Vy-sur-Couesnon contre les demandeurs en partage des communs de Vieux-Vy, Cour impériale d'Angers, audience du 18 mars 1869, mémoire p. 1-98, pièces justificatives p. A-R, annexes p. I-XXX.

MÉMOIRE pour Dame Julienne-Catherine Fanois Veuve et Communière de feu messire Hyacinthe de la Noe, sieur du Rohou, contre Messire Yves de Trogoff, seigneur de Boisguezenec et contre Messire Yves Le Callec, Prêtre, curé de Langoat, Nicolas Audran imprimeur, Rennes, 1784.

PAUTREL E., *Notion d'Histoire et d'Archéologie pour la région de Fougères*, Rennes, H. Riou-Reuzé Impr., 1927.

PRAS B. et MARMONIER L., *Du papier pour l'éternité*, Paris, Cercle de la Librairie, 1990.

RENAULT G., *La papeterie et l'imprimerie à Fougères*, in Bulletin et Mémoires de la Société Archéologique et Historique de l'Arrondissement de Fougères, 1968-1969, vol. XII, p. 85-108.

RIVALS C., *Le moulin, histoire d'un patrimoine*, Paris, Fédération Française des Amis des Moulins, 4 vol., 2000.

THOMAS G.-M., *Papetiers et Imprimeurs, Le moulin à papier de Penanfers en Ploudiry*, in Bulletin de la Société Archéologique du Finistère, 1979, p. 277-281.

TABLE DES MATIÈRES

656335 - Mai 2016
Achevé d'imprimer par